Spring Boot
企业级项目开发实战

张科◎编著

机械工业出版社
China Machine Press

图书在版编目（CIP）数据

Spring Boot企业级项目开发实战 / 张科编著. —北京：机械工业出版社，2022.1

ISBN 978-7-111-40524-5

Ⅰ. ①S… Ⅱ. ①张… Ⅲ. ①JAVA语言 – 程序设计 Ⅳ. ①TP312.8

中国版本图书馆CIP数据核字（2022）第021240号

Spring Boot 企业级项目开发实战

出版发行：机械工业出版社（北京市西城区百万庄大街 22 号　邮政编码：100037）

责任编辑：刘立卿　　　　　　　　　　　　　　责任校对：姚志娟

印　　刷：三河市宏达印刷有限公司　　　　　　版　　次：2022 年 3 月第 1 版第 1 次印刷

开　　本：186mm×240mm　1/16　　　　　　　印　　张：19.5

书　　号：ISBN 978-7-111-40524-5　　　　　　定　　价：89.80 元

客服电话：（010）88361066　88379833　68326294　　　投稿热线：（010）88379604

华章网站：www.hzbook.com　　　　　　　　　　读者信箱：hzjsj@hzbook.com

Java 一直是非常流行的编程语言，很多企业都选择使用 Java 进行企业级应用开发，尤其是大型项目的开发。伴随着 Java 17 的发布，其在开发方面让开发者越来越得心应手。由于 Java 的广泛应用，相关的开发框架越来越多，如 Spring MVC+Spring+MyBatis（SSM）组合框架，这些框架可以帮助开发者极大地提高开发效率。但 SSM 这类框架的搭建和配置过程烦琐，开发者在搭建框架时通常需要对不同的框架进行集成和配置，然后启动项目进行测试访问，最后才能进行项目的业务代码开发，整个过程非常耗时、耗力。Spring Boot 的出现让开发者从这个烦琐的过程中解放出来，从而将更多的时间用在代码设计上。因此，Spring Boot 一面世就得到广大开发者的热烈响应，人们纷纷转为使用 Spring Boot 进行开发。

目前市面上有很多介绍 Spring Boot 1.x 的图书，但缺少介绍 Spring Boot 2.x 的相关图书，尤其缺少介绍 Spring Boot 2.x 开发原理及使用 Spring Boot 2.x 进行企业级项目开发的图书。本书基于新发布的 Spring Boot 2.x 深入介绍其各个组件的用法，另外还介绍使用 Spring Boot 2.x 开发一个应用项目的完整过程，帮助读者全面、透彻地理解 Spring Boot 2.x 的相关技术，提升开发水平，从而更加高效地完成项目开发。

本书特色

1．理论知识结合实践代码，学习效果好

本书贯彻理论结合实践的讲解方式，先讲解理论知识，让读者知道所讲技术的由来和原理，然后给出实践代码，让读者在理解理论的基础上进行实践，从而达到较好的学习效果。

2．涵盖Spring Boot企业级项目开发的大部分技术

本书涵盖 Spring Boot 企业级项目开发的各方面知识，重点介绍 Maven 项目的搭建、Jersey Restful 风格、Postman 测试接口、Swagger2 可视化文档、Lombok 优雅编码、Redis 缓存、Security 安全机制、Web Service 服务、Web Socket 通信、性能测试、集成测试、Jeecg Boot 快速开发框架、使用 Docker 进行项目部署、使用 spring-boot-devtools 进行热部署、使用 Actuator 进行监控等，这些内容在大部分的 Spring Boot 入门图书中都不会重点介绍。

3. 详解Spring Boot Web开发的相关组件

本书详细介绍使用 Spring Boot 进行 Web 开发的各个常用组件的相关知识，涉及 Spring MVC、Thymeleaf 模板引擎、文件上传、过滤器、监听器、拦截器、Redis 的使用和异常处理等内容，全面覆盖实际开发需求。

4. 精讲Spring Boot的扩展知识，提高开发效率

本书对 Spring Boot 的各项扩展知识做了必要介绍，帮助读者应对开发中的特殊需求，从而快速完成业务代码的开发。

5. 详解真实项目案例开发的完整流程

本书第 9 章详细介绍一个真实项目案例的开发过程，展示其从需求分析到系统设计，再到技术选型和数据库设计，最后到项目编码工作的完整流程，帮助读者提升实际项目开发水平。

本书内容

第1章　Spring和Spring MVC基础知识

本章详细介绍 Spring 的功能模块、优点及其生态圈的现状，Spring 开发环境的搭建，Eclipse 和 IntelliJ IDEA 简单项目的开发，项目构建工具 Maven 的安装和使用，以及 Spring 注解和 Spring MVC 原理等。

第2章　Spring Boot从零入门

本章详细介绍 Spring Boot 的基础配置及其对多环境配置文件的支持，Restful API 的构建，Postman 接口访问和测试，使用 Swagger2 UI 生成 API 接口文档，以及 Lombok 插件的相关知识等。

第3章　数据持久化

本章详细介绍 Spring Data JPA 的原理，用 Spring Data JPA 连接 MySQL 数据库并对其进行增、删、改、查，Spring Boot Validate 参数校验，以及 JPA 与 SQL 语句的自动生成等。

第4章　Spring Boot的Web应用开发

本章详细介绍 Thymeleaf 模板引擎的使用，常见的过滤器、监听器和拦截器的原理及其使用方法，项目开发中的异常处理，以及 Redis 的安装和使用等。

第5章　Spring Boot的Security安全控制

本章详细介绍如何在 Spring Boot 中集成 Spring Security 进行项目安全控制和授权控制，涵盖 Spring Security 的原理、验证机制及其在企业级开发中的使用，以及 Spring Data JPA 和 MyBatis 数据库访问等相关知识。

第6章　Spring Boot扩展

本章详细介绍项目中的日志管理，Log4j2 日志的输出和格式化，定时任务开发，邮件的发送，Web Service 及 Web Socket 的原理和使用等。

第7章　项目测试

本章详细介绍如何在 Spring Boot 项目中使用 JUnit 进行单元测试，使用 Mockito 进行对象的 Mock 测试，使用@SpringBootTest 注解进行集成测试，并介绍性能测试的种类、衡量指标和实施步骤等。

第8章　Spring Boot项目快速开发框架Jeecg Boot

本章详细介绍项目快速开发框架 Jeecg Boot 的功能、前后端开发环境、技术栈、功能模块、配置文件、数据库访问及其在 Web 开发中需要用到的各类功能控制器等。

第9章　Spring Boot项目开发实战——销售管理系统

本章详细介绍使用 Spring Boot 开发一个销售管理系统的完整过程，涵盖系统设计、数据库设计、项目框架搭建和功能实现几个模块。

第10章　Spring Boot项目部署与监控

本章详细介绍项目开发完成后的一些工作，包括 Spring Boot 项目的打包部署和监控管理工具 Actuator 的具体使用。

读者对象

- 需要全面学习 Java Web 开发的人员；
- Spring Boot 项目开发人员；
- Web 开发程序员；
- Java 程序员；
- Java EE 开发工程师；
- 想提高项目开发水平的人员；
- 专业培训机构的学员；
- 高校相关专业的学生。

配书资源获取方式

本书涉及的所有源代码需要读者自行下载。请在机械工业出版社华章分社的网站（www.hzbook.com）上搜索到本书，然后单击"资料下载"按钮，即可在本书页面上找到下载链接进行下载。

售后支持

读者阅读本书时若有疑问，可以发送电子邮件到 hzbook2017@163.com 获得帮助。另外，书中若有疏漏和不当之处，也请读者及时反馈，以便后期修订。

致谢

历经半年的努力，终于完成了本书的创作。在此过程中，妻子程程给了我很大的鼓励，在此特别感谢她！另外，也把本书送给我未来的宝宝，希望他（她）将来健康快乐！最后感谢读者朋友们选择了本书，技术的学习永无止境，让我们共同成长吧！

张科

目录

第 1 章　Spring 和 Spring MVC 基础知识

可以认为 Spring 框架是目前 Java 企业级应用开发的基准框架，在项目开发中大量的应用都需要它，很多第三方框架也对其进行了集成，以方便开发者直接使用。在 Web 开发中，Spring MVC 已经取代了老旧的 Struts 2，占据了 Web 开发框架的大部分市场份额。本章主要讲解 Spring 和 Spring MVC 的基础知识。

1.1　揭开 Spring 的面纱

Spring 是一个著名的开源 Java 框架，是由 Rod Johnson 根据其著作 *Expert One-On-One J2EE Development and Design* 中阐述的设计理念和原型在 2003 年用 Java 开发实现出来的。Spring 的核心理念是控制反转（Inversion of Control，IoC）和依赖注入（Dependency Injection，DI）。Spring 是为了解决企业级应用开发的复杂性而创建的框架，其优势是分层架构。Spring 允许开发者根据项目的实际情况决定使用哪一个组件，同时为企业级应用程序的开发提供集成的基础框架，通过使用 Spring 内置的 Java Bean 来完成以前只可能由 EJB 完成的功能，这极大地简化了项目开发的复杂性。

Spring 的用途不局限于服务器端的开发，从 Spring 实现的简单性、可测试性和松耦合的角度出发，任何 Java 应用都可以从 Spring 的设计理念中受益。

1.1.1　Spring 的功能模块

Spring 是一个典型的分层架构框架，它包含一系列的功能并被分为多个功能模块，如 Core Container、Data Access/Integration、Web、AOP（Aspect Oriented Programming）、Instrumentation 和 Test 等。Spring 的主要功能模块如图 1.1 所示。

Spring 的模块很多，笔者只简要介绍图 1.1 中的几个重要模块。

- Core 模块：Spring 框架的基本组成部分，它包括控制反转及依赖注入功能。
- Beans 模块：实现 Spring 对 Bean 的管理，包括自动装配机制等功能。
- Context 模块：用于访问项目配置及自定义对象，ApplicationContext 接口是 Context

模块最重要的接口。

- SpEL 模块（Spring Expression Language，表达式语言模块）：提供在运行时查询和操作一个对象的表达式机制。

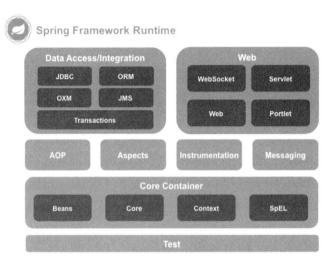

图 1.1　Spring 的主要功能模块

- JDBC 模块：用于实现 JDBC API 的抽象层。
- ORM 模块：对象关系数据库映射抽象层，基于该模块，Spring 框架可以方便地集成 Hibernate 和 MyBatis。
- OXM 模块（XML 消息绑定抽象层）：基于该模块，使 Spring 框架能够支持 JAXB、Castor、XMLBeans、JiBX 和 XStream。
- JMS 模块：Spring 支持 Java 消息服务的重要模块，集成了 JMS 的项目即可实现消息生产和消费的功能。
- Transactions 模块：Spring 的事务模块，Spring 框架支持编程式和声明式的事务管理。
- Web 模块：即 Spring MVC，提供了基于"模型—视图—控制器"的基础 Web 应用框架，可替代 Struts 2。
- Servlet 模块：实现统一的监听器和面向 Web 应用的上下文，用以初始化 IoC 容器。
- AOP 模块：用于 Spring 面向切面的编程实现。
- Aspects 模块：Spring 与 AspectJ 的集成，可以使用 AspectJ 来实现面向切面编程。
- Test 测试模块：支持 JUnit 和 TestNG 单元框架的集成，可以快速开展业务代码的单元测试。

1.1.2　Spring 的 7 大优点

Spring 是一个在企业级开发中使用非常成熟的框架,有些开发人员甚至认为离开了 Spring

就不能很好地完成项目的开发。这种说法虽然有些夸张，但也说明它在开发中的广泛应用。

使用 Spring 能加快项目的开发速度，能使业务代码逻辑更加清晰，也能让开发人员更关注业务的开发。简单来说，在项目中使用 Spring 具有以下 7 个优点：

- 非侵入式：基于 Spring 开发的应用的对象可以不依赖于 Spring 的 API。
- 控制反转：IoC，指将对象的创建和管理交给 Spring，只需要进行对象的注入即可，不用担心对象的创建和值的设置。
- 依赖注入：DI，配置后由 Spring 给属性赋值，而不需要再手动调用 set 方法给属性赋值。
- 面向切面编程（AOP）：更加简单和高效地完成日志记录、权限判定及事务处理等功能。
- 容器化：Spring 就是一个容器，用于管理应用对象的整个生命周期。
- 功能组件化：使用 Spring 框架，能快速集成第三方的组件，从而组合成一个复杂的应用，并且可以插拔式选择不同的组件。
- 一站式开发：在 Spring 的基础上可以方便地整合第三方类库到项目中。

1.1.3　Spring 的生态圈

Spring 是一个基础框架，随着它的广泛应用又衍生出了很多其他框架，它们都有各自的功能，又能与 Spring 非常方便地集成，集成后能满足项目的各种业务需求，这极大提高了项目开发的效率。常见的框架如下：

- Spring Boot：能够让开发者轻松地创建独立的基于 Spring 的生产级应用程序的框架，这也是本书的重点。
- Spring Cloud：帮开发者快速构建一个分布式系统的框架。
- Spring Data：为数据库的访问提供一个一致的基于 Spring 的编程模型，保留底层数据存储的框架。
- Spring Cloud Data Flow：面向云计算和 Kubernetes 的基于微服务的流和数据批处理处理框架。
- Spring Security：一个功能强大且高度可定制的身份验证和访问控制的安全框架。
- Spring Session：在 Web 应用中管理用户会话信息的框架。
- Spring AMQP：基于 Spring 框架的 AMQP 消息解决方案，该框架为消息的发送和接收提供一个模板方法。
- Spring Web Service：该框架用于创建文档驱动的 Web 服务。

1.2　搭建 Spring 开发环境

在以前的项目开发中要使用 Spring 框架，需要开发者从官网下载所需版本的 Spring jar

包到本地项目中，然后再构建依赖，并且后续每新建一个项目都需要复制一份依赖到新项目中，然后再开始进行项目开发。自从 Maven 出现后，这种情况发生了改变，开发者只需要添加 Spring 依赖坐标就能自动下载所需要的 jar 包到项目中，改变了以前手动复制 jar 的过程，提高了开发效率。

1.2.1 Maven 的优势和标准目录结构

Maven 是一个跨平台地进行项目管理和构建综合工具，能让开发者更方便地管理和构建项目。Maven 的最大特色是管理项目依赖，添加依赖后，它能够自动从中央仓库下载项目需要的 jar 包，从而构建项目依赖的 jar 包。Maven 可以自动完成项目基础构建的管理，它使用的是标准的目录结构和默认的构建生命周期。当有多个开发者协作开发时，Maven 可以设置按照约定快速完成项目的配置工作。

使用 Maven 进行项目开发有 4 个优点：

- 对依赖项目的所有 jar 包可以统一管理，包括 jar 包的位置和版本的管理。
- 快速构建项目，Web 项目能够打成 war 包或 jar 包，只需要添加依赖的坐标就能自动构建项目。
- Maven 是纯 Java 开发，支持跨平台。
- 提高了开发效率，能够自动构建和测试项目。

使用 Maven 开发项目约定了一个标准目录结构，即约定优于配置的原则。标准的 Maven 目录结构如图 1.2 所示。

其中，项目名为 springdemo，src 是存放源码的目录，Java 源代码文件存放在 src/main/java 下，项目配置文件存放在 src/main/resources 下，Java 单元测试文件存放在 test/java 下，项目的所有依赖都存放在 pom.xml 文件中，编译后的文件存放在 target 目录下。当使用 Maven 进行开发时，按照以上约定，相应的文件可以放置在相应的位置也可以放在其他目录下。当放在其他目录下时需要配置说明。按照约定俗成的习惯来开发，这就是约定优于配置的原则。

🗨 说明：在创建项目中的类和配置文件时，如无特殊说明，都是按照上述标准目录来存放的。

在 Maven 的使用过程中有两个 ID 非常重要，分别是 groupId 和 artifactId，它们表示 jar 的组织 ID 和名字 ID。

- groupId 是组织域名的倒写。例如，百度的域名为 baidu.com，在开发过程中 groupId 为 com.baidu。
- artifactId 是项目名称。例如，本项目是用于用户服

图 1.2 Maven 项目结构

务的，artifactId 就可以设置为 user-service。

项目开发中会涉及版本的迭代，如果一个 jar 的 groupId 和 artifactId 一样，但是版本（version）不同，那么它们就是不同的 jar。世界上众多依赖 Maven 构建的项目就是使用 groupId、artifactId 和 version 来决定 jar 的唯一性，这三者组成了一个 Maven 坐标。常见的 Maven 坐标的配置文件如下（外层包裹 dependency 标签）：

```
<dependency>
  <groupId>org.springframework</groupId>
  <artifactId>spring-core</artifactId>
  <version>5.3.8</version>
</dependency>
```

在开发时如果需要添加相关的依赖，只需要确定 groupId、artifactId 和 version，Maven 会自动从中央仓库中把所需的 jar 包下载到本地。例如当进行 Spring 开发时，需要把 Spring 的 core 包引入项目中，只要在 pom.xml 中添加 spring-core 5.3.8 版本的依赖，即可自动完成 jar 的下载和构建。

```
<dependency>
  <groupId>org.springframework</groupId>
  <artifactId>spring-core</artifactId>
  <version>5.3.8</version>
</dependency>
```

1.2.2　Maven 的下载和安装

本书使用的 Maven 版本是 3.5.2，请读者自行将 Maven（二进制源的压缩包）下载到本地。该版本的 Maven 需要的 JDK 版本是 1.8+，建议读者安装完 JDK 后再安装 Maven。下载后的 Maven 需要配置环境变量。

（1）把下载的 Maven 压缩包解压到目录 D:\soft 下。

（2）配置 Window 环境变量，在 Path 变量中添加 D:\soft\apache-maven-3.5.2\bin 完成 Maven 环境变量的配置。

（3）配置完成后，在控制台上使用 mvn　-v 命令验证本地的 Maven 是否配置成功，如果显示如图 1.3 所示的提示，则表示 Maven 已经配置成功了。

图 1.3　Maven 安装命令验证

mvn -v 是查看 Maven 版本的命令，Maven 的使用依赖于各种命令，表 1.1 列举了开发中常用的 Maven 命令，这些命令还可以组合使用。例如，清理编译后的文件再打包项目，可以使用命令 mvn clean package。

表 1.1　常见的Maven命令

mvn clean	清理项目中所有编译后的文件
mvn compile	编译当前项目
mvn test	测试当前项目
mvn package	打包当前项目
mvn install	把打包好的项目文件安装到本地Maven仓库中
mvn deploy	上传jar包到Maven仓库中
mvn validate	验证工程是否正确，所有需要的资源是否可用
mvn dependency:resolve	打印已解决依赖的列表
mvn dependency:tree	打印整个依赖树

因为从国外的 Maven 中央仓库下载 jar 包速度较慢，为了在开发中更快地下载所需的 jar 包，建议读者在配置完成 Maven 之后再配置国内的 Maven 仓库镜像。本书推荐使用华为云的 Maven 仓库或阿里云的 Maven 仓库，方法如下：

（1）打开 Maven 安装目录下的 conf 目录，使用文本编辑工具打开 settings.xml 文件。

（2）在 mirrors 节点下配置仓库的地址。下面是华为云和阿里云的仓库地址，读者可任选其一完成配置。

```
<mirrors>
  <!-- 阿里云的仓库地址-->
  <mirror>
   <id>aliyunmaven</id>
   <mirrorOf>*</mirrorOf>
   <name>阿里云公共仓库</name>
   <url>https://maven.aliyun.com/repository/public</url>
  </mirror>

  <!-- 华为云的仓库地址-->
  <mirror>
    <id>huaweicloud</id>
    <mirrorOf>*</mirrorOf>
    <name>华为云公共仓库</name>
    <url>https://mirrors.huaweicloud.com/repository/maven/</url>
  </mirror>
</mirrors>
```

总体来说，Maven 起到了简化开发和标准化项目开发的作用，实现了企业项目的轻松构建。Maven 的安装是下一步操作的基础，请读者务必安装。

1.2.3　搭建 Eclipse 开发环境

当使用 Java 进行项目开发时，估计读者想到的第一个 IDE 是 Eclipse（使用 IDEA 的请跳转到下一小节）。请读者自行从 Eclipse 的官网下载并安装 Eclipse，具体步骤不再赘述。本小节使用的 Eclipse 版本是 Version：2020-09 (4.17.0)。

　　将下载文件解压后，打开 eclipse.exe 即可启动 Eclipse。Eclipse 启动后，配置 Eclipse 工作空间的编码为 UTF-8，配置步骤如图 1.4 所示，本地 Maven 目录和配置文件的位置，如图 1.5 所示。

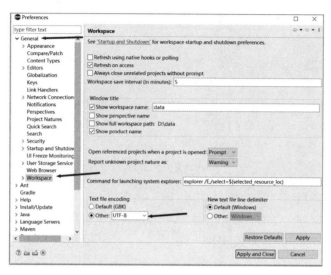

图 1.4　Eclipse 的编码设置

图 1.5　Eclipse 的 Maven 的配置

　　最后单击 Apply and Close 按钮即完成 Eclipse 的配置。下面简单介绍如何使用 Eclipse。

　　使用 Eclipse 新建一个 Maven 项目。选择 File | new Project | Maven Project 命令，弹出 New Project 对话框，如图 1.6 所示。单击 Next 按钮，在弹出的对话框中选择创建一个简单的项目，然后设定 group id 和 artifact id 分别为 com.onyx 和 spring-demo，最后单击 Finish

按钮完成项目的创建。

最终创建完成的项目目录如图 1.7 所示。下一步就是在 pom.xml 中添加依赖，正式开始项目开发。

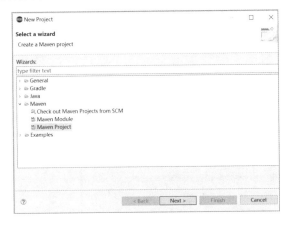

图 1.6 使用 Eclipse 新建 Maven 项目　　　　图 1.7 Eclipse 中的 Maven 项目目录

1.2.4 搭建 IntelliJ IDEA 开发环境

在 Java 的企业级开发中，常用的 IDE 还有 IDEA。本书使用的 IntelliJ IDEA 的版本为 IntelliJ IDEA 2018.3.6，请读者自行下载安装。安装完成后必须先进行配置。打开 IntelliJ IDEA，选择 File | Settings 命令，弹出配置页面，在其中配置本地 Maven，设置 Maven 的所在目录和配置文件位置，如图 1.8 所示。

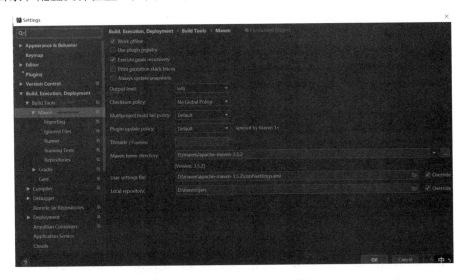

图 1.8 IntelliJ IDEA Maven 设置

注意：User settings file 选项配置的是 conf 下的 settings.xml。Local repository 选项可选择本地仓库，也可以新建一个目录。

　　完成 IntelliJ IDEA 的 Maven 设置后，和 Eclipse 一样新建一个 Maven 项目，选择 File | new Project 命令，在弹出的对话框中选择使用 Maven 作为构建工具，然后单击 Next 按钮弹出项目名称对话框，在其中设定 groupId 和 artifactId 分别为 com.onyx 和 spring-demo，然后单击 Finish 按钮。创建完成后的目录结构和 Eclipse 类似，如图 1.9 所示，IDEA 和 Eclip 都实现了 Maven 的约定，不同的工具创建出来的 Maven 目录结构均一致。

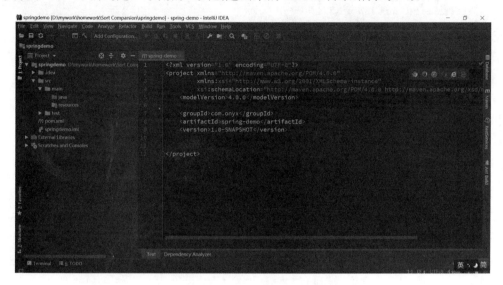

图 1.9　IntelliJ IDEA 的 Maven 项目结构

　　至此完成了 IDEA 项目的创建。在项目开发中建议使用 IDEA，这样会帮助开发者节省大量的构建时间，而且可以避免一些奇怪的项目构建问题。

1.2.5　实战：第一个 Hello World 项目

　　本书中的所有代码都使用 IntelliJ IDEA 完成，具体步骤如下：
　　（1）打开 IntelliJ IDEA 新建一个项目。选择 File | new Project 命令，在弹出的对话框中，选择 Maven 选项，然后单击 Next 按钮，在进入的对话框中输入 groupId 和 artifactId 作为 com.onyx 和 springdemo，然后单击 Finish 按钮，创建第一个 Hello Word 项目 springdemo。
　　（2）在 pom.xml 中添加 spring-context 依赖，代码如下：

```
<dependencies>
    <dependency>
        <groupId>org.springframework</groupId>
        <artifactId>spring-context</artifactId>
        <version>5.2.9.RELEASE</version>
```

```
        </dependency>
</dependencies>
```

（3）在 src/main/java 下新建包 com.onyx，再新建一个 HelloWorld 类，使用注解@Value 获取配置文件 application.properties（后面创建）中的值，格式为$\{user.name\}，其中 user.name 为配置的名字。代码如下：

```
package com.onyx;
import org.springframework.beans.factory.annotation.Value;
import org.springframework.context.annotation.Configuration;
@Configuration                              //标明是一个配置类
public class HelloWorld {
    //通过@Value注解，把配置文件中的user.name注入当前类中
    @Value("${user.name}")
    private String name;
    public void setName(String name) {
        this.name = name;
    }
    public HelloWorld() {
        System.out.println("初始化构造器");
    }
    public void hello() {
        System.out.println("Hello: " + name);
    }
}
```

（4）本书不使用传统的 XML 配置方式，而是尽量使用注解的形式配置项目，Spring Boot 的官方团队也推荐在开发中使用注解的形式进行配置，Hello World 项目也是如此。在 resources 目录下新建 Spring Boot 的默认配置文件 application.properties，在其中新建配置如下：

```
#设置用户的名字为CC
user.name=CC
```

（5）在包 com.onyx 下新建一个测试类 Demo，代码如下：

```
package com.onyx;
import org.springframework.context.annotation.AnnotationConfig
ApplicationContext;
public class Demo {
    public static void main(String[] args) {
        //使用配置文件初始化一个Spring的IoC容器
        AnnotationConfigApplicationContext context = new AnnotationConfig
ApplicationContext(HelloWorld.class);
        //根据HelloWord的类找到Bean实例
        HelloWorld bean = context.getBean(HelloWorld.class);
        //调用Bean的方法，验证注入属性是否成功
        bean.hello();
    }
}
```

（6）运行 Demo 中的 main()函数就可以看到控制台打印的结果，如图 1.10 所示。

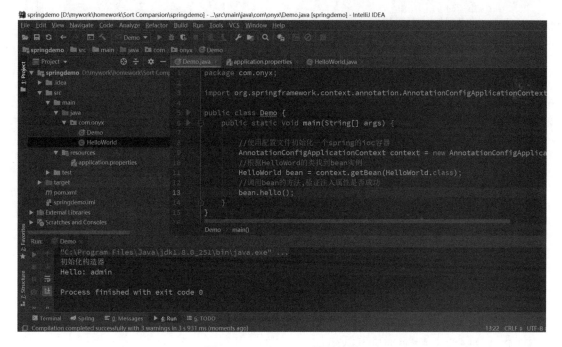

图 1.10　Hello World 运行结果

图 1.10 展示了在 Spring 中如何获取 Bean。默认情况下，Spring 会把类名的首字母变成小写后作为当前注入的 Bean 的名字，因此当前 Bean 的名字应该是 helloWorld。使用 Bean 的名字从 Spring 容器中获取 Bean，调用 hello()方法，结果如图 1.11 所示。读者可以更改代码中的 main()函数进行测试。

图 1.11　根据名字获取 Bean

通过上面的 Hello World 项目，我们已经完成了 Spring 的入门体验，实现了从 Spring Ioc 容器中获取一个 Bean、然后调用 Bean 的方法。此 Bean 和 new HelloWorld()产生的对象不同，此 Bean 是 Spring 增强后产生的代理对象，是受 Spring 管理的对象。

1.3　Spring 常用注解介绍

Spring 开发团队为开发者定义了很多注解，这些注解代表 Spring 的配置，在项目开发过程中可以根据实际需求进行配置。如表 1.2 所示为 Spring 常用注解配置。

表 1.2　Spring常用注解配置

注　　解	含　　义
@Configuration	定义一个类是Spring配置类
@Bean	配置自定义的Bean，如DruidDataSource
@ComponentScan	组件扫描器，扫描标记有@Component、@Controller、@Service、@Repository 注解的类
@PropertySource	加载properties配置文件
@Import	用来组合多个配置类

下面介绍 Spring 业务开发中常用的注解，它们用来注入业务类或标记业务方法，如表 1.3 所示。

表 1.3　Spring常用注解

注　　解	注 解 含 义
@Component	定义一个Bean加载到Spring容器中
@Controller	Web请求入口类标记
@Service	Service类标记
@Repository	Dao类标记接口
@Autowired	自动注入
@Qualifier	Bean的别名设置
@PostConstruct	作为初始化回调方法的替代注解
@PreDestroy	作为销毁回调方法的替代注解
@Lazy	延迟加载的注解
@Scope	制定Bean的作用范围，单例或多例
@Primary	当出现多个同类型的Bean时用来标记首选Bean
@Value	用于获取Spring配置文件中的值

1.4　简析 Spring MVC 的请求流程

Spring MVC 是 Spring 框架的扩展，主要用于 Web 开发。Spring MVC 通过 Model-View-Controller 模式将数据、业务与效果展示进行分离，其核心是围绕 DispatcherServlet 类展开的。DispatcherServlet 类负责将请求分配给对应的 Handler 进行处理，然后将数据返回给指定的视图，完成整个请求过程。Spring MVC 的请求流程如图 1.12 所示。

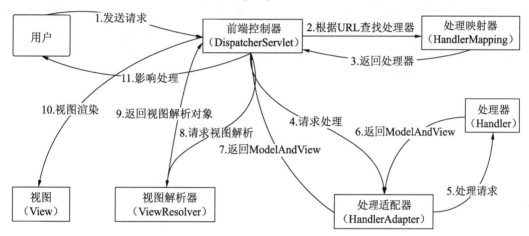

图 1.12　Spring MVC 的请求流程

根据图 1.12 所示，Spring MVC 的请求流程如下：

（1）用户向前端控制器（DispatcherServlet）发起请求，该控制器会过滤不能访问的用户请求。

（2）前端控制器通过处理器映射器将 URL 匹配到相应的 Controller 映射的组件上，即返回处理器（Handler）。

（3）返回处理器之前处理设置的拦截器。

（4）DispatcherServlet 收到返回的处理器后，通过处理适配器（HandlerAdapter）来访问处理器，并处理用户请求。

（5）执行处理器将 ModelAndView 对象作为结果返回给 HandlerAdapter。

（6）通过 HandlerAdapter 将 ModelAndView 对象返回给前端控制器。

（7）前端控制器请求视图解析器（ViewResolver）进行视图解析，根据逻辑视图名解析为真正的视图（JSP、Freemaker、HTML），即根据 ModelAndView 对象中存放的视图名称进行查找，找到对应的页面后形成视图对象。

（8）将视图对象返回给前端控制器。

（9）视图渲染，将 ModelAndView 对象中的数据放入 Request 域中，让页面渲染数据。

（10）将渲染数据后的视图返回给用户，完成整个请求。

目前，Spring 官方不建议搭建 Spring MVC 进行演示，开发人员可以直接使用 Spring Boot，第 2 章我们将会进行 Spring MVC 的功能演示。

1.5 小   结

本章对 Spring 框架进行了介绍，解释了 Spring 框架中的模块划分和 Spring 的生态圈。一切开发都离不开环境搭建，本章对项目的构建和依赖工具 Maven 进行了介绍，并演示了如何在项目中使用 Maven。本章还介绍了使用 Eclipse 和 IntelliJ IDEA 配置 Maven，以及搭建开发环境的详细步骤，最后介绍了在 Spring 中开发 Hello World 示例的步骤并进行了结果展示，还列举了在项目开发中常用的 Spring 的配置注解，并对 Spring MVC 请求的流程做了具体介绍。

第 2 章　Spring Boot 从零入门

在介绍完 Spring 框架和 Spring MVC 框架的原理，并使用 Maven 搭建项目之后，本章将介绍 Spring 生态圈中非常重要的一个框架——Spring Boot。在 Spring Boot 没有出现之前，如果需要构建一个 Web 项目，通常将 Struts+Spring+Hibernate 框架（SSH）或者 Spring MVC+Spring+MyBatis（SSM）框架作为基础项目，然后再添加若干个项目依赖和配置再开始业务代码的开发。这个过程非常烦琐、复杂，且没有多少技术含量，只是进行一些复制和粘贴的操作，属于重复劳动。

在传统的项目开发中如果要添加一个新的组件到项目中，首先需要添加组件依赖到 pom.xml 中，再新建组件的配置文件，最后把这个组件的配置文件整合到 Spring 中才能使用该组件。而 Spring Boot 的出现解决了这个复杂的问题，它能够快速完成项目的搭建，从而快速进行开发。它约定了一套项目开发规则来自动完成整个项目的配置，从而让开发人员能够简单地创建完项目就可以直接进入开发阶段，真正地做到了"开箱即用"，快速开发。

2.1　为什么使用 Spring Boot

Spring Boot 是由 Pivotal 团队提供的全新框架，其设计目的是简化基于 Spring 的企业级应用开发。Spring 框架由于其烦琐的配置被开发人员吐槽，各种 XML、Annotation 配置让人心神俱疲。而 Spring Boot 则更多采用 Java Config 的配置方式，将开发人员从烦琐的配置中解放出来——创建项目时不再需要到处复制和粘贴各种配置文件，因此迅速成为企业级应用开发的领导者。

简单来总结一下，Spring Boot 具有以下优点：
- 快速创建独立的 Spring 企业级应用；
- 能够使用内嵌的 Tomcat、Jetty 和 Undertow，而不需要将项目打包成 war 部署到 Tomcat 上；
- 提供定制化的 starter 来简化依赖的引入；
- 自动提供默认配置的 Spring；
- 提供生产环境的特征指标、健康检查和外部配置；
- 零 XML 配置。

2.2　实战：创建第一个 Spring Boot 项目

本节创建一个 Spring Boot 项目，详细步骤如下：

（1）创建 Maven 项目。使用 IntelliJ IDEA 创建一个空的 Maven 项目，设置 groupId 和 artifactId 分别为 com.onyx 和 springboot-demo，项目名称也会自动变为 springboot-demo。

（2）添加 Spring Boot 的父依赖。本书使用的 Spring Boot 版本为 2.3.10.RELEASE，添加依赖的 pom.xml 代码如下：

```
<parent>
    <groupId>org.springframework.boot</groupId>
    <artifactId>spring-boot-starter-parent</artifactId>
    <version>2.3.10.RELEASE</version>
    <relativePath/>
</parent>

<!--注意 Java 的版本，以自己的计算机安装的 JDK 为准-->
<properties>
    <java.version>11</java.version>
</properties>
```

（3）新建包 com.onyx.springbootdemo，在包下新建 Spring Boot 的启动类 Springboot-DemoApplication，代码如下：

```
package com.onyx.springbootdemo;
import org.springframework.boot.SpringApplication;
import org.springframework.boot.autoconfigure.SpringBootApplication;

@SpringBootApplication
public class SpringbootDemoApplication {
    public static void main(String[] args) {
        SpringApplication.run(SpringbootDemoApplication.class, args);
    }
}
```

注意，@SpringBootApplication 标记本类是 Spring Boot 的启动类，执行这个类的 main() 方法即可启动 Spring Boot 项目。

（4）新建包 com.onyx.springbootdemo.controller，在包下新建 HelloController 类。此处添加一个 Web 访问的入口，请求 URL 为"/hi"，使用@GetMapping 表示请求方式是 GET，@RestController 表示本类是一个控制器（Controller）的入口类，其作用相当于@Controller+@ResponseBody，且返回 JSON 数据。HelloController 代码如下：

```
package com.onyx.springbootdemo.controller;
import org.springframework.web.bind.annotation.GetMapping;
import org.springframework.web.bind.annotation.RestController;

@RestController
public class HelloController {
```

```
@GetMapping("/hi")
public String hi(){
    return "success";
}
}
```

在 pom.xml 中添加 Spring Boot 的 Web 项目依赖（对 Spring MVC 的支持）：

```
<!-- Spring MVC 的依赖 -->
<dependencies>
    <dependency>
        <groupId>org.springframework.boot</groupId>
        <artifactId>spring-boot-starter-web</artifactId>
    </dependency>
</dependencies>
<!-- Spring Boot 的 Maven 构建插件 -->
<build>
    <plugins>
        <plugin>
            <groupId>org.springframework.boot</groupId>
            <artifactId>spring-boot-maven-plugin</artifactId>
        </plugin>
    </plugins>
</build>
```

此时项目的目录结构如图 2.1 所示。

图 2.1　Spring Boot 项目的目录结构

（5）在 IDEA 中启动 Spring Boot 项目，即执行 SpringbootDemoApplication 中的 main()
方法，就能成功启动项目。打开浏览器，访问地址
localhost:8080/hi，得到的返回结果如图 2.2 所示。

至此，第 1 个 Spring Boot 项目搭建完成，并实现了
对"/hi"地址的访问，开发人员可以从此迈入业务代码
的开发阶段。

图 2.2　Spring Boot 项目的访问结果

2.3 Spring Boot 项目的一些基础配置

在使用 Spring Boot 的过程中，需要根据项目的实际情况进行不同的配置，因此在开发过程中先会对项目进行配置，如项目名称的设置、项目启动的端口号配置等。本节介绍 Spring Boot 的一些常用配置。

2.3.1 判断一个项目是否为 Spring Boot 项目

要标记一个项目为 Spring Boot 项目，需要在启动类上标记注解@SpringBootApplication，启动类必须在最外层的目录上。Spring 官方约定：项目源码都在启动类的同级目录及其子目录下。@SpringBootApplication 的部分源码如下：

```
@Target(ElementType.TYPE)
@Retention(RetentionPolicy.RUNTIME)
@Documented
@Inherited
@SpringBootConfiguration
@EnableAutoConfiguration
@ComponentScan(excludeFilters = { @Filter(type = FilterType.CUSTOM,
classes = TypeExcludeFilter.class),
     @Filter(type = FilterType.CUSTOM, classes = AutoConfiguration
ExcludeFilter.class) })
public @interface SpringBootApplication {
}
```

可以看到，@SpringBootApplication 是一系列注解的综合体，下面逐一介绍注解的含义。

- @ComponentScan 用于自动扫描并加载符合条件的组件（如@Component 和 @Repository 等）或者 Bean 的定义，将 Bean 的定义加载到 IoC 容器中，因此 SpringBoot 的启动类最好放在根包下，因为默认不指定根包。
- @EnableAutoConfiguration 借助@Import 的支持，将所有符合自动配置条件的 Bean 的定义加载到 IoC 容器中。
- @SpringBootConfiguration 继承自@Configuration，用于标注当前类属于配置类，其注解会将类中声明的一个或多个以@Bean 注解标记的方法的返回值初始化并加载到 Spring 的 IoC 容器中，Bean 的名称为方法名。
- @Inherited 表示此注解用在类上时会被子类继承。
- @Target、@Retention 和@Documented 为 Java 自带的注解，用于定义注解@Spring-BootApplication。

2.3.2　自定义启动 Banner

Spring Boot 项目启动后，默认会在控制台打印 Spring 字样，如图 2.3 所示。很多开发者喜欢把这个图案改为自己设计的图案，这是可行的。只需要在 resource 目录下新建一个 banner.txt 文件即可，其内容如下：

再次启动 Spring Boot 项目，就会打印 banner.txt 中的内容，如图 2.4 所示。

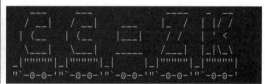

图 2.3　Spring Boot 默认的 Banner　　　　　图 2.4　Spring Boot 自定义 Banner

2.3.3　多环境配置

在项目开发过程中，通常同一套程序会被部署到不同的环境中，例如开发、测试和生产（正式）环境，每个环境的数据库地址、账号、密码和服务器的端口等配置会有所不同。如果要将其部署到不同的环境而频繁地修改项目配置文件，然后再去打包项目，这样做会非常烦琐、低效，还容易出错。而 Spring Boot 框架自身就支持多个环境的配置文件，它通过打包命令指定特定的配置文件来打包项目。

Spring Boot 默认的配置文件名是 application.properties 或者 application.yml，本书使用 application.properties 方式的配置文件，如果需要多环境的配置文件，则新的配置文件的名称需要遵从 application-{profile}.properties 这种格式，其中{profile}为环境的名字，例如：

- application-dev.properties 为开发环境配置；
- application-test.properties 为测试环境配置；
- application-prod.properties 为生产环境配置。

项目启动时加载哪个配置文件需要在 application.properties 文件中通过 spring.profiles. active 属性来指定，其值对应{profile}值。例如，设置 spring.profiles.active=test，项目会加载 application-test.properties 配置文件的内容。

下面演示从不同的配置文件中获取不同的值，再将其返回给前端，从而展示多环境配置的特色。还是接着介绍 2.2 节中的项目 springboot-demo。

（1）在 resources 目录下新建 application-dev.properties 和 application-test.properties 两个文件，它们分别表示开发环境和测试环境的配置文件。为两个文件分别添加如下内容：

```
datasource.url=local
datasource.username=cc
```

和

```
datasource.url=127.0.0.1
datasource.username=zk
```

打开 resources 目录下的 application.properties 文件（如果没有，则创建该文件），然后增加一行 spring.profiles.active=dev，表示当前使用开发环境的配置。

（2）在包 com.onyx.springbootdemo.controller 下新建一个 ConfigController 类，使用注解@Value 进行值的注入。代码如下：

```
package com.onyx.springbootdemo.controller;
import org.springframework.beans.factory.annotation.Value;
import org.springframework.web.bind.annotation.GetMapping;
import org.springframework.web.bind.annotation.RestController;

@RestController
public class ConfigController {

    @Value("${datasource.url}")
    private String url;
    @Value("${datasource.username}")
    private String userName;

    @GetMapping("/getConfig")
    public String getConfig() {
        return "当前配置的url:" + url + ",用户名为:" + userName;
    }
}
```

（3）执行 SpringbootDemoApplication 中的 main()方法启动当前项目，打开浏览器访问 localhost:8080/getConfig，返回配置为 local 和 cc，如图 2.5 所示。

（4）停止项目，修改 application.properties，使配置 spring.profiles.active=test，表示当前使用测试环境的配置。然后重启当前项目，执行 SpringbootDemoApplication 中的 main()方法，访问 localhost:8080/getConfig 会获得返回值"当前配置 url:127.0.0.1,用户名为：zk"。表示 spring.profiles.active=test 已经生效，可以获取到不同环境的配置文件。

图 2.5　获取开发环境的配置

通过上面的示例可以看到，在有多个环境时，可以把不同的配置放置在不同的配置文件中，相同的配置直接放在 application.properties 文件中，这样就不需要把所有的配置都单独存放了。在开发时只需要修改不同环境的唯一变量即可，从而避免重复修改一些配置。

2.3.4　其他配置

在使用 Spring Boot 进行项目开发时，还支持自定义项目配置。Spring Boot 常见的配置项如表 2.1 所示。如果项目开发中用到了其他框架或者组件，则其对应的配置也需要添加到 application.properties 中，在此不一一罗列，需要时请参考 Spring Boot 的官方文档。

表 2.1　常见的Spring Boot配置

配　置　项	含　义
spring.application.name	设置当前项目名称
server.port	设置端口号
server.servlet.context-path	设置项目所有的访问路径
spring.datasource.url	设置数据库访问的URL
spring.datasource.username	设置数据库的用户名
spring.datasource.password	设置数据库的密码
spring.datasource.driverClassName	设置数据库的驱动类

2.4　构建 Restful API

在目前的企业级开发中，从开发效率的角度来考虑，通常会选择使用前后端分离的开发形式。后端提供 API 接口，前端负责对接口进行调用，实现数据的返回和显示。前后端交互的一个重要工具是 API，而 Restful API 是 API 的一种指导性设计思想，能让后端人员设计出更加优雅的 API。本节介绍 Restful API 的概念和构建方式。

2.4.1　Restful 架构风格

Restful 架构风格是由 Roy T. Fielding 在其 2000 年的博士学位论文中首先提出的，它基于 HTTP、URI、XML 和 JSON 等标准与协议，是一种支持轻量级、跨平台和跨语言的架构设计，也是一种新的 Web 服务架构风格（或思想）。

HTTP 是 Restful 架构风格的一个典型体现，因为 Restful 最关键的特点是资源、统一接口、URI 和无状态。

根据 Restful 的定义，它有以下 4 个特点：

- 对网络上所有的资源都有一个资源标识符；
- 对资源的操作不会改变标识符；
- 同一资源有多种表现形式，如 XML 和 JSON；

- 所有操作都是无状态的（Stateless）。

在 Restful 风格中，资源的具体操作类型用 HTTP 动词表示：

- GET（查询）：从服务器上取出资源（一项或多项）；
- POST（创建）：在服务器上新建一个资源；
- PUT（更新）：在服务器上更新全部的资源（客户端提供改变后的完整资源）；
- PATCH（更新）：更新部分资源（客户端提供需要改变的部分资源）；
- DELETE（删除）：从服务器上删除资源。

在 Restful 中，请求 URI 的格式有一套推荐的规则，例如，请求中无动词，均为名词。下面给出请求 URI 的示例，如表 2.2 所示。

表 2.2　请求URI的示例

URI的格式	请 求 方 法	含　　义
/users	GET	用户列表
/user/{id}	GET	根据用户ID查询用户
/user	POST	新增用户
/user	PUT	更新用户
/user	DELETE	删除用户

在表 2.2 所示的请求 URI 的示例中，user 通过不同的请求方法向服务器发出不同的请求，继而得到不同的返回值，这很符合 Restful 的风格。

2.4.2　认识 Jersey Restful

Jersey Restful 框架是一个产品级别的 Java 开源框架，它是对 JAX-RS（JSR 311 和 JSR 339）的参考实现。Jersey Restful 提供特有的 API，其 API 继承自 JAX-RS。它还提供一些功能以进一步简化 Restful 项目的开发难度，同时可以和 Spring Boot 进行集成。

Jersey Restful 的开发依赖于注解的使用，其作用类似于 Spring MVC 的注解。Jersey Restful 常用的开发注解如表 2.3 所示。

表 2.3　Jersey Restful常用的开发注解

注 解 名 称	作　　用	说　　明
@GET	查询请求	GET请求，查询
@PUT	更新请求	PUT请求，更新
@POST	保存请求	POST请求，保存
@DELETE	删除请求	DELETE请求，删除
@Path	URI路径	定义资源的访问路径

（续）

注 解 名 称	作　　用	说　　明
@Produces	指定返回内容的格式	资源按照指定的数据格式返回
@Consumes	接受指定的参数格式	设置参数类型
@PathParam	URI路径的参数	获得请求路径的参数
@QueryParam	URI路径的请求参数	获取请求路径附带的参数
@DefaultValue	设置默认值	设置@QueryParam的默认值
@FormParam	Form传递的参数	接受Form传递过来的参数
@BeanParam	通过Bean传递参数	接受客户端传递的Bean类型的参数
@Context	获得系统环境信息	可获得的信息有UriInfo、ServletConfig、ServletContext、HttpServletRequest、HttpServletResponse和HttpHeaders等

2.4.3　实战：Jersey Restful 与 Spring Boot 集成

2.4.2 小节介绍了 Jersey Restful，因为在项目开发中使用的是 Spring Boot，所以需要把 Jersey Restful 整合到 Spring Boot 中。整合分为以下几个步骤：

（1）沿用本章前面创建的 Spring Boot 项目添加 Jersey Restful 的依赖。

在 pom.xml 中添加如下依赖代码：

```
<dependency>
    <groupId>org.springframework.boot</groupId>
    <artifactId>spring-boot-starter-jersey</artifactId>
</dependency>
```

这里添加依赖就体现了 Spring Boot 的便捷性，只需要添加上述依赖，就会自动将 Jersey Restful 加载到项目中。单击刚在 pom.xml 中添加的 spring-boot-starter-jersey 进入依赖详情，可以看到当前项目使用的 Jersey 版本为 2.30.1。

（2）以 Java Bean 的方式添加 Jersey 配置文件。在 Spring Boot 的发展中，官方更加推荐开发者使用 Java Bean 的方式进行一些必要的配置，从而增加项目的可读性。在此建议读者使用 Java Bean 的配置方式。在 com.onyx.springbootdemo 包下新建配置类 Jersey-Config，代码如下：

```
package com.onyx.springbootdemo;
import com.onyx.springbootdemo.resource.UserResource;
import org.glassfish.jersey.server.ResourceConfig;
import org.springframework.stereotype.Component;
import javax.ws.rs.ApplicationPath;

@Component
@ApplicationPath("")
public class JerseyConfig extends ResourceConfig {
    public JerseyConfig(){
```

```
        //packages("com.onyx.springbootdemo.resource");
        register(UserResource.class);              //register 添加资源类
    }
}
```

在此配置类中，添加 UserResource 作为对外提供的接口类，其功能类似于 Spring MVC 中 Controller 的功能。

（3）新建 com.onyx.springbootdemo.resource 包，并在此包下新建 UserResource 类，将其作为 Web 请求的入口，代码如下：

```
package com.onyx.springbootdemo.resource;

import org.springframework.stereotype.Component;
import javax.ws.rs.GET;
import javax.ws.rs.Path;
import javax.ws.rs.Produces;
import javax.ws.rs.core.MediaType;

@Component
@Path("/users")
public class UserResource {

    @GET
    @Produces(MediaType.APPLICATION_JSON)
    public String get() {
        return "hello cc, i miss you";
    }
}
```

添加一个/users 的 GET 请求方法的返回，返回值为"hello cc，i miss you"。

（4）运行 2.2 节中 SpringbootDemoApplication 的 main()方法来启动 Spring Boot 项目，打开浏览器，然后访问 http://localhost:8080/users，从而得到返回结果，如图 2.6 所示。

通过对上面的/users 链接的访问，完成 Spring Boot 与 Jersey Restful 的整合。如果业务需要复杂的返回，则可以在 application.properties 中进行配置，之后就能愉快地开发业务代码了。

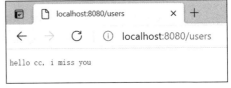

图 2.6　Jersey 的访问结果

2.5　接口测试

接口测试就是测试系统组件间的接口，检测外部系统与系统之间以及内部各个子系统之间的交互点，重点是检查数据的交换、传递和控制管理过程以及系统间的相互逻辑依赖关系等。对于 Web 开发来说，接口测试主要是测试对外暴露的接口，测试不同情况下的入参对应的出参信息，从而判断接口是否符合或满足相应的功能性和安全性要求。开发人员在完成接口的功能之后需要进行自测，自测完成后，测试人员再对接口进行自动化测试，包括白盒测试、黑盒测试和压力测试等。

目前，开发人员常用的接口测试工具有很多种，客户端的有 Postman、jMeter、RestClient 和 SoapUI 等，Web 端的有 Postwoman。本书推荐的工具是 Postman 和 Postwoman。Postman 使用起来非常简单，支持团队测试用例协同管理，支持 GET、POST、PUT 和 DELETE 等多种请求方式，支持文件上传、响应验证、变量管理和环境参数管理等功能，还可以批量运行接口测试，并支持用例导出和导入功能，是一款非常实用的免费软件；Postwoman 是 Postman 的 Web 版，不需要安装即可使用。

2.5.1　实战：使用 Postman 测试接口

请读者自行前往 Postman 官方网站下载最新版本，并将其安装到自己的计算机上。本书采用的 Postman 版本为 8.0.7。在本地安装完成 Postman 后将其打开，初始化界面如图 2.7 所示。

图 2.7　Postman 初始化界面

在图 2.7 中，序号 1 为新建一个接口测试的标签页，序号 2 为导入测试案例，序号 3 为保存当前接口测试的例子，序号 4 为所有接口测试的历史记录。

现在创建一个请求，使用 Postman 发送请求到服务器，并获取返回值。单击"+"跳转到新建接口测试页面，按照如图 2.8 所示填充请求的参数，单击 Send 按钮即可完成请求的发送，并返回 hello lihuacheng。

如图 2.8 所示，创建一个 HTTP 请求一共有以下几个步骤：

（1）选择 HTTP 请求，GET 或 POST。

（2）添加请求的 URL 地址。

图 2.8　Postman 创建一个请求参数

（3）添加请求的参数。

（4）单击 Send 按钮，发送请求到服务器，查看返回值。

下面举例说明使用 Postman 测试不同接口请求的过程。

1．GET请求

请求接口的地址为 localhost:9090/helloGet?userName=lihuacheng。

可以得到的返回值为 hello lihuacheng，过程如图 2.8 所示。

2．POST请求

POST 请求有两种参数提交的方式，即 Form 和 JSON。

（1）Form 表单提交参数。POST 请求和 GET 请求的区别只是把 GET 请求换成了 POST 请求，创建的请求页面如图 2.9 所示。

（2）JSON 提交参数。与使用 Form 表单提交参数请求相比，JSON 提交的参数放置在 Body 中，现在企业开发通常使用这种方式进行前后端的数据交互，创建的请求如图 2.10 所示。

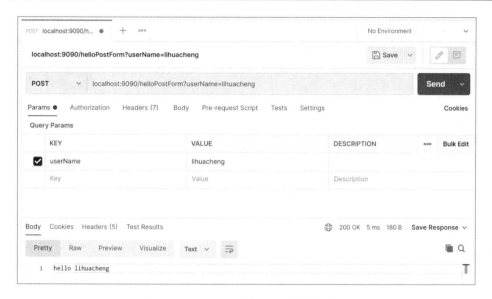

图 2.9　Postman 发送 POST 请求方式 1

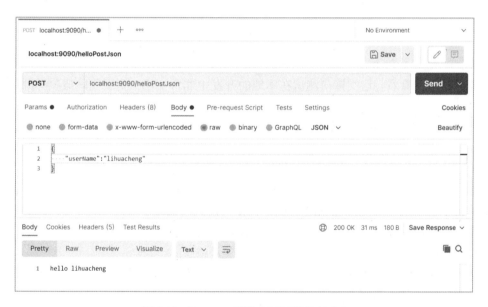

图 2.10　Postman 发送 POST 请求方式 2

3. PUT请求

PUT 请求和 POST 中 JSON 请求方式的区别在于,它将 POST 请求换成了 PUT 请求,请求的页面如图 2.11 所示。

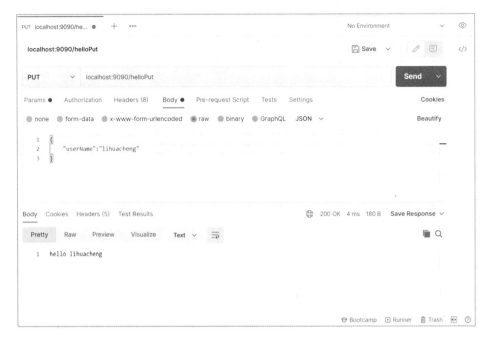

图 2.11　Postman 发送 PUT 请求

以上即完成了 Postman 发送 HTTP 的基本请求，包含 GET、POST 和 PUT，以及参数的设置和结果的查看，这类接口测试在本地的开发中非常实用（测试代码请参考源代码）。

2.5.2　认识 Swagger2 UI

Swagger2 UI 是 Swagger 中用于显示 Restful 接口文档的项目。在项目中由 HTML、JavaScript 和 CSS 文件组成一个接口文档，没有其他的外部依赖。Swagger2 UI 可以根据业务代码中的注解生成相应的 API 文档，方便开发人员阅读。

在项目开发中使用 Swagger2 UI 的好处有以下几点：
- 生成的界面比 Java doc 生成的界面更加美观；
- 可以实时同步 API 文档（修改代码后，文档同步修改）；
- 解析速度快，效率高；
- 能很好地支持现有 Spring MVC 框架；
- 可以充当前后端交流的重要桥梁，方便、快捷。

Swagger2 UI 允许项目中生产、显示和消费 Restful 服务，不需要代理和第三方服务；Swagger2 UI 是一个依赖自由的资源集合，它能通过 Swagger2 API 动态地生成漂亮的文档；Swagger2 UI 还可以部署到任意服务器的开发环境中。

2.5.3　实战：项目集成 Swagger2 实现可视化接口

如果要在项目中使用 Swagger2 UI，需要以下几个步骤：

（1）添加 Swagger2 UI 依赖到 Spring Boot 项目的 pom.xml 中，本书使用的 Swagger2 UI 版本号为 2.9.2。Swagger2 UI 的依赖代码如下：

```xml
<!-- 添加 Swagger2 UI 的依赖 -->
<dependency>
    <groupId>io.springfox</groupId>
    <artifactId>springfox-swagger-ui</artifactId>
    <version>2.9.2</version>
</dependency>
<dependency>
    <groupId>io.springfox</groupId>
    <artifactId>springfox-swagger2</artifactId>
    <version>2.9.2</version>
</dependency>
```

（2）在项目中启用 Swagger2 UI，需在 Spring Boot 的启动类中加注解@EnableSwagger2，以开启 Swagger2 UI 接口文档，并引入需要的包，代码如下：

```java
import springfox.documentation.swagger2.annotations.EnableSwagger2;
```

（3）添加一个端口用来测试，在 application.properties 文件中添加以下代码：

```properties
server.port=9090
```

（4）打开浏览器访问本地链接 http://localhost:9090/swagger-ui.html，显示 Swagger2 UI 的初始化页面，如图 2.12 所示。因为暂时没有添加 API 文档，所以页面为空。

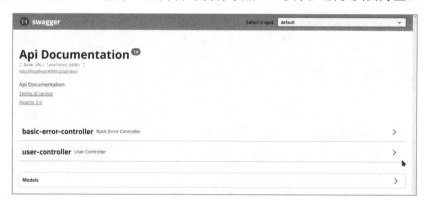

图 2.12　Swagger2 UI 初始化页面

💬提示：在 Spring Boot 项目中，集成插件或者框架有个很重要的特性，使用@EnableXXX
　　　注解就能启用当前注解。例如，@EnableCaching 启用缓存，@EnableAsync 启用
　　　多线程，@EnableDubbo 启用 Dubbo。

（5）为了让 Swagger2 UI 文档显得更有条理性，需要对 Swagger2 UI 进行设置。在 com.onyx.springbootdemo 包中增加一个 Swagger2 UI 的配置类 Swagger2Config，同时把启动类的@EnableSwagger2 转移到配置类中，以保证配置的完整性。配置类的代码如下：

```java
import io.swagger.annotations.ApiOperation;
import org.springframework.context.annotation.Bean;
import org.springframework.context.annotation.Configuration;
import springfox.documentation.builders.ApiInfoBuilder;
import springfox.documentation.builders.PathSelectors;
import springfox.documentation.builders.RequestHandlerSelectors;
import springfox.documentation.service.ApiInfo;
import springfox.documentation.service.ApiKey;
import springfox.documentation.spi.DocumentationType;
import springfox.documentation.spring.web.plugins.Docket;
import springfox.documentation.swagger2.annotations.EnableSwagger2;
import java.util.ArrayList;
import java.util.List;

@Configuration
@EnableSwagger2
public class Swagger2Config {

    @Bean
    public Docket createRestApi() {
        return new Docket(DocumentationType.SWAGGER_2)
                .select()
                // 方法需要有 ApiOperation 注解才能生成接口文档
                .apis(RequestHandlerSelectors.withMethodAnnotation
(ApiOperation.class))
                // 路径使用 any 风格
                .paths(PathSelectors.any())
                .build()
                // 如何保护 API，有 3 种验证，即 ApiKey、BasicAuth 和 OAuth
                // 这里的保护为可选
                .securitySchemes(security())
                // 接口文档的基本信息
                .apiInfo(apiInfo());
    }

    /**
     * 接口文档的详细信息
     *
     * @return
     */
    private ApiInfo apiInfo() {
        return new ApiInfoBuilder()
                .title("swagger2 UI API 文档")
                .description("api 文档")
                .termsOfServiceUrl("http://localhost:9090/swagger-ui.html#/")
                .version("1.0.0")
                .build();
    }
    /**
```

```
 *  安全信息
 *  @return
 */
private List<ApiKey> security() {
    ArrayList<ApiKey> apiKeys = new ArrayList<>();
    apiKeys.add(new ApiKey("root","root","123456"));
    return apiKeys;
}
}
```

（6）添加完配置代码，然后重启 Spring Boot 项目，再次访问 http://localhost:9090/swagger-ui.html，会返回具体的 API 信息，如图 2.13 所示。

图 2.13　配置后的 Swagger2 UI 页面

（7）使用 Swagger2 UI 的注解生成 API 文档，在 Controller 包中新建 UserController 类，代码如下：

```
import io.swagger.annotations.*;
import org.springframework.web.bind.annotation.*;

@Api("用户模块")
@RestController
public class UserController {
    @ApiOperation("helloGet 方法")
    @ApiImplicitParams({
            @ApiImplicitParam(name = "username",value = "名字",required =
true)
    })
    @GetMapping("/helloGet")
    public String helloGet(@RequestParam("userName") @ApiParam("请求的名字")
String username) {
        return "hello " + username;
    }
    @ApiOperation("helloPostJSON 方法")
    @PostMapping("/helloPostJSON")
    public String helloPostJSON(@RequestBody UserVO userVO) {
        return "hello " + userVO.getUserName();
    }
}
```

```
@ApiModel(description = "用户实体类")
class UserVO {
    @ApiModelProperty("userVo 的用户名")
    private String userName;
    public String getUserName() {
        return userName;
    }
    public void setUserName(String userName) {
        this.userName = userName;
    }
}
```

（8）重启当前项目之后再次访问 http://localhost:9090/swagger-ui.html，就能看到 GET 请求和 POST 请求的 API 文档，如图 2.14 所示。

图 2.14　API 文档列表

（9）选择 POST 命令，查看 POST 请求的具体入参。如图 2.15 所示为 POST 请求的具体文档，因为当前的 POST 方法是 JSON 形式，所以请求的参数是 JSON。

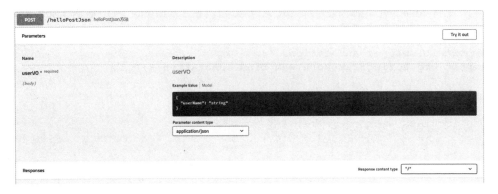

图 2.15　POST 请求

以上代码简单地设置了 Swagger2 UI，它还有其他一些注解，参见表 2.4。

表 2.4　Swagger2 UI注解

注　　解	说　　明	作　用　范　围
@Api	请求类的说明	类
@ApiOperation	方法的说明	方法
@ApiImplicitParams、 @ApiImplicitParam	方法参数的说明。@ApiImplicitParam用于指定单个参数的说明	方法

（续）

注　　解	说　　明	作 用 范 围
@ApiResponses、@ApiResponse	方法返回值的说明。@ApiResponse用于指定单个参数的说明	方法
@ApiModel	用在JavaBean类上，说明JavaBean的用途	数据对象类
@ApiModelProperty	用在JavaBean类的属性上，说明此属性的含义	数据对象类的属性

🔔说明：在项目中使用 Swagger2 UI 注解即可完成项目 API 文档的编写。在代码开发完成后，不再需要单独写一份接口文档，而且修改代码后能第一时间修改接口文档，不会造成接口文档和实际接口不一致的问题。

2.6　使用 Lombok 来优雅地编码

在项目开发过程中，实体类需要通过 IDEA 自动生成 get 和 set 方法，非常烦琐，而且这个工作没有什么技术含量。使用 Lombok 可以代替这些方法的生成，只需要一个简单的注解就能完成之前烦琐的创建过程，从而提高开发者的开发效率。下面介绍 Lombok 的原理和使用。

2.6.1　认识 Lombok 插件

Lombok 是一个 Java 插件，它通过注解来简化一些臃肿的 Java 代码，尤其适用于 Java 实体类对象。例如，新建一个实体类，然后添加几个属性，通常使用 IDEA 自动生成属性的 get 和 set 方法与构造函数，Lombok 不再手动生成这些方法，它会在源码编译时自动生成，项目开发时，只需要添加相应的注解即可。

Lombok 插件是在编译期起作用的，它在编译时生效的具体流程如下：

（1）Java 编译器对源代码进行分析，生成一棵抽象语法树（AST）。

（2）运行过程中调用实现了 JSR 269 API 的 Lombok 程序。

（3）Lombok 对抽象语法树进行处理，找到标记有@Data 注解的类所对应的语法树，然后修改该语法树，增加 get 和 set 方法定义的相应树节点。

（4）编译器使用修改后的抽象语法树生成字节码文件，即在编译后的 class 文件中添加 get 和 set 方法。

（5）查看反编译后的 class 文件，即可看到生成后的方法代码。

2.6.2　安装 Lombok 插件

要在项目开发中使用 Lombok，需要先为 IDE 安装 Lombok 插件，下面分别介绍 Eclipse

和 IDEA 的 Lombok 插件的安装步骤。

1．Eclipse插件的安装方法

（1）下载 Lombok 插件的 jar 包，本次使用的插件版本为 1.12.6。

（2）把下载好的 Lombok 的 jar 包放到 Eclipse 的安装目录下，本机为 D:\Program Files (x86)\eclipse，请更换为自己的计算机目录。

（3）执行以下命令，为 Eclipse 安装 Lombok 插件，显示效果如图 2.16 所示。

```
java -jar D:\Program Files (x86)\eclipse\lombok-1.12.6.jar
```

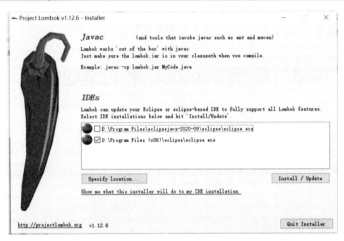

图 2.16　Lombok 插件的安装

只需要选中需要安装的 Eclipse，选择 Install/Update 命令就可以进行安装。安装完成后查看 Eclipse 的配置文件 eclipse.ini，发现其增加了两行配置，如图 2.17 所示。

```
-startup
plugins/org.eclipse.equinox.launcher_1.3.100.v20150511-1540.jar
--launcher.library
plugins/org.eclipse.equinox.launcher.win32.win32.x86_64_1.1.300.v20150602-1417
-product
org.eclipse.epp.package.jee.product
--launcher.defaultAction
openFile
--launcher.XXMaxPermSize
256M
-showsplash
org.eclipse.platform
--launcher.XXMaxPermSize
256m
--launcher.defaultAction
openFile
--launcher.appendVmargs
-vmargs
-Dosgi.requiredJavaVersion=1.7
-Xms256m
-Xmx1024m
-javaagent:lombok.jar
-Xbootclasspath/a:lombok.jar

```

图 2.17　Eclipse 中 Lombok 的配置

至此 Lombok 插件安装成功，可以在 Eclipse 中使用 Lombok 的注解进行项目开发了。

2．IDEA插件的安装方法

（1）首先打开 IDEA 的设置，单击 Plugins 选项，会出现如图 2.18 所示的界面。

图 2.18　IDEA 的插件安装页面

（2）在搜索框中输入"lombok"进行搜索，结果如图 2.19 所示。单击 Install 按钮就可以安装（因为本机已经安装了 Lombok，所以这里显示 Installed），安装完成后，会提示重启 IDEA，重启完成后就可以使用 Lombok 的注解进行开发了。

图 2.19　Lombok 插件安装

2.6.3　实战：使用 Lombok 插件

要使用 Lombok，需要添加 Lombok 的 Maven 依赖，其代码如下：

```
<dependency>
    <groupId>org.projectlombok</groupId>
    <artifactId>lombok</artifactId>
    <version>1.16.12</version>
</dependency>
```

在项目开发过程中，Java 类只有固定的几个方法可以使用注解自动生成，包括 get/set 方法、构造方法和 ToString()方法等。常用的 Lombok 注解参见表 2.5。

表 2.5　Lombok的常用注解

注 解 名 称	作　用
@Getter	生成get方法
@Setter	生成set方法
@ToString	自动重写ToString()方法，会打印所有变量
@EqualsAndHashCode	自动生成equals(Object other)和hashcode()方法,包括所有非静态变量和非序列化变量
@NoArgsConstructor	生成一个没有参数的构造器
@AllArgsConstructor	生成一个包含所有参数的构造器
@Data	@Getter @Setter @ToString @EqualsAndHashCode @RequiredArgsConstructor
@Value	@Getter（注意没有Setter） @ToString @EqualsAndHashCode @AllArgsConstructor
@Builder	自动生成流式set值写法
@Slf4j	自动生成使用注解的类的log静态常量,需要打印日志时直接使用log静态常量打印

下面演示@Builder 注解的使用过程。

（1）新建 com.onyx.springbootdemo.vo 包，在其中添加一个测试类 Test，代码如下：

```
import lombok.Builder;
public class Test {
    public static void main(String[] args) {
        //手动创建set方法
        User1 user1 = new User1();
```

```
            user1.setId(1);
            user1.setName("cc");
            //Builder 注解后的链式写法
            User2 user2 = User2.builder().id(1).name("cc").build();
        }
        private static class User1{
            private int id;
            private String name;
            public int getId() {
                return id;
            }
            public void setId(int id) {
                this.id = id;
            }
            public String getName() {
                return name;
            }
            public void setName(String name) {
                this.name = name;
            }
        }
        //@Builder 注解
        @Builder
        private static class User2{
            private int id;
            private String name;
        }
}
```

查看 Test 类编译后的 class 文件反编译后的文件，编译器已经把 Lombok 的注解去掉，并且添加了相应的注解方法。以下为反编译文件，此文件在 target\classes\（包名）目录下：

```
//
// Source code recreated from a .class file by IntelliJ IDEA
// (powered by Fernflower decompiler)
//
import java.beans.ConstructorProperties;

public class Test {
    public Test() {
    }

    public static void main(String[] args) {
        Test.User1 user1 = new Test.User1();
        user1.setId(1);
        user1.setName("cc");
        Test.User2 user2 = Test.User2.builder().id(1).name("cc").build();
    }

    private static class User2 {
        private int id;
        private String name;
        @ConstructorProperties({"id", "name"})
```

```
        User2(final int id, final String name) {
            this.id = id;
            this.name = name;
        }
        public static Test.User2.User2Builder builder() {
            return new Test.User2.User2Builder();
        }

        public static class User2Builder {
            private int id;
            private String name;

            User2Builder() {
            }
            public Test.User2.User2Builder id(final int id) {
                this.id = id;
                return this;
            }
            public Test.User2.User2Builder name(final String name) {
                this.name = name;
                return this;
            }
            public Test.User2 build() {
                return new Test.User2(this.id, this.name);
            }
            public String toString() {
                return "Test.User2.User2Builder(id=" + this.id + ", name=" +
this.name + ")";
            }
        }
    }

    private static class User1 {
        private int id;
        private String name;
        private User1() {
        }
        public int getId() {
            return this.id;
        }
        public void setId(int id) {
            this.id = id;
        }
        public String getName() {
            return this.name;
        }
        public void setName(String name) {
            this.name = name;
        }
    }
}
```

如果类上标记@SLF4J，相当于以下代码，这样就能使用日志组件：

```
/** logger 日志 */
private static final Logger log = LoggerFactory.getLogger(Product.class);
```

（2）新建 Product 类，源码如下：

```
import lombok.AllArgsConstructor;
import lombok.Data;
import lombok.NoArgsConstructor;
import lombok.extern.slf4j.Slf4j;

@Data
@Slf4j
@NoArgsConstructor
@AllArgsConstructor
public class Product {

    private int id;
    private String name;
}
```

反编译后的文件代码如下：

```
//
// Source code recreated from a .class file by IntelliJ IDEA
// (powered by Fernflower decompiler)
//
import org.slf4j.Logger;
import org.slf4j.LoggerFactory;

public class Product {
    private static final Logger log = LoggerFactory.getLogger(Product.
class);
    private int id;
    private String name;

    public int getId() {
        return this.id;
    }
    public String getName() {
        return this.name;
    }
    public void setId(final int id) {
        this.id = id;
    }
    public void setName(final String name) {
        this.name = name;
    }
    public boolean equals(final Object o) {
        if (o == this) {
            return true;
        } else if (!(o instanceof Product)) {
            return false;
        } else {
            Product other = (Product)o;
            if (!other.canEqual(this)) {
                return false;
            } else if (this.getId() != other.getId()) {
                return false;
            } else {
```

```
            Object this$name = this.getName();
            Object other$name = other.getName();
            if (this$name == null) {
                if (other$name != null) {
                    return false;
                }
            } else if (!this$name.equals(other$name)) {
                return false;
            }

            return true;
        }
    }
}

protected boolean canEqual(final Object other) {
    return other instanceof Product;
}

public int hashCode() {
    int PRIME = true;
    int result = 1;
    int result = result * 59 + this.getId();
    Object $name = this.getName();
    result = result * 59 + ($name == null ? 43 : $name.hashCode());
    return result;
}

public String toString() {
    int var10000 = this.getId();
    return "Product(id=" + var10000 + ", name=" + this.getName() + ")";
}
//空参构造
public Product() {
    }
    //全参构造器
    public Product(final int id, final String name) {
        this.id = id;
        this.name = name;
    }
}
```

根据笔者的开发经验，在项目中使用 Lombok 有以下几个注意点：

@Data 注解实现了@EqualsAndHashCode 的功能，如果一个类继承的父类使用了@EqualsAndHashCode(callSuper = true)注解，则当前类由 Lombok 生成的 equals()方法只有在两个对象相同时才会返回 true，否则为 false，无论它们的属性是否相同。这个特性是不符合预期的，对于这种情况可以重写 equals()，而 Lombok 不会影响开发者已经重写的方法，如 toString()方法。

解决方法：

（1）用了@Data 就不要有继承关系，类似于 Kotlin 的做法。

（2）自己重写 equals()，Lombok 不会影响开发者已经重写的方法，如 toString()方法。

（3）显式地使用@EqualsAndHashCode(callSuper=true)，Lombok 会以显式指定的 equals()方法和 hashcode()方法为准。

2.7　小　　结

本章介绍使用 Spring Boot 进行项目开发的一些基础知识，包括 Spring Boot 的基础配置、开发时的多环境配置、Restful 的相关基础知识以及如何在 Spring Boot 中集成 Jersey 进行 Restful API 接口的开发。在完成了接口开发后，还介绍了如何使用 Postman 进行接口测试，如何利用 Postman 构建各种不同的请求，如何在接口上添加 Swagger2 UI 的注解，以及如何在项目中添加 Swagger2 的配置以实现网页上访问 Swagger2 的 API 文档。本章最后还介绍了项目开发利器 Lombok，它可以利用各种注解实现优雅的编码，从而提高项目的开发效率。

第 3 章　数据持久化

项目在运行过程中会产生很多业务数据，一般我们把数据保存起来的这个过程称为数据持久化。数据可以保存在内存、文件和数据库中，最普遍的方式是把数据保存到数据库中。因为经常要把数据保存到数据库中，所以 Spring 抽象出了一套数据库访问框架——Spring Data JPA，它集成了多种数据访问技术，支持 JDBC、MyBatis、Hibernate 和 JPA 等数据持久化框架。

3.1　认识 Spring Data JPA 与 ORM

在介绍 Spring Data JPA 之前需要先介绍下 JPA（Java Persistence API，Java 持久化 API），它是 Sun 公司在 JDK 1.5 发布后提出的 Java 持久化规范（JSR 338）。JPA 规范定义了一系列的标准接口，让实体类和数据库的表之间建立了一个对应关系，当在代码中将数据保存到数据库中时，可以不写 SQL 就能操作数据库中的数据表。

JPA 的实现思想即 ORM（Object Relation Mapping，对象关系映射），用于在关系型数据库和实体对象之间建立一种映射关系。JPA 规范是为了简化项目开发中的数据持久化以及整合不同的 ORM 技术。JPA 是在现有的 ORM 框架基础上发展而来的，具有易于使用和伸缩性强的特点。

Spring Data JPA 是基于 Spring 团队在 JPA 接口之上添加的一层抽象接口（Repository 层的实现）所形成的 ORM 框架，它极大地降低了持久层开发及 ORM 框架切换的成本。Spring Data JPA 底层是使用 Hibernate 的 JPA 技术实现的，它提供了包括增、删、改、查等常用的功能。在使用 Spring Data JPA 时不需要手写 SQL 语句，因为框架在底层已经自动生成了操作数据库的 SQL，只需要在使用过程中遵守 JPA 的规范即可。

3.2　Spring Boot Validate 参数校验

在接口开发的过程中，一个非常重要的原则就是不信任任何的输入，开发者根本不知道传递的是什么参数，因此需要对入参进行参数的校验，否则极有可能引发系统故障，或者造成业务数据的错误。

3.2.1 传统的 if…else 校验

以前，开发者经常在 Controller 中对参数进行 if…else 判断，如果参数不符合要求，
就提示用户参数错误，流程不再进行下去，类似下面的代码：

```
package com.springboot.demo;
import org.springframework.web.bind.annotation.PostMapping;
import org.springframework.web.bind.annotation.RequestBody;
import org.springframework.web.bind.annotation.RestController;

@RestController
public class UserController1 {

    /**
     * 保存新的用户
     * @param user
     */
    @PostMapping("/save")
    public void saveUser(@RequestBody User user) {
        if (user.getAge() > 120) {
            throw new IllegalArgumentException("最大年龄小于120");
        }
        if (user.getAge() < 1) {
            throw new IllegalArgumentException("最小年龄大于1");
        }
        if (user.getUserName() == null) {
            throw new IllegalArgumentException("用户名不能为空");
        }
        if (user.getUserName().length() > 10) {
            throw new IllegalArgumentException("用户名长度不能超过10");
        }
        if(user.getPassword()==null){
            throw new IllegalArgumentException("密码不能为空");
        }
        //saveTheUser
    }
}
```

以上代码中对应的 User 实体类的代码如下：

```
package com.springboot.demo;
import lombok.Data;
import javax.persistence.Column;
import javax.persistence.Entity;
import javax.persistence.GeneratedValue;
import javax.persistence.Id;

@Entity
@Data
public class User {
    @Id
    @GeneratedValue
```

```
    private long id;

    @Column(nullable = false, unique = true)
    private String userName;

    @Column(nullable = false)
    private String password;

    @Column(nullable = false)
    private int age;
}
```

Controller 中的 if 代码能够满足参数校验功能的需要，但是代码逻辑非常"丑陋"，没有一点优雅、复用性可言。Spring Boot 中是怎么处理的呢？

3.2.2 实战：现代的 Spring Boot Validate 校验

在 Spring Boot 项目中，可以使用 Spring Boot Validate 进行参数的校验，开发人员只需要简单地标记注解就能完成参数的校验。下面演示 Spring Boot 的参数校验。

（1）在 pom.xml 中添加校验的依赖如下：

```
<dependency>
    <groupId>org.springframework.boot</groupId>
    <artifactId>spring-boot-starter-validation</artifactId>
</dependency>
```

（2）首先新建包 com.springboot.demo，再新建一个类 UserController2 用于参数校验，执行新建用户的保存方法。

```
package com.springboot.demo;
import org.springframework.web.bind.annotation.*;
import javax.validation.Valid;

@RestController
public class UserController2 {

    /**
     * 保存新的用户
     * @param user
     */
    @PostMapping("/save")
    public void saveUser(@Valid @RequestBody User user) {
        //saveTheUser
    }
}
```

（3）在包 com.springboot.demo 中新建 User 实体类并在其中配置校验，代码如下：

```
package com.springboot.demo;
import lombok.Data;
import org.hibernate.validator.constraints.Length;
import javax.persistence.*;
import javax.validation.constraints.Max;
```

```
import javax.validation.constraints.Min;
import javax.validation.constraints.NotBlank;

@Entity
@Data
public class User {
    @Id
    @GeneratedValue
    private long id;

    @NotBlank
    @Length(max = 10, message = "用户名长度不能超过 10")
    @Column(nullable = false, unique = true)
    private String userName;

    @NotBlank(message = "密码不能为空")
    @Column(nullable = false)
    private String password;

    @Max(value = 120, message = "最大年龄小于 120")
    @Min(value = 1, message = "最小年龄大于 1")
    @Column(nullable = false)
    private int age;
}
```

（4）在 UserController2 的方法中给要校验的参数标记上@Valid 注解，再使用如@Not-Blank、@Min 和@Max 注解并且加上提示信息就能完成参数的校验。

（5）为了系统的完整性，在 Spring Boot 项目中增加系统异常的处理，需要给用户返回统一的结果并在结果中提示入参的具体错误。在包 com.springboot.demo 中新建 ValidateCommonHandler 异常处理类，代码如下：

```
package com.springboot.demo;

import org.springframework.http.*;
import org.springframework.validation.FieldError;
import org.springframework.web.bind.MethodArgumentNotValidException;
import org.springframework.web.context.request.WebRequest;
import org.springframework.web.servlet.mvc.method.annotation.Response
EntityExceptionHandler;

public class ValidateCommonHandler extends ResponseEntityExceptionHandler {

    @Override
    protected ResponseEntity<Object> handleMethodArgumentNotValid(
            MethodArgumentNotValidException ex,
            HttpHeaders headers, HttpStatus status,
            WebRequest request) {
        ResponeVo vo = new ResponeVo();
        vo.setCode(500);
        for (FieldError fieldError : ex.getBindingResult().getFieldErrors()) {
            String defaultMessage = fieldError.getDefaultMessage();
            vo.setMessage(defaultMessage);
            Object value = fieldError.getRejectedValue();
```

```
                vo.setData(value);
                break;
        }
        return new ResponseEntity(vo, HttpStatus.OK);
    }
}
```

新建一个 ValidateCommonHandler 类继承自 ResponseEntityExceptionHandler 接口，并且重写该接口的 handleMethodArgumentNotValid()方法，ResponseEntityExceptionHandler 是统一处理所有经过 Valid 注解的接口，此处统一返回类 ResponeVo 的信息，用这个类和前端进行 Restful 交互，只要出现校验命中的就会执行此方法，并且携带具体的错误信息。

（6）在包 com.springboot.demo 中新建统一返回实体信息类 ResponeVo：

```
package com.springboot.demo;
import lombok.Data;
@Data
public class ResponeVo {
    private int code;
    private String message;
    private Object data;
}
```

上述代码中，code 返回一个标识码，message 字段用于返回校验的信息，data 返回具体的数据。

3.2.3 Validate 校验常用的注解

Spring Boot Validate 的参数校验依赖于注解，可以对不同类型的参数配置相应的注解校验，常用的注解如表 3.1 所示。

表 3.1 Validate注解

注　　解	作　　用
@Null	属性值为空
@NotNull	属性不能为空
@Min	属性值为整数，不能小于min中的制定值
@Max	属性值为整数，不能大于max中的制定值
@DecimalMin	属性值为小数，不能小于min中的制定值
@DecimalMax	属性值为小数，不能大于max中的制定值
@Length	字符串的长度限制
@Digits	内容必须为数字
@NotEmpty	字符串内容非空
@NotBlank	字符串内容非空且长度大于0

（续）

注　解	作　用
@Email	邮箱格式
@Pattern	制定一个正则表达式

3.3　实战：使用 Spring Data JPA 保存数据

3.2 节介绍了 Spring Boot Validate 的参数校验，现在演示在 Spring Boot 项目中如何使用 Spring Data JPA 保存数据，详细步骤如下：

（1）在 pom.xml 中添加 Spring Data JPA 依赖和 MySQL 的驱动依赖：

```
<dependencies>
    <dependency>
        <groupId>org.springframework.boot</groupId>
        <artifactId>spring-boot-starter-web</artifactId>
    </dependency>
    <dependency>
        <groupId>org.springframework.boot</groupId>
        <artifactId>spring-boot-starter-test</artifactId>
    </dependency>
    <dependency>
        <groupId>mysql</groupId>
        <artifactId>mysql-connector-java</artifactId>
    </dependency>
    <dependency>
        <groupId>org.springframework.boot</groupId>
        <artifactId>spring-boot-starter-data-jpa</artifactId>
    </dependency>
    <dependency>
        <groupId>org.projectlombok</groupId>
        <artifactId>lombok</artifactId>
    </dependency>
</dependencies>
```

（2）在 application.properties 中添加项目的配置文件，包括 MySQL 的链接、用户名、密码、驱动类及 Spring JPA 的配置：

```
spring.datasource.url=jdbc:mysql://localhost:3306/test?useUnicode=true&characterEncoding=utf-8&serverTimezone=UTC&useSSL=true
spring.datasource.username=root
spring.datasource.password=q123456.
spring.datasource.driver-class-name=com.mysql.cj.jdbc.Driver
spring.jpa.properties.hibernate.hbm2ddl.auto=update
spring.jpa.properties.hibernate.dialect=org.hibernate.dialect.MySQL5InnoDBDialect
spring.jpa.show-sql=true
```

（3）在包 com.springboot.demo 中添加 User 的实体类：

```
package com.springboot.demo;
import lombok.Data;
import javax.persistence.*;

@Entity
@Data
public class User {
    @Id
    @GeneratedValue
    private long id;

    @Column(nullable = false, unique = true)
    private String userName;
    @Column(nullable = false)
    private String password;
    @Column(nullable = false)
    private int age;
}
```

（4）在包 com.springboot.demo 中添加数据库的操作 Dao 接口代码如下：

```
package com.springboot.demo;
import org.springframework.data.jpa.repository.JpaRepository;

public interface UserRepository extends JpaRepository<User, Long> {
    //根据名字查询用户
    User findByUserName(String userName);
}
```

（5）在包 com.springboot.demo 中新增 Spring Boot 的启动类代码如下：

```
package com.springboot.demo;
import org.springframework.boot.SpringApplication;
import org.springframework.boot.autoconfigure.SpringBootApplication;

@SpringBootApplication
public class App {
    public static void main(String[] args) {
        SpringApplication.run(App.class,args);
    }
}
```

（6）在包 com.springboot.demo 中增加使用 Spring Data JPA 操作数据库的测试类代码
如下：

```
package com.springboot.demo;

import lombok.extern.slf4j.Slf4j;
import org.junit.Assert;
import org.junit.Test;
import org.junit.runner.RunWith;
import org.springframework.beans.factory.annotation.Autowired;
import org.springframework.boot.test.context.SpringBootTest;
import org.springframework.test.context.junit4.SpringJUnit4ClassRunner;
import java.util.Optional;
```

```java
@Slf4j
@RunWith(SpringJUnit4ClassRunner.class)
@SpringBootTest(classes = App.class)
public class UserTest {

    @Autowired
    private UserRepository userRepository;

    @Test
    public void userTest() {
        User user = new User();
        user.setUserName("myCc");
        user.setAge(18);
        user.setPassword("123");

        //保存用户
        userRepository.save(user);
        //根据名字查询用户
        User item = userRepository.findByUserName("myCc");
        System.out.println(item);
        Assert.assertNotNull(item);
        //ID 为 1 的用户是否存在
        Assert.assertEquals(true, userRepository.existsById(1L));
        //根据 ID 查询用户
        Optional<User> byId = userRepository.findById(1L);
        Assert.assertEquals(true, byId.isPresent());
        Assert.assertEquals(true, userRepository.findById(2L).isPresent());
        //删除 ID 为 1 的用户
        userRepository.deleteById(1L);
        //判断 ID 为 1 的用户是否存在
        Assert.assertEquals(false, userRepository.existsById(1L));
    }
}
```

至此，项目代码的书写工作就完成了，当前整个项目的结构如图 3.1 所示。

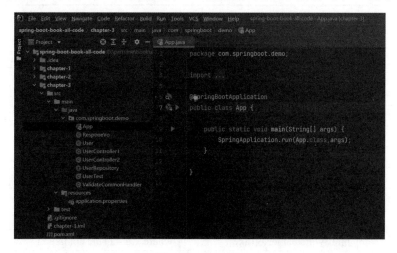

图 3.1　项目结构

运行 UserTest 测试类执行全部的测试用
例，完成后使用客户端连接数据库查看 user 表
中的数据，如图 3.2 所示，程序已经成功地把
数据插入数据库中。

图 3.2　user 表中的数据

3.4　JPA 与 SQL 语法

Spring Data JPA 会根据方法名字自动解析方法名后拼接成 SQL 语句，然后设置参数，
最后再执行 SQL 语句，完成数据库的操作。3.3 节的 UserRepository 接口继承自 JpaRepository，
该接口中自定义了方法 findByUserName()。同理，还可以在 UserRepository 接口中定义以下方法：

```
Long deleteById(Long id);

List<User> findByUserNameOrEmail(String username, String email);

List<User> findByUserNameIgnoreCase(String userName);

Long countByUserName(String userName);

List<User> findByEmailLike(String email);

List<User> findByUserNameOrderByEmailDesc(String email);
```

在 Spring Data JPA 中，根据方法名字生成对应的 SQL 语句的规则如表 3.2 所示，在
接口中自定义的方法会根据关键字生成 SQL 语句，从而在开发中不需要手写 SQL 语句。

表 3.2　Spring Data JPA的SQL语句生成规则

SQL语句关键字	方 法 名 称	生成SQL语句示例
And	findByLastnameAndFirstname	where x.lastname = ?1 and x.firstname = ?2
Or	findByLastnameOrFirstname	where x.lastname = ?1 or x.firstname = ?2
Is,Equals	findByFirstnameIs, findByFirstnameEquals	where x.firstname = ?1
Between	findByStartDateBetween	where x.startDate between ?1 and ?2
After	findByStartDateAfter	where x.startDate > ?1
Before	findByStartDateBefore	where x.startDate < ?1
IsNull	findByAgeIsNull	where x.age is null
IsNotNull,NotNull	findByAge(Is)NotNull	where x.age not null
Like	findByFirstnameLike	where x.firstname like ?1
NotLike	findByFirstnameNotLike	where x.firstname not like ?1

（续）

SQL语句关键字	方 法 名 称	生成SQL语句示例
Containing	findByFirstnameContaining	where x.firstname like ?1 (parameter bound wrapped in %)
OrderBy	findByAgeOrderByLastnameDesc	where x.age = ?1 order by x.lastname desc
Not	findByLastnameNot	where x.lastname <> ?1
In	findByAgeIn(Collection<age> ages)</age>	where x.age in ?1
NotIn	findByAgeNotIn(Collection<age> age)</age>	where x.age not in ?1

Spring Data JPA 也支持手写 SQL 语句。例如，在 UserRepository 中添加一个根据 ID 查询 User 的方法，然后在@Query 注解中完成对自定义 SQL 语句的编写和参数设置，注意 Spring Data JPA 的参数是从 1 开始，取第一个参数即为?1，代码如下：

```
/**
 * 根据 ID 查询用户
 */
@Query("select * from user where id=?1")
User queryById(Long id);
```

在@Query 注解中完成对 SQL 执行语句和参数的设置，然后调用 queryById 方法完成查询功能。

在项目开发中使用 Spring Data JPA 这种 ORM 的框架能够极大地提高开发效率，它使用面向对象的方式直接对数据库进行操作，不用每一个操作都写 SQL 语句，只有遇到复杂的查询需求时，才手写 SQL 语句完成 CRUD。

🔔说明：CRUD 一般对应数据库常见的增、查、改、删操作。

3.5　小　　结

本章介绍了如何在 Spring Boot 项目中使用 Spring Data JPA 来操作数据库。开发者不需要对数据库的每一个操作都写相应的 SQL 语句，JPA 可以自动生成 SQL 语句，这大大提高了项目开发的效率。另外，在 Web 开发过程中不能信任入参，必须对参数进行校验，而使用 Spring Boot Validate 注解进行参数校验，不是使用 if…else 进行判断，使项目代码变得更加优雅。

第 4 章 Spring Boot 的 Web 应用开发

Spring Boot 对 Web 开发流程提供完整的支持，包括从前端到后台的开发，再到数据库的操作。使用 Spring Boot 开发 Web 工程有两种类型：

- 前后端完全分离。这种方式是前端开发者和后端开发者完全分离地进行项目的开发，最后完成前后端的接口对接，这是目前国内一种流行的开发方式。前端负责页面的开发并调用后端接口展示数据，后端只负责提供 API 接口。
- 使用 Spring Boot 自带的模板。这种方式适用于小型项目或者全栈开发人员，一般可以选择的模板包括 Freemaker 和 Thymeleaf 等。这种开发方式全部是由后端人员开发，因此开发效率相对于前后端分离方式低一些。

本章将介绍 Web 开发中的依赖、模板引擎、过滤器、监听器、拦截器和异常处理等内容，最后还会简单介绍 Redis 的使用。

4.1 Spring Boot 对 Web 开发的支持

很多项目在开发过程中使用了 B/S 架构，因为其具有跨平台、易移植、方便使用和更新的特点，所以成为技术架构的首选。传统的 Web 开发方式使用的是原生的 Servlet 技术或比较广泛的框架，如 JSF、Struts2、Play1、Spring MVC。如果使用 Spring MVC 进行开发，则需要开发者完成各项配置，如包扫描配置、静态资源处理、注解驱动、视图解析、Servlet 类等配置，非常烦琐。Spring Boot 对 Web 系统开发提供了全面的支持，包括 Web 项目的开发、测试和部署。spring-boot-starter-web 依赖是 Spring Boot 对 Web 开发提供支持的组件，主要包括 Restful、参数校验、使用 Tomcat 作为内嵌容器等功能。

要想在 Spring Boot 中进行 Web 开发，需要在项目的 pom.xml 中添加 Web 依赖：

```xml
<dependency>
    <groupId>org.springframework.boot</groupId>
    <artifactId>spring-boot-starter-web</artifactId>
</dependency>
```

单击 spring-boot-starter-web 可以查看封装的依赖详情，代码如下：

```xml
<dependencies>
  <dependency>
    <groupId>org.springframework.boot</groupId>
    <artifactId>spring-boot-starter</artifactId>
```

```
    <version>2.3.10.RELEASE</version>
    <scope>compile</scope>
  </dependency>
  <dependency>
    <groupId>org.springframework.boot</groupId>
    <artifactId>spring-boot-starter-json</artifactId>
    <version>2.3.10.RELEASE</version>
    <scope>compile</scope>
  </dependency>
  <dependency>
    <groupId>org.springframework.boot</groupId>
    <artifactId>spring-boot-starter-tomcat</artifactId>
    <version>2.3.10.RELEASE</version>
    <scope>compile</scope>
  </dependency>
  <dependency>
    <groupId>org.springframework</groupId>
    <artifactId>spring-web</artifactId>
    <version>5.2.14.RELEASE</version>
    <scope>compile</scope>
  </dependency>
  <dependency>
    <groupId>org.springframework</groupId>
    <artifactId>spring-webmvc</artifactId>
    <version>5.2.14.RELEASE</version>
    <scope>compile</scope>
  </dependency>
</dependencies>
```

在依赖 spring-boot-starter-web 中可以看到其中封装了 Spring MVC 的依赖，并且已经设置了 Tomcat 的依赖，开发时只需要添加 spring-boot-starter-web 就能非常方便地集成这些功能，不再需要单独地配置外部的 Tomcat 及其他的 Spring MVC，所有配置集中放在 Spring Boot 的配置项 application.properties 中。

4.2　模　板　引　擎

模板引擎是为了使用户界面与业务数据分离而产生的，它具有丰富的功能，可以生成特定格式的页面，在 Web 开发中的模板引擎最后会生成一个标准的 HTML 文档。模板引擎的解析过程如图 4.1 所示，其把数据和静态模板相互匹配后，数据会替换其中的变量，最后形成 HTML 页面展示给用户。

图 4.1　模板引擎的解析过程

对于模板引擎来说，将数据渲染到模板上通常需要以下几步：

（1）利用正则表达式分解出普通字符串和模板标识符。

（2）将模板标识符转换成普通的语言表达形式。

（3）生成待执行语句。

（4）将数据填入执行，生成最终的字符串。

目前，在 Java 开发中常用的模板引擎有 Freemaker、Thymeleaf、JSP、JSF 和 Velocity，它们各有优缺点，本节将介绍不使用 JSP 的原因，然后再介绍如何使用 Thymeleaf。

4.2.1　为什么放弃 JSP 模板引擎

JSP 全称为 Java Server Pages，是 Sun 公司在 HTML 技术出现之后发布的一种全新的 Java 动态网页开发技术。它可以直接使用 HTML 代码，也可以在页面中插入 Java 代码，能非常方便地把动态数据渲染到静态页面上并最终展示给用户。

在项目开发中使用 JSP 有以下优点：

- JSP 的动态部分用 Java 编写，因此功能更加强大、易用，并且具有跨平台性，方便移植。

- 同时兼具了 HTML 和 Java 的优点，静态部分是 HTML 代码，动态部分由 Java 编写，支持多种网页格式。

- 可以完成很复杂的功能。

- 官方标准，用户群庞大，JSP 标签可扩充，有非常丰富的第三方 JSP 标签库。

- JSP 可编译成 class 文件来执行，性能优异。

虽然 JSP 有以上 5 个优点，但是目前的项目开发中很少再使用 JSP 了，因为它的缺点也非常明显，主要有 3 个：

- 使用 JSP 增加了产品的复杂性。HTML 的代码和 Java 代码全部混合在一起，有的开发人员甚至不需要专门的 Java 文件，全部代码都在.JSP 中，一个 JSP 文件中动辄几万行代码，从而使后期的开发和维护成本非常高，甚至难以维护。

- JSP 页面最后都编译成了.class 文件，全部内容都在内存中，非常消耗资源。

- JSP 页面调试困难，JSP 页面在执行时都被编译为字节码文件，如果在一个页面上报错了，则需要一处一处地去修改、验证，非常烦琐。

在使用 Spring Boot 进行开发时，如果模板引擎选择 JSP，那么在 Tomcat 中 JSP 是不能在嵌套的 Tomcat 容器中被解析和显示的，即不能在打包成可执行的 jar 的情况下解析出来，完成页面的显示。Jetty 嵌套的容器不支持 JSP，Spring 官方不建议在项目中使用 JSP 开发。

因此，在使用 Spring Boot 进行开发时，一般不会选择 JSP 作为模板引擎。

4.2.2　选择 Thymeleaf 模板引擎

Thymeleaf 是 Spring 开发的一个现代的服务端 Java 模板引擎，适用于开发 Web 和独立环境项目的服务器端的模板引擎，能够快速地处理 HTML 元素、JavaScript 元素和 CSS 元素的显示。

Thymeleaf 为用户提供了一种优雅且高度可维护的模板创建方式。它以 HTML 页面为基础，在运行时将动态数据注入模板中并展示给用户。这种运行方式不会影响模板被用作设计原型，而且还提高了沟通效率。

Thymeleaf 是专门为 Web 标准设计的，特别是最新的 Web 标准——HTML 5。它还可以创建完全验证的模板，具有非常丰富的功能。在项目开发中将 Spring Boot 框架、Thymeleaf 与 Spring MVC 的视图技术及 Spring Boot 的自动化配置集成在一起非常简便，不需要额外的配置，在开发中只需要关注 Thymeleaf 的语法即可。

4.2.3　实战：使用 Thymeleaf 模板引擎

下面新建第 4 章的项目 chapter-4，演示在实际项目中怎么使用 Thymeleaf 开发页面。

（1）添加 Thymeleaf 依赖到 pom.xml 中，代码如下：

```
<dependencies>
    <dependency>
        <groupId>org.springframework.boot</groupId>
        <artifactId>spring-boot-starter-thymeleaf</artifactId>
    </dependency>
    <dependency>
        <groupId>org.springframework.boot</groupId>
        <artifactId>spring-boot-starter-web</artifactId>
    </dependency>
    <dependency>
        <groupId>org.projectlombok</groupId>
        <artifactId>lombok</artifactId>
        <optional>true</optional>
    </dependency>
    <dependency>
        <groupId>org.springframework.boot</groupId>
        <artifactId>spring-boot-starter-test</artifactId>
        <scope>test</scope>
    </dependency>
</dependencies>
```

（2）在 application.properties 中添加 Thymeleaf 配置文件：

```
#排除静态文件夹
spring.devtools.restart.exclude=static/**,public/**
#关闭 Thymeleaf 缓存开发过程中无须重启
spring.thymeleaf.cache = false
```

```
#设置 thymeleaf 页面的编码
spring.thymeleaf.encoding=UTF-8
spring.thymeleaf.mode=HTML5
#设置 thymeleaf 页面的后缀为.html
spring.thymeleaf.suffix=.html
#设置 thymeleaf 页面的存储路径
spring.thymeleaf.prefix=classpath:/templates/
```

（3）新建 Controller 包，在其中新建 UserController 类，添加 addUser()方法：

```
package com.example.thymeleafdemo.controller;

import org.springframework.stereotype.Controller;
import org.springframework.ui.Model;
import org.springframework.web.bind.annotation.GetMapping;

@Controller
public class UserController {

    @GetMapping("/addUser")
    public String addUser(Model model){
        model.addAttribute("title","i miss CC very much");
        return "user/addUser";
    }
}
```

在上述代码中，请求 URL 为/addUser，其会跳转到 user 目录下的 addUSer.html 页面，同时设置数据 title 为 i miss CC very much。

（4）在 resource/templates 下新建一个 user 目录，然后再新建一个 addUser.html 文件，内容如下：

```
<!DOCTYPE html>
<html xmlns:th="http://www.thymeleaf.org">
<head>
    <meta charset="UTF-8">
    <title>Insert title here</title>
</head>
<body>
标题是:
<p th:text="${title}">hello</p>
</body>
</html>
```

从上述代码中可以看出，Thymeleaf 获取一个值的语法是 th:text=${title}。

📖注意：在 HTML 页面中使用 Thymeleaf 时需要引入名称
空间。例如：

```
<html xmlns:th="http://www.thymeleaf.org">
```

（5）启动项目，在浏览器中访问 localhost:8080/addUser，页面效果如图 4.2 所示。

图 4.2　/addUser 的访问效果

4.2.4　简介：Thymeleaf 的基础语法

4.2.3 小节的页面只演示了 Thymeleaf 最基本的取值，在实际开发中还有很多其他的数据格式，如 List、Map、对象等。除此之外还有判断、时间格式化和循环处理等操作。下面一起来学习 Thymeleaf 的基础语法。

1．th属性

常用的 th 属性如表 4.1 所示。

表 4.1　Thymeleaf的th属性

属　　　性	含　　　义
th:text	文本的赋值及替换
th:value	属性赋值
th:each	遍历循环一个元素
th:if	判断条件，配套使用的还有th:unless、th:switch和th:case
th:insert	代码块引入，类似的还有th:replace和th:include，常用于公共代码块提取场景
th:fragment	定义代码块，方便被th:insert引用

2．~{…} 代码块表达式

~{…}代码块表达式支持两种语法结构：~{templatename::fragmentname} 格式和{templatename::#id}。推荐使用前一种。

- templatename：模板名，Thymeleaf 会根据模板名解析完整的路径/resources/templates/templatename.html，使用时需要注意文件是相对路径还是绝对路径。
- fragmentname：片段名，Thymeleaf 通过 th:fragment 声明来定义代码块，即 th:fragment="fragmentname"。
- id：HTML 的 ID 选择器，使用时要在前面加上#号，其不支持 class 选择器。

代码块表达式需要配合 th 属性（th:insert、th:replace、th:include）一起使用。

- th:insert：将整个代码块片段插入使用了 th:insert 的 HTML 标签中。
- th:replace：将整个代码块片段替换为使用了 th:replace 的 HTML 标签内容。
- th:include：将代码块片段包含的内容插入使用了 th:include 的 HTML 标签中。

3．#{…}消息表达式

#{…}消息表达式一般用于国际化场景。

4．@{…}链接表达式

@{…}链接表达式结构有两种形式：

- 无参：@{/xxx}；
- 有参：@{/xxx(k1=v1,k2=v2)}，对应 url 结构：xxx?k1=v1&k2=v2。

@{…}链接表达式的主要目的是引入本地资源（@{/项目本地的资源路径}）和外部资源（@{/webjars/资源在 jar 包中的路径}）。

5．${…}变量表达式

${…}变量表达式有 3 个功能：

- 获取对象的属性和方法；
- 使用 Servlet 的 ctx、vars、locale、request、response、session 和 servletContext 内置对象，能够获取文件路径和请求信息，设置环境变量等；
- 使用 Thymeleaf 的 dates、numbers、strings、objects、arrays、lists、sets 和 maps 等内置方法可以将返回的页面数据进行格式化并展示给用户。

其中，Thymeleaf 常用的内置对象参见表 4.2 所示。

表 4.2　Thymeleaf中常用的内置对象

对　　　象	解　　　释
ctx	上下文对象
vars	上下文变量
locale	上下文的语言环境
request	HttpServletRequest对象
respone	HttpServletResponse对象
session	HttpSession对象
servletContext	ServletContext对象

Thymeleaf 模板中常用的内置方法如表 4.3 所示。

表 4.3　常用的内置方法

对 象 名 字	含　　义	常 用 方 法
strings	字符串格式化方法	equals、 equalsIgnoreCase、 length、 trim、 toUpperCase、 toLowerCase、indexOf、substring、replace、startsWith、endsWith、 contains、containsIgnoreCase
numbers	数值格式化方法	formatDecimal
bools	布尔方法	isTrue、isFalse
arrays	数组方法	toArray、length、isEmpty、contains、containsAll
lists，sets	集合方法	toList、size、isEmpty、contains、containsAll、sort
maps	对象方法	size、isEmpty、containsKey、containsValue
dates	日期方法	format、year、month、hour、createNow

　　介绍完 Thymeleaf 的常见语法和内置对象后，就能把数据很好地渲染到 Thymeleaf 模板上，最终展示给用户了。如果前端给出的是静态的 HTML 页面，则需要对 HTML 中的引用和头部信息进行修改，将其转换为 Thymeleaf 页面。

4.3　文　件　上　传

　　在项目开发中，文件上传是很常见的功能，如用户上传头像、上传自己喜欢的图片、上传 Excel 文件等。本节将介绍如何使用 Spring Boot 中自带的上传功能完成文件的上传。

4.3.1　实战：使用 J2EE 实现文件上传

　　新建一个 FileController.java 文件，将其作为上传文件的请求入口，代码如下：

```java
package com.example.thymeleafdemo.controller;

import org.springframework.stereotype.Controller;
import org.springframework.ui.Model;
import org.springframework.util.FileCopyUtils;
import org.springframework.web.bind.annotation.*;
import org.springframework.web.multipart.MultipartFile;
import java.io.*;

@Controller
public class FileController {

    /**
     * 去文件上传的页面
     */
    @GetMapping("toUpload")
    public String toUpload() {
        return "toUpload";
    }

    /**
     * 上传一个文件
     */
    @PostMapping("/uploadFile")
    public String SingleFileUpLoad(@RequestParam("myfile") MultipartFile file,
                                    Model model) {
        //判断文件是否为空
        if (file.isEmpty()) {
            model.addAttribute("result_singlefile", "文件为空");
            return "toUpload";
        }
        //指定上传的位置为 d:/upload/
        String path = "d:/upload/";
```

```
    try {
        //获取文件的输入流
        InputStream inputStream = file.getInputStream();
        //获取上传时的文件名
        String fileName = file.getOriginalFilename();
        //注意是路径+文件名
        File targetFile = new File(path + fileName);
        //如果之前的 String path = "d:/upload/" 没有在最后加 / ,那就要在 path
后面 + "/"
        //判断文件父目录是否存在
        if (!targetFile.getParentFile().exists()) {
            //不存在就创建一个
            targetFile.getParentFile().mkdir();
        }
        //获取文件的输出流
        OutputStream outputStream = new FileOutputStream(targetFile);
        //最后使用资源访问器 FileCopyUtils 的 copy 方法拷贝文件
        FileCopyUtils.copy(inputStream, outputStream);
        //告诉页面上传成功了
        model.addAttribute("uploadResult", "上传成功");
    } catch (Exception e) {
        model.addAttribute("uploadResult", "上传失败");
    }
    return "toUpload";
    }
}
```

完成上传文件的非空校验后，把上传文件复制到本地存放文件的目录下，最后返回保存文件的 URI，数据库只保存文件的路径。

在 templates 目录下新建 upUpload.html 文件，将其作为上传文件的页面，代码如下：

```
<!DOCTYPE html>
<html xmlns:th="http://www.thymeleaf.org">
<head>
    <meta charset="UTF-8">
    <title>文件上传页面</title>
</head>
<body>
<h1>文件上传</h1>
<form class="form-signin" th:action="@{/uploadFile}" method="post"
enctype="multipart/form-data">
    <p><input type="file" name="myfile"/></p>
    <p><input type="submit" value="上传"/></p>
    <p style="color: red" th:text="${uploadResult}" th:if="${not #strings.
isEmpty(uploadResult)}"></p>
</form>
</body>
</html>
```

修改 application.properties，设置请求文件的大小。

```
#文件上传的配置
spring.servlet.multipart.max-file-size=10MB
spring.servlet.multipart.max-request-size=10MB
```

启动服务器，访问 http://localhost:8080/toUpload，将显示上传文件的页面，如图 4.3 所示。

单击"选择文件"按钮，弹出"选择文件"对话框，选择文件之后，单击"上传"按钮就能将文件上传到本地服务器的 D:/upload 中。上传完成后，页面会提示"上传成功"字样，如图 4.4 所示。

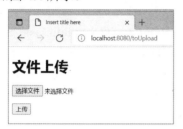

图 4.3　文件上传页面　　　　　　　　图 4.4　文件上传成功的提示

4.3.2　解析文件上传的源码

4.3.1 小节完成了文件上传的功能，下面对文件上传功能的源码进行简单的解析。Spring Boot 项目启动时会加载上传的配置文件，其配置类为 MultipartAutoConfiguration，源码如下：

```
@Configuration(proxyBeanMethods = false)
@ConditionalOnClass({Servlet.class,StandardServletMultipartResolver.
class, MultipartConfigElement.class })
@ConditionalOnProperty(prefix = "spring.servlet.multipart", name =
"enabled", matchIfMissing = true)
@ConditionalOnWebApplication(type = Type.SERVLET)
@EnableConfigurationProperties(MultipartProperties.class)
public class MultipartAutoConfiguration {

  private final MultipartProperties multipartProperties;

  public MultipartAutoConfiguration(MultipartProperties multipart
Properties) {
    this.multipartProperties = multipartProperties;
  }

  @Bean
  @ConditionalOnMissingBean({MultipartConfigElement.class, Commons
MultipartResolver.class })
  public MultipartConfigElement multipartConfigElement() {
    return this.multipartProperties.createMultipartConfig();
  }
```

```
    @Bean(name = DispatcherServlet.MULTIPART_RESOLVER_BEAN_NAME)
    @ConditionalOnMissingBean(MultipartResolver.class)
    public StandardServletMultipartResolver multipartResolver() {
        StandardServletMultipartResolver multipartResolver=new Standard
ServletMultipartResolver();
        multipartResolver.setResolveLazily(this.multipartProperties.
isResolveLazily());
        return multipartResolver;
    }

}
```

MultipartAutoConfiguration 类中的@ConditionalOnClass({Servlet.class, Standard-ServletMultipartResolver.class, MultipartConfigElement.class })表示只有在特定的类加载后才使用，通过@EnableConfigurationProperties 开启自动配置的文件，如果配置文件缺失时默认 spring.http.multipart.enabled 为 true，则说明在 Spring 中文件上传功能是默认启用的。通过@EnableConfigurationProperties(MultipartProperties.class)可以查看自定义的上传配置，查看 MultipartProperties 类就可以看到部分源码如下：

```
@ConfigurationProperties(prefix = "spring.servlet.multipart", ignore
UnknownFields = false)
public class MultipartProperties {

    /**
     * Whether to enable support of multipart uploads.
     */
    private boolean enabled = true;

    /**
     * Intermediate location of uploaded files.
     */
    private String location;

    /**
     * Max file size.
     */
    private DataSize maxFileSize = DataSize.ofMegabytes(1);

    /**
     * Max request size.
     */
    private DataSize maxRequestSize = DataSize.ofMegabytes(10);
    /**
     * Create a new {@link MultipartConfigElement} using the properties.
     * @return a new {@link MultipartConfigElement} configured using there
properties
     */
    public MultipartConfigElement createMultipartConfig() {
        MultipartConfigFactory factory = new MultipartConfigFactory();
        PropertyMapper map = PropertyMapper.get().alwaysApplyingWhenNonNull();
        map.from(this.fileSizeThreshold).to(factory::setFileSizeThreshold);
```

```
        map.from(this.location).whenHasText().to(factory::setLocation);
        map.from(this.maxRequestSize).to(factory::setMaxRequestSize);
        map.from(this.maxFileSize).to(factory::setMaxFileSize);
        return factory.createMultipartConfig();
    }
}
```

这里就是把在自定义的 application.properties 中配置的值注入当前配置类中，查看
createMultipartConfig()方法，该方法是通过 MultipartConfigFactory 来设置上传的配置项。
当配置类加载完成后，会创建处理的组件，就是 MultipartAutoConfiguration 这个类的
multipartResolver 方法，代码如下：

```
@Bean(name = DispatcherServlet.MULTIPART_RESOLVER_BEAN_NAME)
@ConditionalOnMissingBean(MultipartResolver.class)
public StandardServletMultipartResolver multipartResolver() {
    StandardServletMultipartResolver multipartResolver = new Standard
ServletMultipartResolver();
    multipartResolver.setResolveLazily(this.multipartProperties.
isResolveLazily());
    return multipartResolver;
}
```

multipartResolver()方法用于选择哪一个实现类，默认情况下使用的是 StandardServlet-
MultipartResolver 类。可以通过 MultiparResolver 来了解一下有哪些部件。在 Servlet 3.0 之
前 Spring 提供的默认附件解析器是 MultipartResoler，实现类是 CommonsMultipartResolver，
它是基于 Commons File Upload 的第三方实现的，在目前最新的 Servlet 版本中使用的是
StandardServletMultipartResolver，其实现源码如下：

```
public class StandardServletMultipartResolver implements Multipart
Resolver {
    private boolean resolveLazily = false;

    /**
     * Set whether to resolve the multipart request lazily at the time of
     * file or parameter access.
     * <p>Default is "false", resolving the multipart elements immediately,
throwing
     * corresponding exceptions at the time of the {@link #resolveMultipart}
call.
     * Switch this to "true" for lazy multipart parsing, throwing parse
exceptions
     * once the application attempts to obtain multipart files or parameters.
     * @since 3.2.9
     */
    public void setResolveLazily(boolean resolveLazily) {
        this.resolveLazily = resolveLazily;
    }

    @Override
    public boolean isMultipart(HttpServletRequest request) {
        return StringUtils.startsWithIgnoreCase(request.getContentType(),
"multipart/");
    }
```

```
    @Override
    public MultipartHttpServletRequest resolveMultipart(HttpServletRequest
request) throws MultipartException {
        return new StandardMultipartHttpServletRequest(request, this.
resolveLazily);
    }

    @Override
    public void cleanupMultipart(MultipartHttpServletRequest request) {
        if (!(request instanceof AbstractMultipartHttpServletRequest) ||
            ((AbstractMultipartHttpServletRequest) request).isResolved()) {
            // To be on the safe side: explicitly delete the parts,
            // but only actual file parts (for Resin compatibility)
            try {
                for (Part part : request.getParts()) {
                    if (request.getFile(part.getName()) != null) {
                        part.delete();
                    }
                }
            }
            catch (Throwable ex) {
                LogFactory.getLog(getClass()).warn("Failed to perform cleanup
of multipart items", ex);
            }
        }
    }
}
```

至此完成了文件上传的代码解析，这里只是简单的讲解，如果读者有兴趣，可以在类上设置断点，一步一步地跟踪代码，最后完成整个代码流程的跟踪。

🔊注意：在跟踪代码时可以忽略一些不重要的点，有目的性地查看，多跟踪几遍后就会对源码非常熟悉了。

4.4　过滤器、监听器和拦截器

Servlet 规范中有 3 个非常特殊的 Servlet，分别是过滤器、监听器和拦截器，如果使用得当，利用它们可以简单地完成一般 Servlet 才能实现的烦琐功能。下面分别介绍过滤器、监听器和拦截器。

4.4.1　过滤器、监听器和拦截器简介

过滤器（Filter）放在 Web 资源之前，可以在前端请求抵达 Web 资源之前被截获，并且还可以在资源返回客户之前截获输出的请求。过滤器是用来拦截请求的，处于客户端与被请求资源之间，目的是重用代码。在一个项目中可以配置多个过滤器，一个请求会依次

通过配置的所有过滤器。

Web 项目常用的过滤器有以下 3 种：

- 用户授权的过滤器：负责检查用户请求，根据请求信息过滤用户的非法请求。
- 日志过滤器：详细记录某些特殊的用户请求。
- 负责编码/解码的过滤器：对请求参数的编码和解码。

Java 中的过滤器是一种特殊的 Servlet，它不能处理用户请求，也不能为客户端生成响应信息，它主要用于对 HttpServletRequest 进行前处理，也可以对 HttpServletResponse 进行后处理，是一个典型的处理链程序。

监听器也是一种特殊的 Servlet，能够监听 Web 项目中特定的事件。例如，监听 ServletContext、HttpSession 和 ServlerRequest 对象的创建和销毁及各种变量的创建、销毁和修改等，还可以在一些请求前后增加监听处理，实现监听。

监听器的父接口为 java.util.EventListener，所有监听器都需要实现此接口。常见的监听器有：HttpSessionListener 用来监听 Session，ContextLoaderListener 是在启动 Web 容器时自动监听装配 ApplicationContext 的配置信息，RequestContextListener 监听请求的处理。

拦截器（Interceptor）有点类似于 Servlet 中的过滤器，它主要用于拦截用户发送的请求并进行相应的处理。拦截器可以在项目中进行权限验证、记录请求信息的日志、判断用户是否登录等。

4.4.2　过滤器与拦截器的区别

通过 4.4.1 小节的介绍可知，过滤器和拦截器在功能上有部分重叠，定义也很相似，一些功能既可以通过过滤器实现，也可以通过拦截器实现，但是它们还是有区别的：

- 拦截器是基于 Java 的反射机制，而过滤器是基于函数回调。
- 拦截器的使用不依赖于 Servlet 容器，而过滤器依赖于 Servlet 容器。
- 拦截器只能对 Controller 请求起作用，而过滤器则可以对几乎所有的请求（包括静态资源和文件等）起作用。
- 拦截器可以访问请求的上下文、值栈里的对象，而过滤器不能访问。
- 在一个请求的生命周期中，可以设置多个拦截器依次运行，而过滤器只能在容器初始化时被调用一次。
- 拦截器可以获取 Spring IoC 容器中的各个 Bean，而过滤器却获取不到，在拦截器中可以注入业务 service，处理业务逻辑。
- 过滤器是在请求 Servlet 之前拦截请求，对请求进行预处理。请求结束返回也是在 Servlet 处理完后再返回给前端。而拦截器是在请求处理之前进行拦截处理。

4.4.3　实战：使用过滤器过滤请求信息

Spring Web 提供了很多过滤器，这些过滤器都在 org.springframework.web.filter 包中，

全部实现了 javax.servlet.Filter 接口。如果项目中需要自定义过滤器，有以下 4 种实现方式：

- 直接实现 Filter 接口。
- 继承抽象类 GenericFilterBean，此类已经实现了 javax.servlet.Filter 接口，是普通的 Filter 实现。
- 继承抽象类 OncePerRequestFilter，此类是 GenericFilterBean 的直接子类，主要用于对请求参数的处理。
- 继承抽象类 AbstractRequestLoggingFilter，该类为 OncePerRequestFilter 的直接子类，主要用于处理日志过滤。

下面实现一个自定义的过滤器，过滤请求 URL 为/test1 的请求。如果是这个请求，则打印这个请求的所有参数并直接返回不再继续处理业务，否则直接放行。首先实现一个自定义的 Filter，代码如下：

```java
package com.example.thymeleafdemo.filter;
import org.springframework.stereotype.Component;
import javax.servlet.*;
import javax.servlet.http.HttpServletRequest;
import java.io.IOException;
import java.util.Arrays;
import java.util.Map;

/**
 * 自定义过滤器的实现
 */
@Component
public class MyHttpFilter implements Filter {
    /**
     * 过滤方法
     */
    @Override
    public void doFilter(ServletRequest request, ServletResponse response,
                    FilterChain chain) throws IOException, Servlet
Exception {
        HttpServletRequest servletRequest = (HttpServletRequest) request;
        String requestURI = servletRequest.getRequestURI();
        if ("/test1".equals(requestURI)) {
            Map<String, String[]> map = servletRequest.getParameterMap();
            for (Map.Entry<String, String[]> entry : map.entrySet()) {
                System.out.println("请求的参数名字是：" + entry.getKey()
                        +"，请求的值是：" + Arrays.toString(entry.getValue()));
                return;
            }
        }
        //放行，继续后面的业务处理
        chain.doFilter(servletRequest,response);
    }
}
```

在 UserController.java 文件中添加 test1 方法的代码如下：

```
@ResponseBody
@GetMapping("/test1")
public String test1(){
    return "success";
}
```

　　启动 Spring Boot 项目，打开浏览器访问 http://localhost:8080/test1?name=cc，页面返回结果如图 4.5 所示，没有出现业务代码返回的成功提示，查看控制台发现已经打印出入参的参数，如图 4.6 所示。至此就完成了自定义过滤器过滤请求信息的操作。

图 4.5　过滤器页面返回　　　　　　　　图 4.6　控制台打印了过滤器的入参

综合以上的自定义过滤器，总结过滤器的使用场景如下：
- 执行目标资源之前执行预处理，如设置编码；
- 通过条件判断是否放行，如校验当前用户是否已经登录，或某些用户的 IP 是否被禁用；
- 目标资源执行后，后续的特殊处理工作，如处理目标资源输出的数据。

4.4.4　实战：使用拦截器处理请求信息

　　要使用 Spring MVC 中的拦截器，首先需要对拦截器类进行定义和配置。通常，拦截器类可以通过两种方式来定义。
- 通过实现 HandlerInterceptor 接口或继承 HandlerInterceptor 接口的实现类（如 HandlerInterceptorAdapter）来定义拦截器。
- 通过实现 WebRequestInterceptor 接口或继承 WebRequestInterceptor 接口的实现类来定义拦截器，此接口专门用于处理 Web 请求。

　　在项目开发中，一个常见的需求就是打印所有的请求入参，方便以后问题的定位和接口的调试。下面我们自定义一个拦截器来处理所有的请求，并且把所有请求的 URL 和日志都打印出来，具体代码如下：

```
package com.example.thymeleafdemo.inter;

import lombok.extern.slf4j.Slf4j;
import org.springframework.stereotype.Component;
import org.springframework.web.servlet.HandlerInterceptor;
import org.springframework.web.servlet.ModelAndView;
import javax.servlet.http.HttpServletRequest;
import javax.servlet.http.HttpServletResponse;
import java.util.Arrays;
```

```
import java.util.Map;

/**
 * 自定义拦截器
 */
@Slf4j
@Component
public class MyHandlerInterceptor implements HandlerInterceptor {
    /**
     * 在业务代码处理之前进行参数记录
     */
    @Override
    public boolean preHandle(HttpServletRequest request, HttpServlet
Response response, Object handler) throws Exception {
        System.out.println("拦截器: preHandle 在控制器的处理请求方法调用之后解析
视图之前执行");
        String requestURI = request.getRequestURI();
        Map<String, String[]> parameterMap = request.getParameterMap();
        StringBuilder sb = new StringBuilder();
        for (Map.Entry<String, String[]> entry : parameterMap.entrySet()) {
            sb.append(entry.getKey()).append("=").append(Arrays.toString
(entry.getValue()));
            sb.append(",");
        }
        log.info("拦截器: 请求的 url 是:{},请求的参数是:{}",requestURI,sb.
toString());
        return true;
    }

    /**
     * 在业务代码处理之后
     */
    @Override
    public void postHandle(HttpServletRequest request, HttpServletResponse
response,
                    Object handler, ModelAndView modelAndView) throws
Exception {
        System.out.println("拦截器: postHandle 方法在控制器的处理请求方法调用之
后解析视图之前执行");
    }
    @Override
    public void afterCompletion(HttpServletRequest request, HttpServlet
Response response,
                        Object handler, Exception ex) throws Exception {
        System.out.println("拦截器: afterCompletion 方法在控制器的处理请求方法
执行完成后执行," +  "即视图渲染结束之后执行");
    }
}
```

完成拦截的具体方法后，配置拦截器拦截哪些 URL，放行静态资源的请求，拦截剩下的 URL。

```
package com.example.thymeleafdemo.inter;
```

```
import org.springframework.beans.factory.annotation.Autowired;
import org.springframework.context.annotation.Configuration;
import org.springframework.web.servlet.config.annotation.Interceptor
Registration;
import org.springframework.web.servlet.config.annotation.Interceptor
Registry;
import org.springframework.web.servlet.config.annotation.WebMvc
Configurer;

@Configuration
public class MyHandlerInterceptorConfig implements WebMvcConfigurer {
    @Autowired
    private MyHandlerInterceptor myHandlerInterceptor;

    @Override
    public void addInterceptors(InterceptorRegistry registry) {
        //注册 TestInterceptor 拦截器
        InterceptorRegistration registration = registry.addInterceptor
(myHandlerInterceptor);
        //所有路径都被拦截
        registration.addPathPatterns("/**");
        //添加不拦截路径
        registration.excludePathPatterns(
            "/**/*.html",              //HTML 静态资源
            "/**/*.js",               //JS 静态资源
            "/**/*.css"               //CSS 静态资源
        );
    }
}
```

启动项目，访问 http://localhost:8080/addUser 能看到结果页面，如图 4.7 所示。同时 IDEA 的控制台中打印出了请求日志，如图 4.8 所示，至此已经成功完成了拦截器请求参数的拦截打印。

图 4.7　经过拦截器后的访问页面

根据以上自定义拦截器的实现代码，总结拦截器的执行步骤如下：

（1）根据请求的 URL，找到可以处理请求的处理器和所有拦截器。

图 4.8　拦截器打印的日志

（2）按照配置顺序执行所有拦截器的 preHandle()方法。如果当前拦截器的 preHandle()方法返回 true，则执行下一个拦截器的 preHandle()方法（执行下一个拦截器）。如果当前拦截器返回 false，倒序执行所有已经执行了的拦截器的 afterCompletion。

（3）如果任何一个拦截器返回 false，则执行返回，不执行目标方法。

（4）所有拦截器都返回 true，则执行目标方法。

（5）倒序执行所有拦截器的 postHandle()方法。

注：前面的步骤有任何异常都会触发倒序执行 afterCompletion()方法。

（6）页面成功渲染后，再倒序执行 afterCompletion()方法。

4.4.5　事件的发布和监听

Java 中的事件提供监听、订阅的功能，其内部实现原理是观察者设计模式，设计时间的发布和监听的目的也是为了系统业务逻辑之间的解耦，提高系统的可扩展性和可维护性。事件包括 3 个重要部分：EventObject、EventListener 和 Source。

- EventObject：java.util.EventObject 是事件状态对象的基类，它封装了事件源对象以及和事件相关的信息，所有 Java 的事件类都需要继承该类。
- EventListener：java.util.EventListener 是一个标记接口，所有事件监听器都需要实现该接口。事件监听器注册在事件源中，如果事件源的属性或状态发生改变，则会调用相应监听器内的回调方法。
- Source：事件源不需要实现或继承任何接口或类，它是事件最初发生的源头。

Java 的事件机制是一个典型的观察者模式。当对象间存在一对多关系时，则使用观察者模式（Observer Pattern）。当一个对象被修改时，则会自动通知依赖它的对象。观察者模式属于行为型模式，其类图如图 4.9 所示。

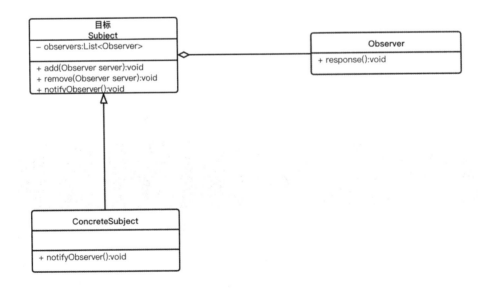

图 4.9　观察者模式类图

观察者模式使用 3 个类：Subject 目标类、Observer 观察者类和 ConcreteSubject 通知观察者类。

Spring Boot 框架对事件也做了支持，其对 Java 事件的实现、发布与监听一共分为 3 步。

（1）事件定义。

自定义的事件类继承自 ApplicationEvent 类，从而可以方便地重写发送事件的方法。

（2）事件发布。

注入事件发布类 ApplicationEventPublisher 使用 publishEvent 方法发布相应的事件。

（3）事件监听。

实现 ApplicationListener 接口，重写 onApplicationEvent 方法或者使用注解 @Event-Listener 进行事件监听。

根据上面的步骤自定义实现一个事件的发布和监听。新建一个事件来监听 Spring Boot 项目的启动，代码如下：

```java
package com.example.thymeleafdemo.event;

import org.springframework.boot.context.event.ApplicationStartingEvent;
import org.springframework.context.ApplicationListener;
import java.text.SimpleDateFormat;
import java.util.Date;

public class MyEventListener implements
        ApplicationListener<ApplicationStartingEvent> {
    @Override
    public void onApplicationEvent(ApplicationStartingEvent event) {
        SimpleDateFormat format = new SimpleDateFormat("yyyy-MM-dd HH:MM:ss");
        Date date = new Date(event.getTimestamp());
        System.out.println("ApplicationStartingEvent 事件发布,时间是:" +
format.format(date));
    }
}
```

同时修改 Spring Boot 的启动类：

```java
package com.example.thymeleafdemo;
import com.example.thymeleafdemo.event.MyEventListener;
import org.springframework.boot.SpringApplication;
import org.springframework.boot.autoconfigure.SpringBootApplication;

@SpringBootApplication
public class ThymeleafDemoApplication {

    public static void main(String[] args) {
        SpringApplication application = new SpringApplication(Thymeleaf
DemoApplication.class);
        //加入自定义的监听类
        application.addListeners(new MyEventListener());
        application.run(args);
```

```
        //SpringApplication.run(ThymeleafDemoApplication.class, args);
    }
}
```

启动项目即可看到监听的 Spring Boot 启动事件，并在控制台上打印了日志，如图 4.10 所示。

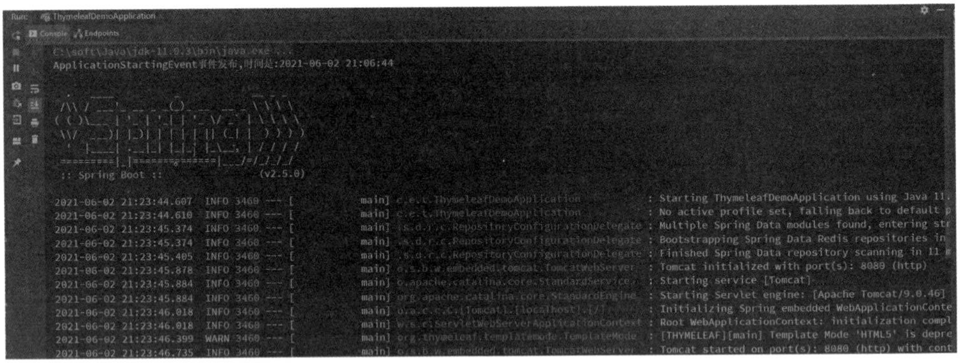

图 4.10　监听 Spring Boot 的启动

完成了 Spring Boot 启动的监听后，下面新建一个 Controller，通过程序来发布事件并且进行监听，代码如下：

```
package com.example.thymeleafdemo.event;

import lombok.extern.slf4j.Slf4j;
import org.springframework.beans.factory.annotation.Autowired;
import org.springframework.context.ApplicationEventPublisher;
import org.springframework.web.bind.annotation.*;

/**
 * 模拟触发事件
 */
@RestController
@RequestMapping("/event")
@Slf4j
public class EventDemoController {

    /**
     * 注入 事件发布类
     */
    @Autowired
    ApplicationEventPublisher eventPublisher;

    @GetMapping("/pushObject")
    public String pushObject(@RequestParam("code") int code, @RequestParam
("message") String message) {
        log.info("发布对象事件:{},{}", code, message);
        Result<Object> result = new Result<>();
        result.setCode(code);
        result.setMessage(message);
```

```
        eventPublisher.publishEvent(result);
        return "对象事件发布成功!";
    }
}
```

配置当前 Controller 的事件监听:

```
package com.example.thymeleafdemo.event;

import lombok.extern.slf4j.Slf4j;
import org.springframework.context.annotation.Configuration;
import org.springframework.context.event.EventListener;

/**
 * 监听配置类
 */
@Configuration
@Slf4j
public class EventListenerConfig {

    @EventListener
    public void handleEvent(Object event) {
        log.info("事件: {}", event);
    }

    /**
     * 监听 code 为 cc 的事件
     */
    @EventListener(condition = "#myCustomEvent.result.code == 'cc'")
    public void handleCustomEventByCondition(MyCustomEvent customEvent) {
        //监听 MyCustomEvent 事件
        log.info("监听到 code 为'cc'的 MyCustomEvent 事件, " +
        "消息为: {}, 发布时间: {}", customEvent.getResult(), customEvent.
getTimestamp());
    }

    @EventListener
    public void handleObjectEvent(Result result) {
        log.info("监听到对象事件,消息为: {}", result);
    }
}
```

定义发布的事件和结果代码如下:

```
package com.example.thymeleafdemo.event;

import org.springframework.context.ApplicationEvent;
public class MyCustomEvent extends ApplicationEvent {
    private Result result;
    public MyCustomEvent(Object source, Result result) {
        super(source);
        this.result = result;
    }

    public Result getResult() {
```

```
        return this.result;
    }
}

package com.example.thymeleafdemo.event;
import lombok.Data;
import lombok.ToString;

@ToString
@Data
public class Result<T> {
    private String message;

    private int code;

    private T data;
}
```

启动当前项目，访问 http://localhost:8080/event/pushObject?code=1&message=cc，查看 IDEA 控制台可以看到打印的 Controller 被访问的事件监听信息，如图 4.11 所示。

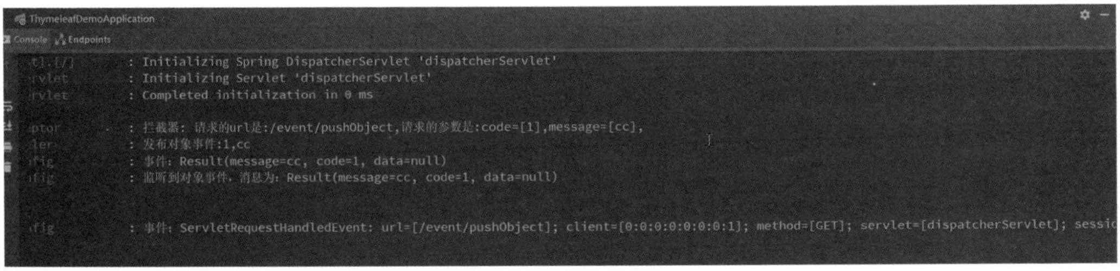

图 4.11   自定义事件监听

至此就完成了 Spring Boot 的事件发布和监听。事件的发布和监听通常用在要接收消息进行业务处理，但消息的来源不固定，触发的事件也不固定的场景。最简单的方式是通过写接口然后二次调用接口的方式来实现，但二次调用接口多了一次操作，会降低性能，因此通过事件监听的方式来实现。

4.5   异常的处理

在项目开发过程中会碰到很多异常，一些异常是因为用户的操作产生的，另外一些可能是系统的原因（如网络、操作系统和服务器等）。统一处理所有的异常能够减少代码的重复度和复杂度，有利于代码的维护，不对外暴露原始错误，给用户友好的错误提示。

对异常的处理一般分为两种：抛出异常或使用 try…catch…finally 捕获处理异常。程序运行时如果产生了一个异常，则 JVM 会产生一个对应的异常类对象，包含异常事件类型、发生异常时应用程序的状态和调用过程等信息，然后程序再向上一级抛出异常，查找是否有匹配的异常处理程序，如果没有就中断程序，如果有，就把异常交给匹配的异常处程序进行相应的处理。

4.5.1　异常的分类

Java 中的异常基类是 java.lang.Throwable，它是所有异常类的根类。java.lang.Throwable 分为两类异常类型：一类是 java.lang.Error，表示错误信息，另外一类是 java.lang.Exception，表示异常信息。

（1）java.lang.Error 是 throwable 的子类，代表编译时间和系统错误，用于指示合理的应用程序不应该试图捕获的严重问题，常见的错误信息有：

- StackOverFlowError：栈空间溢出错误；
- OutOfMemoryError：内存溢出错误；
- IllegalAccessError：非法的访问权限错误；
- NoClassDefFoundError：JVM 未找到类错误；
- NoSuchMethodError：JVM 未找到方法错误。

java.lang.Error 由 Java 虚拟机生成并抛出，包括动态链接失败、虚拟机错误等，它不是由程序员引发的错误，而且这类错误一般程序不做处理。

（2）java.lang.Exception 异常具体分为检查期异常和运行时异常。运行时异常有一个基类 java.lang.RuntimeException，它是在运行时抛出的，是 java.lang.Exception 的子类。所有继承自 java.lang.RuntimeException 的异常类都是运行时异常，其他继承自 java.lang.Exception 但不继承 java.lang.RuntimeException 的异常都是检查异常。检查异常是在方法上固定存在的，如果调用了该方法就必须处理此异常。

常见的检查期异常：java.io.IOException 是 I/O 异常，java.io.FileNotFoundException 是文件找不到异常，ClassNotFoundException 是类找不到异常，java.lang.SecurityException 是安全异常。

常见的运行时异常：java.lang.NullPointerException 是"臭名昭著"的空指针异常，java.lang.IndexOutOfBoundsException 和 java.lang.ArrayIndexOutOfBoundsException 都是数组越界异常，java.lang.IllegalArgumentException 是非法参数异常，java.util.ConcurrentModificationException 是修改状态异常。

4.5.2　@ControllerAdvice 和 @ExceptionHandler 的使用

要在项目中完成统一异常的处理，需要使用两个注解：@ControllerAdvice 和 @ExceptionHandler。

- @ControllerAdvice 是一个非常有用的注解，它是一个增强的 Controller 注解，使用这个注解可以实现 3 个功能，分别是全局异常处理、全局数据绑定和全局数据预处理。

- @ExceptionHandler 注解的作用对象是方法，并且在运行时有效，value()可以指定异常类。由该注解注释的方法具有灵活的输入参数，包括一般的异常或特定的异常（即自定义异常）。如果注解没有指定异常类，则默认进行映射，捕获到该异常后再进行相应处理。

4.5.3　实战：统一异常处理

在 Spring Boot 项目中可以完成全局异常的统一处理，能够给用户提供友好的错误提示信息。下面演示本项目的异常处理过程。首先自定义异常：

```java
package com.example.thymeleafdemo.exception;

import lombok.Data;
/**
 * 自定义异常
 */
@Data
public class MyBusinessException extends RuntimeException {
    private static final long serialVersionUID = 1L;

    private int code;
    private String message;

    public MyBusinessException(String message) {
        super(message);
        this.message = message;
    }

    public MyBusinessException(int code, String message) {
        super(message);
        this.code = code;
        this.message = message;
    }
}
```

然后设置全局异常的捕获处理方法，代码如下：

```java
package com.example.thymeleafdemo.exception;

import com.example.thymeleafdemo.event.Result;
import lombok.extern.slf4j.Slf4j;
import org.springframework.web.bind.MethodArgumentNotValidException;
import org.springframework.web.bind.MissingServletRequestParameter
Exception;
import org.springframework.web.bind.annotation.ExceptionHandler;
import org.springframework.web.bind.annotation.RestControllerAdvice;
import java.util.StringJoiner;


/**
 * 全局异常处理
```

```java
*/
@Slf4j
@RestControllerAdvice
public class GlobalExceptionHandler {

    /**
     * 处理自定义异常
     */
    @ExceptionHandler(MyBusinessException.class)
    public Result handleBizException(MyBusinessException ex) {
        Result<Object> result = new Result<>();
        result.setCode(ex.getCode());
        result.setMessage(ex.getMessage());
        return result;
    }

    /**
     * 参数校验不通过异常
     */
    @ExceptionHandler(MethodArgumentNotValidException.class)
    public Result handleMethodArgumentNotValidException(MethodArgument
NotValidException ex) {
        StringJoiner sj = new StringJoiner(";");
        ex.getBindingResult().getFieldErrors().forEach(x -> sj.add(x.get
DefaultMessage()));
        Result<Object> result = new Result<>();
        result.setCode(505);
        result.setMessage(sj.toString());
        return result;
    }

    /**
     * Controller 参数绑定错误
     */
    @ExceptionHandler(MissingServletRequestParameterException.class)
    public Result handleMissingServletRequestParameterException(Missing
ServletRequestParameterException ex) {
        Result<Object> result = new Result<>();
        result.setCode(506);
        result.setMessage(ex.getMessage());
        return result;
    }

    /**
     * 其他未知异常
     */
    @ExceptionHandler(value = Exception.class)
    public Result handleException(Exception ex) {
        log.error(ex.getMessage(), ex);
        Result<Object> result = new Result<>();
        result.setCode(507);
        result.setMessage("服务器内部错误");
```

```
        return result;
    }
}
```

以上处理方法中分别处理了 MyBusinessException 类的异常，又针对参数校验不通过的异常分别进行了不同的处理。下面再写一个 Controller 入口，分别处理系统中可能发生的两种不同的异常，即产品空指针的异常和自定义异常：

```
package com.example.thymeleafdemo.exception;

import com.example.thymeleafdemo.event.Result;
import org.springframework.web.bind.annotation.GetMapping;
import org.springframework.web.bind.annotation.RestController;

@RestController
public class ExceptionController {

    /**
     * 系统内部错误
     */
    @GetMapping("/exception")
    public Result testException() {
        int i = 1 / 0;
        Result<Object> result = new Result<>();
        result.setCode(200);
        result.setMessage("success");
        result.setData("cc");
        return result;
    }

    /**
     * 自定义异常
     */
    @GetMapping("/myException")
    public Result testMyexception() {
        throw new MyBusinessException(508, "自定义的异常");
    }
}
```

启动当前项目，访问 localhost:8080/exception，接口返回的异常信息如图 4.12 所示。再访问 localhost:8080/myException 得到自定义异常的错误提示，如图 4.13 所示。全局的异常处理完成后，对用户屏蔽服务器内部错误，只给用户简单的提示。

图 4.12　服务器内部错误提示　　　　图 4.13　自定义异常的错误提示

统一异常处理通过@ControllerAdvice 注解向控制器发送通知，并接收所有 Controller

层的通知，再结合@ExceptionHandler 注解对指定的异常进行捕获处理，最后将结果返回给用户。

4.6　Web 缓存利器 Redis 的应用

Redis 是目前使用非常广泛的开源的内存数据库，是一个高性能的 key-value 数据库，它支持多种数据结构，常用做缓存、消息代理和配置中心。本节将简单介绍 Redis 的使用，想深入了解的读者可以参考其官方文档继续学习。

4.6.1　Redis 的应用场景

Redis 在项目中的应用场景有以下几个：

1．热点数据的缓存

由于 Redis 的访问速度快、支持的数据类型很丰富，所以很适合用来存储热点数据，其内置的 expire 可以对缓存的数据设置过期时间。在缓存的数据过期后再设置新的缓存数据。

2．计数器

Redis 的 incrby 命令是原子性地递增，因此可以运用于商城系统的高并发的秒杀活动、分布式序列号的生成等场景。

3．排行榜

可以使用 Redis 的 SortedSet 进行热点数据的排序。

4．分布式锁

Redis 的 setnx 命令的作用是，如果当前的缓存数据，不存在则设置缓存成功同时返回 1，否则设置缓存失败并返回 0。可以利用这个特性在 Redis 集群中检测锁的有效时间，如果超时，那么等待的进程将有机会获得锁，从而防止项目出现死锁。

5．消息系统

Redis 也可以作为消息系统，但在实际场景中用得不多。

4.6.2 Redis 的安装和使用

本文以 Window 系统为例，简单介绍 Redis 的安装和使用。

（1）下载最新版 Redis 的 Window 版，然后解压文件。双击 redis-server.exe 会打开 Redis 服务，如图 4.14 所示，表示 Redis 已经启动成功。

图 4.14　Redis 服务端启动

（2）如果要使用 Redis 命令行工具，双击 redis-cli.exe 就会打开 Redis 的命令行界面，如图 4.15 所示。

4.6.3 Redis 的命令

图 4.15　Redis cli 工具

Redis 支持的数据类型有 String（字符串）、Hash（哈希）、List（列表）和 Set（不重复集合），常用的命令如表 4.4 至表 4.9 所示。

Redis 全局命令如表 4.4 所示。

表 4.4　Redis全局命令列表

命　　令	含　　义
keys　*	查询所有键，此命令会遍历所有的键，时间复杂度为$O(n)$，强烈建议生产环境中不要使用，因为可能会造成Redis阻塞
dbsize	查询键的总数，时间复杂度为$O(1)$
exists key	查询键是否存在，如果存在则返回1，否则返回0
del key[key...]	删除多个键，返回结果为成功删除键的个数
expire key seconds	键过期设置，设置一个键同时设置过期时间
ttl key	查询key的剩余过期时间，如果永远不过期则返回-1
type　key	查询key的数据类型

（续）

命　　令	含　　义
rename oldKey newKey	键的重命名，在newKey不存在时才能成功
keys pattern或scan	按照正则表达式的语法来查询键
select dbindex	切换数据库，Redis默认有16个数据库，默认使用第0个数据库
flushdb	清理当前数据库，谨慎使用
flushall	清除所有数据库，谨慎使用

针对 String 类型数据的操作命令整理如表 4.5 所示。

表 4.5　String类型数据的操作命令

命　　令	含　　义
set key value [expire]	设置键值和秒级过期时间
setnx key value [expire]	如果不存在则设置键值
get　key	获取值
mset key value　[key value]	批量设置值
mget key [key]	批量获取值
incrby key n	增加一个int值加1 incr key，增加n
decrby key n	减少一个int值减1 decr key，减少n
append key value	追加值
strlen key	获取字符串的长度
getset key value	设置并返回原值
getrange key start end	获取部分字符串，start和end分别是开始和结束的坐标

针对 Hash 类型数据的操作命令如表 4.6 所示。

表 4.6　Hash类型数据的操作命令

命　　令	含　　义
hset key field value	设置值
hget key field	获取值
hdel key field [field]	删除field
hlen key	计算field的个数
hmset key field [field]	批量设置field-value
hmget key field [field]	批量获取field-value
hexists key field	判断field是否存在
hkeys key	获取所有的field
hvals key	获取所有的value
hgetall key	获取所有的field和value

针对 List 操作类型数据的操作命令如表 4.7 所示。

表 4.7　List类型数据的操作命令

命　　令	含　　义
rpush key value [value]	从右边添加元素
lpush key value [value]	从左边添加元素
insert key before|after point value [value]	从中间某个元素后插入元素
lrange key start end	索引下标从左到右分别是0到N-1，从右到左分别是-1到-N；end选项包含自身
lrange key 0 -1	可以从左到右获取列表的所有元素
lrange mylist 1 3	获取列表中第2个到第4个元素
lindex key index	获取列表指定下标的元素
llen key	获取列表长度
rpop key	从列表右侧弹出元素
lpop key	从列表左侧弹出元素
lrem key count value	删除指定元素
lset key index newValue	修改元素，修改指定索引下标的元素

针对 Set 类型数据的操作命令如表 4.8 所示。

表 4.8　Set类型数据的操作命令

命　　令	含　　义
sadd key element [element .....]	添加元素，返回结果为添加成功的元素个数
srem key element [element .....]	删除元素，返回结果为删除成功的元素个数
scard key scard	计算元素个数的时间复杂度为O(1)，返回当前set中的元素个数
sismember key element	判断元素是否在集合中，如果在集合中则返回1，否则返回0
srandmember key [count]	随机从集合中返回指定个数的元素，count可不写，默认为1
spop key [count]	从集合中随机弹出元素，从Redis 3.2版本开始支持[count]
smembers key	获取所有元素

说明：smembers、lrange 和 hgetall 都属于比较"重"（消耗 Redis 性能）的命令，可以使用 sscan 来完成。

Redis 的事务和数据库的事务含义相似，都是将多个操作合为一个整体，操作的结果要么成功，要么失败。Redis 事务的命令如表 4.9 所示。

表 4.9　Redis 的事务命令

命　　令	含　　义
discard	取消执行事务块内的所有命令
exec	执行事务块内的命令
multi	标记一个事务块的开始
unwatch	取消 watch 命令对所有 key 的监视
watch key [key...]	监视一个或者多个 key 在一个事务开始之前是否被修改

4.6.4　实战：在 Spring Boot 项目中集成 Redis

前面介绍了 Redis 的基础知识，下面在项目中集成 Redis。

（1）启动本地的 Redis 服务，在 Spring Boot 项目的 pom.xml 中添加 Redis 依赖，使用 Spring-redis 工具：

```
<!-- 添加 Redis 客户端 -->
<dependency>
    <groupId>org.springframework.boot</groupId>
    <artifactId>spring-boot-starter-data-redis</artifactId>
</dependency>
```

（2）添加 Redis 操作配置文件代码如下：

```
package com.example.thymeleafdemo.redis;

import org.springframework.context.annotation.Bean;
import org.springframework.context.annotation.Configuration;
import org.springframework.data.redis.connection.lettuce.Lettuce
ConnectionFactory;
import org.springframework.data.redis.core.RedisTemplate;
import org.springframework.data.redis.serializer.GenericJackson2Json
RedisSerializer;
import org.springframework.data.redis.serializer.StringRedisSerializer;

@Configuration
public class RedisConfig {

    @Bean
    public RedisTemplate<String, Object> redisTemplate
            (LettuceConnectionFactory connectionFactory) {
        RedisTemplate<String, Object> redisTemplate = new RedisTemplate<>();
        redisTemplate.setKeySerializer(new StringRedisSerializer());
        redisTemplate.setValueSerializer(new GenericJackson2JsonRedis
Serializer());
        redisTemplate.setConnectionFactory(connectionFactory);
        return redisTemplate;
    }
}
```

（3）在 application.properties 中添加 Redis 的配置文件代码如下：

```
#Redis 基础配置
# Redis 数据库索引（默认为 0）
spring.redis.database=0
# Redis 服务器地址
spring.redis.host=127.0.0.1
# Redis 服务器连接端口
spring.redis.port=6379
# Redis 服务器连接密码（默认为空）
#spring.redis.password=
# 链接超时时间 单位为 ms（毫秒）
spring.redis.timeout=3000
#Redis 线程池设置
# 连接池最大连接数（使用负值表示没有限制） 默认为 8
spring.redis.jedis.pool.max-active=8
# 连接池最大阻塞等待时间（使用负值表示没有限制） 默认为-1
spring.redis.jedis.pool.max-wait=-1
# 连接池中的最大空闲连接 默认为 8
spring.redis.jedis.pool.max-idle=8
# 连接池中的最小空闲连接 默认为 0
spring.redis.jedis.pool.min-idle=0
```

（4）添加 Redis 操作的测试方法：

```java
package com.example.thymeleafdemo;

import com.example.thymeleafdemo.event.Result;
import org.junit.jupiter.api.Assertions;
import org.junit.jupiter.api.Test;
import org.springframework.beans.factory.annotation.Autowired;
import org.springframework.boot.test.context.SpringBootTest;
import org.springframework.data.redis.core.RedisTemplate;

// 指定启动类
@SpringBootTest(classes = {ThymeleafDemoApplication.class})
public class RedisTest {

    @Autowired
    private RedisTemplate<String, String> strRedisTemplate;
    @Autowired
    private RedisTemplate<String, Object> redisTemplate;

    @Test
    public void testString() {
        strRedisTemplate.opsForValue().set("name", "cc");
        Assertions.assertEquals("cc", strRedisTemplate.opsForValue().
get("name"));
    }

    @Test
    public void testSerializable() {
        Result<Object> result = new Result<>();
        result.setData("cc");
        result.setMessage("success");
        result.setCode(200);
```

```
        redisTemplate.opsForValue().set("result", result);
        Result result2 = (Result) redisTemplate.opsForValue().get("result");
        Assertions.assertEquals(result2, result);
    }

}
```

（5）运行测试用例，testString()方法用于测试 String 类型的缓存数据的获取值，testSerializable()方法肜于测试缓存对象的保存和再次获取，两个测试用例都通过，结果如图 4.16 所示。至此，Spring Boot 集成 Redis 的工作已经完成。

Redis 还有很多的使用场景，若把 Redis 展开讲解，写一本书都不为过。Redis 在项目中常用的功能还有布隆过滤器，布隆过滤器可以进行在线人数的统计。在开发过程中多总结、多看源码、多讨论，就能对 Redis 有更多的认识。

图 4.16   Redis 的测试用例

4.7   小   结

本章介绍了在 Spring Boot 项目中集成 Web 模块的开发过程，包括 Spring 团队出品的 Thymleaf 模板引擎，它能够给用户显示渲染后的页面。本章通过一个文件上传的例子，讲解了文件上传的原理。Web 开发离不开过滤器、监听器、拦截器和异常处理，本章介绍了它们的原理和使用方法，最后介绍了项目开发中常用的缓存利器 Redis，包括它的使用场景和基础知识。

第 5 章　Spring Boot 的 Security 安全控制

在 Web 项目开发中，安全控制是非常重要的，不同的人配置不同的权限，这样的系统才安全。最常见的权限框架有 Shiro 和 Spring Security。Shiro 偏向于权限控制，而 Spring Security 能实现权限控制和安全控制，是一个非常全面的安全框架，在项目开发中有非常广泛的用途。本章重点介绍 Spring Security 框架的相关知识。

5.1　认识 Spring Security

Spring Security 是一个为 Spring 企业应用系统提供声明式安全访问控制解决方案的安全框架，它是由 Spring 团队提供的。Spring Security 提供一组可以在 Spring 应用上下文中配置的 Bean，能充分地利用 Spring 的 IoC、DI 和 AOP 的功能为项目提供声明式安全访问控制功能，减少因安全控制而需要编写大量重复代码的工作，从而提升项目代码的质量。

Spring Security 框架有以下 4 大特性：
- 全面且可扩展地支持身份验证和授权；
- 防御会话固定、单机劫持和跨站请求伪造等攻击；
- 支持 Servlet API 集成；
- 支持与 Spring Web MVC 集成。

Spring Security 框架支持以下两种 Web 应用的安全认证。

1. 用户认证（Authentication）

用户认证指的是验证某个用户是否为系统的合法用户，确认用户能否访问该系统。用户认证一般要求用户提供用户名、密码和验证码。Spring Security 通过校验用户名、密码和验证码来完成认证的过程。

2. 用户授权（Authorization）

用户授权指的是验证来自 Web 的某个用户是否有权限执行某个操作。在一个完整的系统中，不同级别的用户具有不同的权限。例如，对于一个文件来说，有的用户只能读取，而有的用户可以修改和删除。一般而言，系统中的权限模块会为不同的用户分配不同的角色，且每个角色有不同的权限，每个用户都有不同的角色。

Spring Security 的执行流程如下：

首先用户在登录时输入登录信息，登录验证器会完成登录认证并将当前用户的登录认证信息存储到请求上下文中，再调用其他业务，如访问接口和调用方法时，可以随时从上下文中获取用户的登录信息和用户的基本信息，再根据认证信息获取权限信息，通过权限信息和特定的授权策略决定是否授权，从而达到认证和授权的目的。

5.2　应用 Spring Security

5.1 节介绍了在项目开发时为什么选择 Spring Security，还介绍了它的原理。本节开始动手实践 Spring Security 的相关技术。

5.2.1　实战：Spring Security 入门

现在开始搭建一个新项目，实践一个 Spring Security 的入门程序。

（1）新建一个 spring-security-demo 模块，添加项目依赖，在 pom.xml 中添加如下依赖：

```
<properties>
    <java.version>11</java.version>
</properties>
<dependencies>
    <dependency>
        <groupId>org.springframework.boot</groupId>
        <artifactId>spring-boot-starter-security</artifactId>
    </dependency>
    <dependency>
        <groupId>org.springframework.boot</groupId>
        <artifactId>spring-boot-starter-thymeleaf</artifactId>
    </dependency>
    <!--thymeleaf 对 security5 的支持依赖-->
    <dependency>
        <groupId>org.thymeleaf.extras</groupId>
        <artifactId>thymeleaf-extras-springsecurity5</artifactId>
        <!--<version>3.0.4.RELEASE</version>-->
    </dependency>
    <dependency>
        <groupId>org.springframework.boot</groupId>
        <artifactId>spring-boot-starter-web</artifactId>
    </dependency>
    <dependency>
        <groupId>org.projectlombok</groupId>
        <artifactId>lombok</artifactId>
        <optional>true</optional>
    </dependency>
```

```
    <dependency>
        <groupId>javax.servlet</groupId>
        <artifactId>javax.servlet-api</artifactId>
        <version>4.0.1</version>
    </dependency>
</dependencies>

<build>
    <plugins>
        <plugin>
            <groupId>org.springframework.boot</groupId>
            <artifactId>spring-boot-maven-plugin</artifactId>
        </plugin>
    </plugins>
</build>
```

（2）在 application.properties 中添加 Spring Security 配置，配置当前登录的用户名和密码，配置内容如下：

```
#登录的用户名
spring.security.user.name=admin
#登录的密码
spring.security.user.password=123456
```

（3）在 resources 文件夹下创建页面 add.html，表示添加页面，代码如下：

```
<!DOCTYPE html>
<html xmlns:th="https://www.thymeleaf.org">
<head>
<title></title>
</head>
<body>
add 页面
</body>
</html>
```

（4）添加主页 home.html，代码如下：

```
<!DOCTYPE html>
<html xmlns:th="https://www.thymeleaf.org">
<head>
<title>主页</title>
</head>
<body>
    你已经登录成功！
    <form th:action="@{/logout}" action="/login" method="post">
        <input type="submit" value="退出系统"/>
    </form>
</body>
</html>
```

（5）添加 login.html 登录页，用于用户的登录，代码如下：

```
<!DOCTYPE html>
<html xmlns:th="https://www.thymeleaf.org">
    <head>
```

```
        <title>请登录</title>
    </head>
    <body>
        <div>
            <form th:action="@{/login}" method="post" action="/login">
                <p>
                    <span>请输入用户名:</span>
                    <input type="text" id="username" name="username">
                </p>
                <p>
                    <span>请输入密码:</span>
                    <input type="password" id="password" name="password">
                </p>
                <input type="submit" value="登录"/>
            </form>
        </div>
    </body>
</html>
```

（6）在 resources 文件夹下创建一个 css 文件夹，新建一个 my.css 文件，内容如下：

```
my css file
```

（7）新建一个 Controller 包，再新建如下 3 个 Controller。

AddController 类，用于返回 add 页面，代码如下：

```
package com.example.springsecuritydemo.controller;

import org.springframework.stereotype.Controller;
import org.springframework.web.bind.annotation.GetMapping;

@Controller
public class AddController {

    @GetMapping("/add")
    public String ad(){
        return "add";
    }
}
```

HomeController 类用于访问 home 页面，代码如下：

```
package com.example.springsecuritydemo.controller;

import org.springframework.stereotype.Controller;
import org.springframework.web.bind.annotation.GetMapping;

@Controller
public class HomeController {

    @GetMapping("/home")
    public String home(){
        return "home";
    }
}
```

LoginController 类用于用户登录，代码如下：

```java
package com.example.springsecuritydemo.controller;

import org.springframework.stereotype.Controller;
import org.springframework.web.bind.annotation.GetMapping;

@Controller
public class LoginController {

    @GetMapping("/login")
    public String login(){
        return "login";
    }
}
```

（8）新建一个 config 包，添加 Spring Security 配置文件 WebSecurityConfig：

```java
package com.example.springsecuritydemo.config;
import com.example.springsecuritydemo.service.LoginSuccessHandler;
import org.springframework.context.annotation.Configuration;
import
org.springframework.security.config.annotation.web.builders.HttpSecurity;
    import
org.springframework.security.config.annotation.web.configuration.WebSecurit
yConfigurerAdapter;

@Configuration
public class WebSecurityConfig extends WebSecurityConfigurerAdapter {

    @Override
    protected void configure(HttpSecurity http) throws Exception {
        // 关闭 csrf 校验
        http.csrf().disable();
        // 配置登录页面，用户名和密码已在配置文件中
        http.formLogin().loginPage("/login").permitAll();
        // 配置登录成功后的操作
        http.formLogin().successHandler(new LoginSuccessHandler());
        // 登录授权
        http.logout().permitAll();
        // 授权配置
        http.authorizeRequests()
                /* 所有的静态文件可以访问 */
                .antMatchers("/js/**","/css/**","/images/**").permitAll()
                /* 所有的以/add 开头的 add 页面可以访问 */
                .antMatchers("/add/**").permitAll()
                .anyRequest().fullyAuthenticated();
    }
}
```

（9）新建一个登录成功后的业务处理服务类 LoginSuccessHandler，代码如下：

```java
package com.example.springsecuritydemo.service;

import org.springframework.security.core.Authentication;
```

```
import org.springframework.security.web.authentication.Authentication
SuccessHandler;

import javax.servlet.http.HttpServletRequest;
import javax.servlet.http.HttpServletResponse;
import java.io.IOException;

/**
 * 登录成功后的业务处理类
 */
public class LoginSuccessHandler implements AuthenticationSuccessHandler {
    @Override
    public void onAuthenticationSuccess(HttpServletRequest request,
                                HttpServletResponse response,
                                Authentication authentication) throws
IOException {
        System.out.println("登录成功");
        //重定向到 home.html 页面
        response.sendRedirect("/home");
    }
}
```

（10）添加当前项目的启动类 SpringSecurityDemoApplication，使用注解@EnableWeb-Security 启动 Spring Security 功能：

```
package com.example.springsecuritydemo;
import org.springframework.boot.SpringApplication;
import org.springframework.boot.autoconfigure.SpringBootApplication;
@EnableWebSecurity
@SpringBootApplication
public class SpringSecurityDemoApplication {
    public static void main(String[] args) {
        SpringApplication.run(SpringSecurityDemoApplication.class, args);
    }
}
```

（11）执行 SpringSecurityDemoApplication 启动当前项目，访问 localhost:8080，因为没有登录，所以跳转到登录页，如图 5.1 所示。再访问 localhost:8080/home，还是会自动跳转到登录页面，因为没有登录。前两次访问 Spring Security 时会自动判断用户还未登录，直接跳转到登录页面，提示用户登录。

再访问 localhost:8080/add，可以看到 add 页面，如图 5.2 所示。之所以能够在没有登录的情况下看到 add 页面，是因为 Spring Security 配置了未登录时可以访问/add 这个链接。配置在 WebSecurityConfig.java 的代码如下：

```
.antMatchers("/add/**").permitAll()
```

这个代码的含义是所有以/add 开头的链接都允许访问，因此可以看到 add 页面。

同理，访问 localhost:8080/css/my.css 会返回项目的静态文件 my.css，因为在 WebSecurity-Config 中配置了静态文件的访问权限。

```
/* 所有的静态文件可以访问 */
.antMatchers("/js/**","/css/**","/images/**").permitAll()
```

图 5.1　登录页面　　　　　　　　图 5.2　add 页面

所以，js、css 和 images 文件夹下的所有文件可以直接获取，不会有任何校验，访问结果如图 5.3 所示。

现在输入用户名 admin 和密码 123456 登录系统，登录成功后的页面如图 5.4 所示，因为在 LoginSuccessHandler 中配置了登录成功后的跳转页面代码，即 response.sendRedirect("/home")，所以登录成功后直接跳转到了 home 页面。

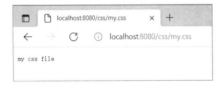
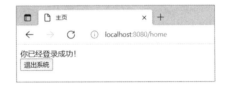

图 5.3　获取 css 文件　　　　　　　图 5.4　登录成功的页面

5.2.2　Spring Security 适配器

Spring 大量使用适配器模式，适配器的好处是当选择性地修改一部分配置时不用覆盖其他不相关的配置，Spring Security 常用的适配器有 WebSecurityConfigurerAdapter。在开发中，可以选择覆盖部分自定义的配置，从而快速完成开发。

设计模式中适配器模式的结构如图 5.5 所示。

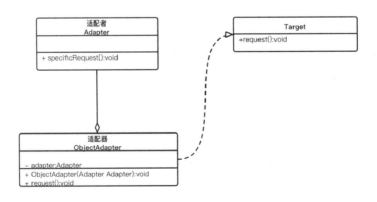

图 5.5　适配器模式的结构

适配器模式有 3 个类，分别是 Adapter 适配者类、Target 目标类和 ObjectAdapter 适配器，可以通过这 3 个类实现适配器的相关功能。

在 Spring Security 框架中，WebSecurityConfigurerAdapter 类图如图 5.6 所示。

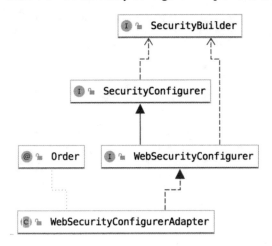

图 5.6　WebSecurityConfigurerAdapter 的类图

在图 5.6 中，SecurityBuilder、SecurityConfigurer 和 SecurityBuilder 这 3 个类非常重要，它们是用来构建过滤器链的，在用 HttpSecurity 实现 SecurityBuilder 时，传入的泛型是 DefaultSecurityFilterChain，因此 SecurityBuilder.build()用来构建过滤器链，而 WebSecurity-Configurer 用来配置 WebSecurity。

在 WebSecurityConfigurerAdapter 中有两个方法非常重要，下面分别介绍。

（1）第一个是 init()方法，其部分源码如下：

```
public void init(final WebSecurity web) throws Exception {
  final HttpSecurity http = getHttp();
  web.addSecurityFilterChainBuilder(http).postBuildAction(() -> {
    FilterSecurityInterceptor securityInterceptor = http
        .getSharedObject(FilterSecurityInterceptor.class);
    web.securityInterceptor(securityInterceptor);
  });
}
```

首先 init()方法调用了 getHttp()方法，其作用是进行 HttpSecurity 的初始化，其部分源码如下：

```
@SuppressWarnings({ "rawtypes", "unchecked" })
protected final HttpSecurity getHttp() throws Exception {
  if (http != null) {
    return http;
  }

  AuthenticationEventPublisher eventPublisher = getAuthenticationEvent
Publisher();
  localConfigureAuthenticationBldr.authenticationEventPublisher
```

```
(eventPublisher);

   AuthenticationManager authenticationManager = authenticationManager();
   authenticationBuilder.parentAuthenticationManager(authentication
Manager);
   Map<Class<?>, Object> sharedObjects = createSharedObjects();

   http = new HttpSecurity(objectPostProcessor, authenticationBuilder,
       sharedObjects);
   if (!disableDefaults) {
      // @formatter:off
      http
         .csrf().and()
         .addFilter(new WebAsyncManagerIntegrationFilter())
         .exceptionHandling().and()
         .headers().and()
         .sessionManagement().and()
         .securityContext().and()
         .requestCache().and()
         .anonymous().and()
         .servletApi().and()
         .apply(new DefaultLoginPageConfigurer<>()).and()
         .logout();
      // @formatter:on
      ClassLoader classLoader = this.context.getClassLoader();
      List<AbstractHttpConfigurer> defaultHttpConfigurers =
            SpringFactoriesLoader.loadFactories(AbstractHttpConfigurer.
class, classLoader);

      for (AbstractHttpConfigurer configurer : defaultHttpConfigurers) {
         http.apply(configurer);
      }
   }
   configure(http);
   return http;
}
```

在初始化完成后，init()方法调用了 configure()方法配置默认的拦截器，当完成 HttpSecurity 初始化后，将 HttpSecurity 放入 WebSecurity 中，最终保存在 WebSecurity 的 securityFilterChainBuilders 集合中。configure()方法的部分源码如下：

```
/**
 * 覆盖此方法以配置{@link HttpSecurity}。通常子类不建议通过调用 super 来调用此方法，
   因为它可能会覆盖它们的配置。默认配置如下：
 *
 * <pre>
 * http.authorizeRequests().anyRequest().authenticated().and().formLogin().
and().httpBasic();
 * </pre>
 *
 * 任何需要防御常见漏洞的端点都可以在这里指定，包括公共的端点
 * See {@link HttpSecurity#authorizeRequests} and the `permitAll()`
authorization rule
```

```
 *  更多关于公共端点的详细信息
 *
 *  @param http the {@link HttpSecurity} to modify
 *  @throws Exception if an error occurs
 */
// @formatter:off
protected void configure(HttpSecurity http) throws Exception {
   http.authorizeRequests().anyRequest().authenticated().and()
      .formLogin().and().httpBasic();
}
```

（2）另外一个非常重要的方法是前面提到的 configure()方法。可以看到，抽象类 WebSecurityConfigurerAdapter 中的 configure 是个 protect()方法，开发者可以新建类或继承此类后实现该方法，从而实现业务逻辑。

在当前项目中，自定义的 WebSecurityConfig 类继承了 WebSecurityConfigurerAdapter() 方法，实现了空的 configure()方法，并配置了当前项目的登录和拦截信息。当前方法的入参是 HttpSecurity，可以使用 HttpSecurity 的 builder 构建方式来灵活制定访问策略。Http-Security 的常用方法参见表 5.1。

表 5.1　HttpSecurity的常用方法

方 法 名 称	方 法 说 明
headers()	配置请求头信息
cors()	配置跨域资源共享
rememberMe	配置"记住当前用户"
authorizeRequests()	配置使用HttpServletRequest访问
requestCache()	配置请求缓存
exceptionHandling()	配置错误处理
securityContext()	配置在HttpServletRequests之间的SecurityContextHolder中设置SecurityContext管理
csrf()	配置对CSRF的支持，当使用WebSecurityConfigurerAdapter时为启用
logout()	添加退出登录支持。当使用WebSecurityConfigurerAdapter时自动启用。在默认情况下，当访问URL"/ logout"时，通过让HTTP Session无效的方式来清除用户，同时清除已配置的任何身份验证，并清除SecurityContextHolder，然后将URL重定向到"/login? success"
anonymous()	配置允许匿名用户访问的系统API接口
formLogin()	配置支持基于表单的身份验证。如果未指定FormLoginConfigurer#loginPage (String)，则将生成默认登录页面
oauth2Login()	使用OAuth 2配置程序的身份验证
httpBasic()	配置HttpBasic验证
addFilterBefore()	配置在指定的Filter类之前添加过滤器
addFilterAt()	配置在指定的Filter类的位置添加过滤器

（续）

方法名称	方法说明
addFilterAfter()	配置在指定的Filter类之后添加过滤器
and()	配置连接以上策略的连接器，用来制定组合安全策略

5.2.3　实战：用户授权

在 Spring Security 中可以设置不同的用户拥有不同的角色，同时不同的角色有不同的权限。下面举例说明。

修改 HomeController.java 文件，增加一个/home2 方法，增加的代码如下：

```
@GetMapping("/home2")
public String home2(){
    return "home2";
}
```

修改 WebSecurityConfig.java 文件，增加配置属性：

```
/**
 * 授权，赋予用户角色，基于内存授权
 */
@Override
protected UserDetailsService userDetailsService() {
    InMemoryUserDetailsManager manager = new InMemoryUserDetailsManager();
    manager.createUser(User.withUsername("admin").password("123456").
roles("admin").build());
    return manager;
}
```

修改 WebSecurityConfig.java 中的 configure()方法，增加/home2 连接的角色权限配置：

```
// 授权配置
http.authorizeRequests()
        //可以访问所有静态文件
        .antMatchers("/js/**","/css/**","/images/**").permitAll()
        //可以访问所有以/add 开头的 add 页面
        .antMatchers("/add/**").permitAll()
        .antMatchers("/home2").hasRole("user")
        .anyRequest().fullyAuthenticated();
```

重启项目，登录之后访问 localhost:8080/home2，结果如图 5.7 所示。因为当前用户没有权限，所以访问报错。

图 5.7　授权错误页面

5.2.4　Spring Security 核心类

Spring Security 框架中最核心的接口类是 AuthenticationManager，其部分源码如下：

```
Authentication authenticate(Authentication authentication)
    throws AuthenticationException;
```

AuthenticationManager 是用来处理认证（Authentication）请求的基本接口。这个接口定义了方法 authenticate()，此方法只接收一个代表认证请求的 Authentication 对象作为参数，如果认证成功，则会返回一个封装了当前用户权限等信息的 Authentication 对象，否则认证无法通过。

AuthenticationManager 接口有两个重要的实现。AuthenticationManagerDelegator 是一个委托类，由 SecurityBuilder 接口的子类来配置生成一个身份管理器；另外一个实现类是 ProviderManager，此类的部分源码如下：

```
public class ProviderManager implements AuthenticationManager, Message
SourceAware,
    InitializingBean {
private List<AuthenticationProvider> providers = Collections.emptyList();
private AuthenticationManager parent;

public ProviderManager(AuthenticationProvider... providers) {
   this(Arrays.asList(providers), null);
}

/**
 * 使用给定的{@link AuthenticationProvider}构造一个{@link ProviderManager}
 *
 * @param providers the {@link AuthenticationProvider}s to use
 */
public ProviderManager(List<AuthenticationProvider> providers) {
   this(providers, null);
}

/**
 * 使用给定的参考构造一个{@link ProviderManager}
 *
 * @param providers the {@link AuthenticationProvider}s to use
 * @param parent a parent {@link AuthenticationManager} to fall back to
 */
public ProviderManager(List<AuthenticationProvider> providers,
    AuthenticationManager parent) {
  Assert.notNull(providers, "providers list cannot be null");
  this.providers = providers;
  this.parent = parent;
  checkState();
}
}
```

在此类中，构造函数有 List<AuthenticationProvider> providers，它的作用是真正地完成认证工作。Spring Security 有多种认证方式，如邮箱登录、手机号登录和第三方登录等，只要一个认证成功了，就表示认证成功。

5.2.5　Spring Security 的验证机制

核心类 AuthenticationManager 调用其他的实现类进行认证。在 Spring Security 中提供认证功能的接口是 org.springframework.security.authentication.AuthenticationProvider。该接口有两个方法：authenticate()方法用来认证处理，返回一个 authentication 的实现类，代表认证成功；supports()方法表示当前身份提供者支持认证什么类型的身份信息，如果支持返回 true，才会执行 authenticate()方法进行身份认证。该接口的部分源码如下：

```
public interface AuthenticationProvider {
    Authentication authenticate(Authentication authentication)
        throws AuthenticationException;

    boolean supports(Class<?> authentication);
}
```

AuthenticationProvider 接口有几个常用的实现类，用来实现认证类型的具体方式，包括 AbstractUserDetailsAuthenticationProvider、DaoAuthenticationProvider 和 RememberMe-AuthenticationProvider。DaoAuthenticationProvider 的作用是从数据源中加载身份信息，其类图如图 5.8 所示。RememberMeAuthenticationFilter 的作用是当用户没有登录而直接访问资源时，首先从 cookie 中查找用户信息，如果 Spring Security 能够识别出用户提供的 remember me cookie，则不用再输入用户名和密码，表示用户已经认证成功。如图 5.9 所示为 RememberMeAuthenticationProvider 类图。

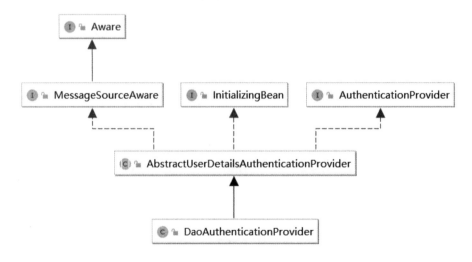

图 5.8　DaoAuthenticationProvider 类图

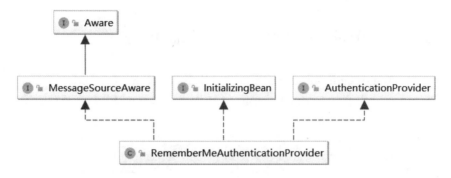

图 5.9　RememberMeAuthenticationProvider 类图

Spring Security 的认证流程如下：

（1）从 WebSecurityConfigurerAdapter 认证配置的 configure(HttpSecurity http)方法进入，并添加拦截器 addFilterBefore。

（2）进入 AbstractAuthenticationProcessingFilter 拦截器的 attemptAuthentication 方法，指定认证对象 AbstractAuthenticationToken。

（3）执行 AuthenticationProvider 认证逻辑，根据 supports 的判断对认证的目标对象选择一个拦截器进行认证，进入具体的认证逻辑方法 authenticate()。

（4）如果认证成功，则进入拦截器的 successfulAuthentication()方法；如果认证失败，则进入拦截器的 unsuccessfulAuthentication 方法()。

（5）对认证结果进行处理。

- 认证成功的逻辑：进入 SimpleUrlAuthenticationSuccessHandler 的 onAuthentication-Success()方法。
- 认证失败的逻辑：进入 SimpleUrlAuthenticationFailureHandler 的 onAuthentication-Failure()方法。

（6）将数据封装在 ObjectMapper 对象中后即可返回结果。

5.3　企业项目中的 Spring Security 操作

前面的章节从内置数据入手开始介绍 Spring Security 的入门案例。在实际的企业级开发中，一般不会把用户名和密码固定在代码或者配置文件中，而是直接在数据库中查询用户的账号和密码，再将其和用户输入的账号和密码进行对比并认证，最终完成用户的认证和授权查询。下面使用国内目前常用的两个数据库操作框架（Spring Data JPA 和 MyBatis）完成对 Spring Security 的查询和认证，读者只需要掌握其中的一个框架即可，建议优先选用自己熟悉的框架。

5.3.1 实战：基于 JPA 的 Spring Boot Security 操作

新建一个 spring-security-db-demo 项目，具体步骤如下：

（1）在 pom.xml 中添加 Spring Security 和 JPA，即 MySQL 和 Web 开发所需要的依赖，代码如下：

```xml
<parent>
    <groupId>org.springframework.boot</groupId>
    <artifactId>spring-boot-starter-parent</artifactId>
    <version>2.3.10.RELEASE</version>
    <relativePath/>
</parent>
<groupId>com.example</groupId>
<artifactId>spring-security-db-demo</artifactId>
<version>0.0.1-SNAPSHOT</version>
<name>spring-security-db-demo</name>
<description>Demo project for Spring Boot</description>
<properties>
    <java.version>11</java.version>
</properties>
<dependencies>
    <dependency>
        <groupId>org.springframework.boot</groupId>
        <artifactId>spring-boot-starter</artifactId>
    </dependency>
    <dependency>
        <groupId>org.springframework.boot</groupId>
        <artifactId>spring-boot-starter-test</artifactId>
        <scope>test</scope>
        <exclusions>
            <exclusion>
                <groupId>org.junit.vintage</groupId>
                <artifactId>junit-vintage-engine</artifactId>
            </exclusion>
        </exclusions>
    </dependency>
    <!--spring data jpa-->
    <dependency>
        <groupId>org.springframework.boot</groupId>
        <artifactId>spring-boot-starter-data-jpa</artifactId>
    </dependency>
    <!--spring security-->
    <dependency>
        <groupId>org.springframework.boot</groupId>
        <artifactId>spring-boot-starter-security</artifactId>
    </dependency>
    <dependency>
        <groupId>org.springframework.boot</groupId>
        <artifactId>spring-boot-starter-web</artifactId>
    </dependency>
    <!--thymeleaf 模板-->
```

```xml
    <dependency>
        <groupId>org.springframework.boot</groupId>
        <artifactId>spring-boot-starter-thymeleaf</artifactId>
    </dependency>
    <!--thymeleaf 中使用的 Spring Security 标签-->
    <dependency>
        <groupId>org.thymeleaf.extras</groupId>
        <artifactId>thymeleaf-extras-springsecurity5</artifactId>
        <!-- <version>3.0.3.RELEASE</version>-->
    </dependency>
    <dependency>
        <groupId>mysql</groupId>
        <artifactId>mysql-connector-java</artifactId>
        <scope>runtime</scope>
    </dependency>
    <dependency>
        <groupId>org.projectlombok</groupId>
        <artifactId>lombok</artifactId>
        <optional>true</optional>
    </dependency>
    <dependency>
        <groupId>cn.hutool</groupId>
        <artifactId>hutool-all</artifactId>
        <version>5.5.7</version>
    </dependency>
</dependencies>
<build>
    <plugins>
        <plugin>
            <groupId>org.springframework.boot</groupId>
            <artifactId>spring-boot-maven-plugin</artifactId>
        </plugin>
    </plugins>
</build>
```

（2）为了让项目开发具有多样性，本次使用的配置文件格式是 yml，在 application.yml 中添加项目配置，用来配置数据库的连接信息。使用 sys 数据库的配置信息如下：

```yaml
server:
  port: 8080
spring:
  datasource:
    username: root
    password: 123456
    url: jdbc:mysql://127.0.0.1:3306/sys
    driver-class-name: com.mysql.cj.jdbc.Driver
  jpa:
    hibernate:
      ddl-auto: update
    database-platform: org.hibernate.dialect.MySQL5InnoDBDialect
    open-in-view: false
```

（3）开始编写项目代码，新建 Security 的配置文件 WebSecurityConfig.java：

```java
package com.example.springsecuritydbdemo.config;
```

```java
import org.springframework.beans.factory.annotation.Autowired;
import org.springframework.context.annotation.Bean;
import org.springframework.context.annotation.Configuration;
import org.springframework.security.authentication.Authentication
Provider;
import org.springframework.security.authentication.dao.DaoAuthentication
Provider;
import org.springframework.security.config.annotation.authentication.
builders.AuthenticationManagerBuilder;
import org.springframework.security.config.annotation.method.
configuration.EnableGlobalMethodSecurity;
import org.springframework.security.config.annotation.web.builders.
HttpSecurity;
import org.springframework.security.config.annotation.web.configuration.
WebSecurityConfigurerAdapter;
import org.springframework.security.core.userdetails.UserDetailsService;
import org.springframework.security.crypto.factory.PasswordEncoder
Factories;
import org.springframework.security.crypto.password.PasswordEncoder;
import org.springframework.security.web.authentication.rememberme.
JdbcTokenRepositoryImpl;
import org.springframework.security.web.authentication.rememberme.
PersistentTokenRepository;
import javax.sql.DataSource;

/**
 * 开启 security 注解
 */
@Configuration
@EnableGlobalMethodSecurity(securedEnabled = true)
public class WebSecurityConfig extends WebSecurityConfigurerAdapter {

    @Autowired
    private UserDetailsService userDetailsService;
    @Autowired
    private PersistentTokenRepository persistentTokenRepository;

    @Override
    protected void configure(AuthenticationManagerBuilder auth) throws
Exception {
        auth.authenticationProvider(authenticationProvider());
    }

    @Override
    protected void configure(HttpSecurity http) throws Exception {
        //关闭 csrf
        http.csrf().disable();
        // 自定义登录页面
        http.formLogin()
                .loginPage("/loginPage")                      // 登录页面的 URL
                // 登录访问路径，不用自己处理逻辑，只需要定义 URL 即可
                .loginProcessingUrl("/login")
                .failureUrl("/exception")                     // 登录失败时跳转的路径
                .defaultSuccessUrl("/index", true);           // 登录成功后跳转的路径
```

```
        // URL 的拦截与放行，除//loginPage、/hello、/exception 和/*.jpg 之外的路
        径都会被拦截
        http.authorizeRequests()
                .antMatchers("/loginPage", "/hello", "/exception", "/*.jpg").
permitAll()
                .anyRequest().authenticated();
        // 注销用户
        http.logout().logoutUrl("/logout");
        // 记住密码(自动登录)
        http.rememberMe().tokenRepository(persistentTokenRepository).
tokenValiditySeconds(60 * 60).userDetailsService(userDetailsService);
    }
    /**
     * 登录提示
     */
    @Bean
    public AuthenticationProvider authenticationProvider() {
        DaoAuthenticationProvider provider = new DaoAuthentication
Provider();
        // 显示用户找不到异常，默认不论用户名和密码哪个错误，都提示密码错误
        provider.setHideUserNotFoundExceptions(false);
        provider.setPasswordEncoder(passwordEncoder());
        provider.setUserDetailsService(userDetailsService);
        return provider;
    }

    /**
     * 密码加密器
     */
    @Bean
    public PasswordEncoder passwordEncoder() {
        return PasswordEncoderFactories.createDelegatingPasswordEncoder();
    }

    /**
     * 记住密码，并存储 Token
     */
    @Bean
    public PersistentTokenRepository persistentTokenRepository(DataSource
dataSource) {
        // 数据存储在数据库中
        JdbcTokenRepositoryImpl jdbcTokenRepository = new JdbcToken
RepositoryImpl();
        jdbcTokenRepository.setDataSource(dataSource);
        return jdbcTokenRepository;
    }
}
```

（4）新建 Web 请求的 UserControllerjava 入口文件，并定义其访问的 URL：

```
package com.example.springsecuritydbdemo.controller;

import lombok.extern.slf4j.Slf4j;
import org.springframework.security.access.annotation.Secured;
```

```java
import org.springframework.security.core.AuthenticationException;
import org.springframework.stereotype.Controller;
import org.springframework.web.bind.annotation.GetMapping;
import org.springframework.web.bind.annotation.RequestMapping;
import org.springframework.web.bind.annotation.ResponseBody;
import org.springframework.web.util.WebUtils;
import javax.servlet.http.HttpServletRequest;

@Controller
@Slf4j
public class UserController {

    @ResponseBody
    @RequestMapping("/hello")
    public String hello() {
        return "hello";
    }

    /**
     * 登录页面
     */
    @GetMapping("/loginPage")
    public String login() {
        return "login";
    }

    /**
     * Security 认证异常处理
     */
    @GetMapping("/exception")
    public String error(HttpServletRequest request) {
        // 获取 Spring Security 的 AuthenticationException 异常并抛出，由全局异
        //    常统一处理
        AuthenticationException exception = (AuthenticationException)
WebUtils.getSessionAttribute(request, "SPRING_SECURITY_LAST_EXCEPTION");
        if (exception != null) {
            throw exception;
        }
        return "redirect:/loginPage";
    }

    @GetMapping({"/index", "/"})
    public String index() {
        return "index";
    }

    @ResponseBody
    @GetMapping("/role/teacher")
    @Secured({"ROLE_teacher", "ROLE_admin"})
    public String teacher() {
        return "模拟获取老师数据";
    }

    @ResponseBody
```

```
@GetMapping("/role/admin")
@Secured({"ROLE_admin"})
public String admin() {
    return "模拟获取管理员数据";
}

@ResponseBody
@GetMapping("/role/student")
@Secured({"ROLE_student", "ROLE_admin"})
public String student() {
    return "模拟获取学生数据";
}
}
```

（5）新建 UserDao.java 文件和 AuthoritiesDao.java 文件进行数据库的操作。

UserDao.java 文件的内容如下：

```
package com.example.springsecuritydbdemo.dao;
import com.example.springsecuritydbdemo.entity.Authorities;
import org.springframework.data.jpa.repository.JpaRepository;
import org.springframework.data.jpa.repository.JpaSpecificationExecutor;

public interface AuthoritiesDao extends
        JpaRepository<Authorities, Integer>, JpaSpecificationExecutor
<Authorities> {
}
```

AuthoritiesDao.java 文件的内容如下：

```
package com.example.springsecuritydbdemo.dao;
import com.example.springsecuritydbdemo.entity.Users;
import org.springframework.data.jpa.repository.JpaRepository;
import org.springframework.data.jpa.repository.JpaSpecificationExecutor;

public interface UsersDao extends
        JpaRepository<Users, Integer>, JpaSpecificationExecutor<Users> {
    Users findByUsername(String username);
}
```

（6）新建数据库的表对应的实体类 Authorities、PersistentLogins 和 Users。

Authorities 类如下：

```
package com.example.springsecuritydbdemo.entity;

import lombok.Getter;
import lombok.Setter;
import javax.persistence.*;
import java.util.HashSet;
import java.util.Set;

@Getter
@Setter
@Entity
@Table(name = "authorities")
public class Authorities {
```

```
    @Id
    @GeneratedValue(strategy = GenerationType.IDENTITY)
    private Integer id;
    private String authority;

    @ManyToMany(mappedBy = "authorities", cascade = CascadeType.ALL)
    private Set<Users> users = new HashSet<>();
}
```

PersistentLogins 类的内容如下：

```
package com.example.springsecuritydbdemo.entity;

import lombok.Getter;
import lombok.Setter;
import javax.persistence.Entity;
import javax.persistence.Id;
import javax.persistence.Table;
import java.util.Date;

@Getter
@Setter
@Entity
@Table(name = "persistent_logins")
public class PersistentLogins {

    @Id
    private String series;
    private String username;
    private String token;
    private Date last_used;
}
```

Users 类的内容如下：

```
package com.example.springsecuritydbdemo.entity;

import lombok.Getter;
import lombok.Setter;
import javax.persistence.*;
import java.util.HashSet;
import java.util.Set;

@Getter
@Setter
@Entity
@Table(name = "users")
public class Users {

    @Id
    @GeneratedValue(strategy = GenerationType.IDENTITY)
    private Integer id;
    private String username;
    private String password;

    @ManyToMany(targetEntity = Authorities.class, cascade = Cascade
```

```
Type.ALL)
    @JoinTable(name = "users_authorities",
        joinColumns = @JoinColumn(name = "users_id", referencedColumn
Name = "id"),
        inverseJoinColumns = @JoinColumn(name = "authorities_id",
referencedColumnName = "id"))
    private Set<Authorities> authorities = new HashSet<>();
}
```

（7）设置项目的全局异常处理：

```
package com.example.springsecuritydbdemo.exception;

import lombok.extern.slf4j.Slf4j;
import org.springframework.security.access.AccessDeniedException;
import org.springframework.security.authentication.BadCredentials
Exception;
import org.springframework.web.bind.annotation.ControllerAdvice;
import org.springframework.web.bind.annotation.ExceptionHandler;
import org.springframework.web.servlet.ModelAndView;

/**
 * 全局异常处理
 */
@ControllerAdvice
@Slf4j
public class GlobalExceptionHandler {

    @ExceptionHandler(RuntimeException.class)
    public ModelAndView exception(Exception e) {
        log.info(e.toString());
        ModelAndView modelAndView = new ModelAndView();
        modelAndView.setViewName("error");
        if (e instanceof BadCredentialsException) {
            // 密码错误
            modelAndView.addObject("msg", "密码错误");
        } else if (e instanceof AccessDeniedException) {
            // 权限不足
            modelAndView.addObject("msg", e.getMessage());
        } else {
            // 其他
            modelAndView.addObject("msg", "系统错误");
        }
        return modelAndView;
    }
}
```

（8）设置用户的服务类，代码如下：

```
package com.example.springsecuritydbdemo.service;

import com.example.springsecuritydbdemo.dao.UsersDao;
import com.example.springsecuritydbdemo.entity.Authorities;
import com.example.springsecuritydbdemo.entity.Users;
import lombok.extern.slf4j.Slf4j;
import org.springframework.beans.factory.annotation.Autowired;
```

```java
import org.springframework.security.core.GrantedAuthority;
import org.springframework.security.core.authority.SimpleGranted
Authority;
import org.springframework.security.core.userdetails.*;
import org.springframework.stereotype.Service;
import org.springframework.transaction.annotation.Transactional;
import java.util.ArrayList;
import java.util.Set;

@Service("userDetailsService")
@Slf4j
public class UserDetailService implements UserDetailsService {

    @Autowired
    private UsersDao usersDao;

    @Override
    @Transactional
    public UserDetails loadUserByUsername(String s) throws UsernameNotFound
Exception {
        Users users = usersDao.findByUsername(s);
        // 用户不存在
        if (users == null) {
            log.error("用户名:[{}]不存在", s);
            throw new UsernameNotFoundException("用户名不存在");
        }
        // 获取该用户的角色信息
        Set<Authorities> authoritiesSet = users.getAuthorities();
        ArrayList<GrantedAuthority> list = new ArrayList<>();
        for (Authorities authorities : authoritiesSet) {
            list.add(new SimpleGrantedAuthority(authorities.getAuthority()));
        }
        return new User(users.getUsername(), users.getPassword(), list);
    }
}
```

（9）新建 Spring Boot 项目的启动类：

```java
package com.example.springsecuritydbdemo;

import org.springframework.boot.SpringApplication;
import org.springframework.boot.autoconfigure.SpringBootApplication;
import org.springframework.security.config.annotation.web.configuration.
EnableWebSecurity;

@EnableWebSecurity
@SpringBootApplication
public class SpringSecurityDbDemoApplication {

    public static void main(String[] args) {
        SpringApplication.run(SpringSecurityDbDemoApplication.class, args);
    }
}
```

📢提示：在启动项目之前需要配置好数据库。本书使用 MySQL 8。数据库的配置信息保
　　　　存在 application.yml 文件中，读者可以根据实际情况修改数据库信息，确认无误
　　　　后即可启动项目。

访问 http://localhost:8080/loginPage 即可可以看
到登录页面，如图 5.10 所示。使用账号 admin 和密
码 123456 登录后，可以看到 admin 拥有的权限，如
图 5.11 所示。退出 admin 后使用账号 student 和密码
123456 登录，查看 student 拥有的权限，如图 5.12
所示。可以看到，不同的用户拥有不同的权限，从
而实现使用 JPA 控制不同用户权限的目的。

可以看到，不同的账号访问，拥有不同的权限，
权限不同看到的数据也不同。

图 5.10　登录页面

图 5.11　admin 拥有的权限

图 5.12　student 拥有的权限

5.3.2　实战：基于 MyBatis 的 Spring Boot Security 操作

基于 5.3.1 小节的代码，全部注释掉 UserDao.java 文件和 AuthoritiesDao.java 文件，修
改后缀名为 UserDao.java.bak 和 AuthoritiesDao.java.bak，再修改 entity 包中的实体类。主要
步骤如下：

（1）移除 pom.xml 中的 JPA 依赖，在 pom.xml 中添加 MyBatis 的依赖：

```
<!--spring data jpa-->
<!--<dependency>
    <groupId>org.springframework.boot</groupId>
    <artifactId>spring-boot-starter-data-jpa</artifactId>
</dependency>-->
<dependency>
    <groupId>org.mybatis.spring.boot</groupId>
    <artifactId>mybatis-spring-boot-starter</artifactId>
    <version>2.1.1</version>
</dependency>
```

（2）修改 SpringSecurityDbDemoApplication.java 文件，增加一个 MyBatis 的配置注解：

```
@MapperScan("com.example.springsecuritydbdemo.dao")
```

（3）修改 entity 包中所有的实体类，去除所有的 JPA 注解。

Authorities 类的文件内容如下：

```
package com.example.springsecuritydbdemo.entity;

import lombok.Data;
@Data
public class Authorities {
    private Integer id;
    private String authority;
}
```

PersistentLogins 类的文件内容如下：

```
package com.example.springsecuritydbdemo.entity;
import lombok.Data;
import java.util.Date;

@Data
public class PersistentLogins {
    private String series;
    private String username;
    private String token;
    private Date last_used;
}
```

Users 类的文件内容如下：

```
package com.example.springsecuritydbdemo.entity;

import lombok.Data;
import java.util.HashSet;
import java.util.Set;

@Data
public class Users {
    private Integer id;
    private String username;
    private String password;
    private Set<Authorities> authorities = new HashSet<>();
}
```

（4）修改 Dao 包中的数据库操作接口，添加查询用户的方法：

```
package com.example.springsecuritydbdemo.dao;

import com.example.springsecuritydbdemo.entity.Authorities;
import org.apache.ibatis.annotations.Mapper;
import org.apache.ibatis.annotations.Param;
import org.apache.ibatis.annotations.ResultType;
import org.apache.ibatis.annotations.Select;
import java.util.Set;
```

```
@Mapper
public interface AuthoritiesDao {

    @Select("select a.* from authorities a LEFT JOIN users_authorities b " +
        "on a.id=b.authorities_id where b.users_id=#{userId}")
    @ResultType(Set.class)
    Set<Authorities> findByUserId(@Param("userId") Integer userId);
}
```

（5）添加查询用户和保存用户的方法：

```
package com.example.springsecuritydbdemo.dao;

import com.example.springsecuritydbdemo.entity.Users;
import org.apache.ibatis.annotations.Mapper;
import org.apache.ibatis.annotations.Param;
import org.apache.ibatis.annotations.Select;

@Mapper
public interface UsersDao {

    @Select("select * from users where username=#{username}")
    Users findByUsername(@Param("username") String username);

    void save(Users users);
}
```

（6）在 sys 数据库中执行 SQL 语句，用来创建 3 张表，代码如下：

```
CREATE TABLE `authorities` (
  `id` int(11) NOT NULL AUTO_INCREMENT,
  `authority` varchar(255) DEFAULT NULL,
  PRIMARY KEY (`id`)
) ENGINE=InnoDB DEFAULT CHARSET=utf8;
CREATE TABLE `persistent_logins` (
  `series` varchar(100) NOT NULL,
  `username` varchar(255) DEFAULT NULL,
  `token` varchar(255) DEFAULT NULL,
  `last_used` datetime DEFAULT NULL,
  PRIMARY KEY (`series`)
) ENGINE=InnoDB DEFAULT CHARSET=utf8;
CREATE TABLE `users` (
  `id` int(11) NOT NULL AUTO_INCREMENT,
  `username` varchar(255) DEFAULT NULL,
  `password` varchar(255) DEFAULT NULL,
  PRIMARY KEY (`id`)
) ENGINE=InnoDB DEFAULT CHARSET=utf8;
```

修改完成后启动项目，再次访问 http://localhost:8080，如同 5.3.1 小节的例子一样登录不同的账号，确认不同的用户拥有不同的权限。通过以上开发实践可以看到，在一些简单的数据库操作中，JPA 不需要编写 SQL 语句，这样会明显地提高开发效率，使用起来也非常方便。

5.4 小 结

本章介绍了 Spring Security 的相关知识。Spring Security 是一个基于 Spring 提供声明式安全保护的安全性框架，它提供了完整的安全性解决方案，能够处理 Web 请求中不同身份和调用方法的身份认证和授权行为。Spring Security 从两个角度解决安全性问题：

- 使用 Servlet 规范中的 Filter，以保护 Web 请求并限制 URL 级别的访问；
- 使用 Spring AOP 以保证与权限相关的方法被调用，即借助动态代理和使用通知，保证只有具备权限的人才能访问受到保护的方法。

本章介绍了如何使用 WebSecurityConfigurerAdapter 适配器来配置项目的权限及用户授权信息，还介绍了 Spring Security 的核心类 AuthenticationManager 以及验证机制和验证流程，最后介绍了如何使用 JPA 和 MyBatis 完成一个简单的权限验证。

第 6 章　Spring Boot 扩展

在 Spring Boot 中可以集成第三方的框架如 MyBatis、MyBatis-Plus 和 RabbitMQ 等统称为扩展。每一个扩展会封装成一个集成，即 Spring Boot 的 starter（依赖组件）。starter是一种非常重要的机制，不需要烦琐的配置，开发者只需要在项目的依赖中加入 starter 依赖，Spring Boot 就能根据依赖信息自动扫描到要加载的信息并启用相应的默认配置。starter的出现让开发者不再需要查找各种依赖库及相应的配置。所有 stater 模块都遵循着约定成俗的默认配置，并允许自定义配置，即遵循"约定大于配置"的原则。常用的 starter 及其说明如表 6.1 所示。

表 6.1　Spring Boot的starter列表

名　　　称	说　　　明
spring-boot-starter	核心starter，包括自动配置、日志
spring-boot-starter-activemq	Apache ActiveMQ消息系统
spring-boot-starter-amqp	Spring AMQP和Rabbit MQ消息系统
spring-boot-starter-aop	Spring AOP和AspectJ切面
spring-boot-starter-cache	支持在项目中使用缓存
spring-boot-starter-data-elasticsearch	Elasticsearch分布式索引
spring-boot-starter-data-jdbc	Spring Data JDBC数据库链接
spring-boot-starter-data-jpa	Spring Data JPA数据库ORM
spring-boot-starter-data-mongodb	MongoDB文档数据库
spring-boot-starter-data-redis	Redis缓存
spring-boot-starter-freemarker	FreeMarker模板引擎
spring-boot-starter-json	JSON数据处理
spring-boot-starter-mail	Java Mail邮件发送
spring-boot-starter-quartz	Quartz scheduler定时任务
spring-boot-starter-security	Spring Security鉴权和授权
spring-boot-starter-test	JUnit、Hamcrest and Mockito单元测试
spring-boot-starter-thymeleaf	Thymeleaf模板引擎
spring-boot-starter-validation	Java Bean Validation
spring-boot-starter-web	Spring MVC Web框架

（续）

名　　称	说　　明
spring-boot-starter-web-services	Spring Web Service服力
spring-boot-starter-websocket	WebSocket服务
spring-boot-starter-log4j2	Log4j2日志
spring-boot-starter-logging	Logback日志
spring-boot-starter-tomcat	Tomcat Servelt容器

6.1　日志管理

项目的日志主要包括系统日志、应用程序日志和安全日志。运维人员和项目开发人员可以通过日志了解服务器软/硬件信息，检查配置过程中的错误及错误发生的原因。通过分析日志还可以了解服务器的负荷、性能安全性，从而及时采取措施解决发生的问题。

因此，项目人员需要在系统开发和运行时保存日志。关于什么时候保存日志有以下几个要点：

（1）系统初始化时：记录系统和服务的启动参数。在核心模块初始化过程中会依赖一些关键配置项，根据参数不同提供不同的服务，记录当前的参数有助于发生错误后排除问题。

（2）系统提示异常：代码中的异常捕获机制，此类异常的错误级别非常高，是系统在告知开发人员需要关注的错误信息。一般用 WARN 或者 ERROR 级别来记录当前的错误日志。

（3）业务流程预期不符：记录与正常流程不同的业务参数，如外部参数不正确、未知的请求信息等。

（4）系统核心角色和组件的关键动作的记录：包括核心业务的日志记录，INFO 级别的日志记录，保存微服务各服务节点交互的数据日志记录、系统核心数据表的增、删、改操作的日志记录，以及核心组件运行情况的日志记录等。

（5）第三方服务远程调用：对第三方的服务调用需要保存调用前后的日志记录，方便在发生错误时排查问题。

6.1.1　常用的日志框架

在 Java 项目开发过程中，最简单的方式是使用 System.out.println 打印日志，但这种方式有很多缺陷，如 I/O 瓶颈，而且不利于日志的统一管理。目前市面上有很多日志组件可以集成到 Spring Boot 中，它们能够快速地实现不同级别的日志分类，以及在不同的时间进行保存。常用的日志框架有以下几个：

1．JUL简介

JUL 即 java.util.logging.Logger，是 JDK 自带的日志系统，从 JDK 1.4 开始出现。其优点是系统自带，缺点是相较于其他的日志框架来说功能不够强大。

2．Apache Commons Logging简介

Apache Commons Logging 是 Apache 提供的一个通用日志 API，可以让程序不再依赖于具体的日志实现工具。Apache Commons Logging 包中还对其他日志工具（包括 Log4j、JUL）进行了简单的包装，可以让应用程序在运行时直接将 Apache Commons Logging 适配到对应的日志实现工具中。

🔔提示：Apache Common Logging 通过动态查找机制，在程序运行时会自动找出真正使用的日志库。这一点与 SLF4J 不同，SLF4J 是在编译时静态绑定真正的 Log 实现库。

3．Log4j简介

Log4j 是 Ceki Gülcü实现出来的，后来捐献给 Apache，又被称为 Log4j 1.x，它是 Apache 的开放源代码项目。在系统中使用 Log4j，可以控制日志信息输送的目的地是控制台、文件及数据库等，还可以自定义每一条日志的输出格式，通过定义每一条日志信息的级别，还可以控制日志的生成过程。

Log4j 主要是由 Loggers（日志记录器）、Appender（输出端）和 Layout（日志格式化器）组成。其中：
- Logger 用于控制日志的输出级别与是否输出日志；
- Appender 用于指定日志的输出方式（输出到控制台、文件等）；
- Layout 用于控制日志信息的输出格式。

Log4j 有 7 种不同的 log 级别，按照等级从低到高依次为 TRACE、DEBUG、INFO、WARN、ERROR、FATAL 和 OFF。如果配置为 OFF 级别，表示关闭 log。Log4j 支持两种格式的配置文件：properties 和 XML。

4．Logback简介

Logback 是由 log4j 的创立者 Ceki Gülcü 设计，是 Log4j 的升级版。Logback 当前分成 3 个模块：logback-core、logback- classic 和 logback-access。logback-core 是另外两个模块的基础模块。logback-classic 是 Log4j 的一个改良版本，目前依然建议在生产环境中使用。

5．Log4j2简介

Log4j2 也是由 log4j 的创立者 Ceki Gulcu 设计的，它是 Log4j 1.x 和 Logback 的改进版。

在项目中使用 Log4j2 作为日志记录的组件，在日志的吞吐量和性能方面比 log4j 1.x 提高了 10 倍，并可以解决一些死锁的 Bug，配置也更加简单、灵活。

6．SLF4J

SLF4J 是对所有日志框架制定的一种规范、标准和接口，并不是一个具体框架。因为接口并不能独立使用，需要和具体的日志框架配合使用（如 Log4j2、Logback）。使用接口的好处是，当项目需要更换日志框架时，只需要更换 jar 和配置，不需要更改相关的 Java 代码，SLF4J 相当于 Java 设计模式的门面模式。目前项目的开发中多使用 SLF4J+Logback 或者 SLF4J+Log4J2 的组合方式来记录日志。

6.1.2 日志的输出级别

日志的输出是分级别的，不同的日志级别在不同的场合打印不同的日志。常见的日志级别有以下 4 个：

- DEBUG：该级别的日志主要输出与调试相关的内容，主要在开发、测试阶段输出。DEUBG 日志应尽可能详细，开发者会把各类详细信息记录到 DEBUG 里，起到调试的作用，包括参数信息、调试细节信息、返回值信息等，方便在开发、测试阶段出现问题或者异常时对问题进行分析和修改。
- INFO：该级别的日志主要记录系统关键信息，用来保留系统正常工作期间的关键信息指标。开发者可以将初始化系统配置、业务状态变化信息或者用户业务流程中的核心处理记录到 INFO 日志中，方便运维及错误回溯时进行场景复现。当在项目完成后，一般会把项目日志级别从 DEBUG 调成 INFO，对于不需要再调试的日志，将通过 INFO 级别的日志记录这个应用的运行情况，如果出现问题，根据记录的 INFO 级别的日志来排查问题。
- WARN：该级别的日志主要输出警告性质的内容，这类日志可以预知问题的发生，如某个方法入参为空或者参数的值不满足运行方法的条件时。在输出 WARN 级别的日志时应输出详尽的提示信息，方便开发者和运维人员对日志进行分析。
- ERROR：该级别主要指系统错误信息，如错误、异常等。例如，在 catch 中抓获的网络通信和数据库连接等异常，若异常对系统的整个流程影响不大，可以输出 WARN 级别的日志。在输出 ERROR 级别的日志时，要记录方法入参和方法执行过程中产生的对象等数据，在输出带有错误和异常对象的数据时，需要将该对象全部记录，方便后续的 Bug 修复。

日志的等级由低到高分别是 DEBUG< INFO < WARN < ERROR，日志记录一般会记录设置级别及其以下级别的日志。例如，设置日志的级别为 INFO，则系统会记录 INFO 和 DEBUG 级别的日志，超过 INFO 级别的日志不会记录。

综上所述，在项目中保存好日志有以下好处：

- 打印调试：用日志记录变量或者逻辑的变化，方便进行断点调试。
- 问题定位：程序出现异常后可根据日志快速定位问题所在，方便后期解决问题。
- 用户行为日志：记录用户的关键操作行为。
- 重要系统逻辑日志记录：方便以后问题的排查和记录。

6.1.3　实战：日志管理之使用 AOP 记录日志

本小节将新建一个项目，实现使用日志组件和 Spring 的 AOP 记录所有 Controller 入参的功能，本次使用 SLF4J+log4j2 的方式实现日志的记录。

（1）新建一个项目 spring-extend-demo，在 pom.xml 中添加 Web、Log4j2、SLF4J 和 AOP 的依赖坐标，具体如下：

```xml
<?xml version="1.0" encoding="UTF-8"?>
<project xmlns="http://maven.apache.org/POM/4.0.0" xmlns:xsi="http://
www.w3.org/2001/XMLSchema-instance"
        xsi:schemaLocation="http://maven.apache.org/POM/4.0.0 https://
maven.apache.org/xsd/maven-4.0.0.xsd">
    <modelVersion>4.0.0</modelVersion>
    <parent>
        <groupId>org.springframework.boot</groupId>
        <artifactId>spring-boot-starter-parent</artifactId>
        <version>2.3.10.RELEASE</version>
        <relativePath/> <!-- lookup parent from repository -->
    </parent>
    <groupId>com.example</groupId>
    <artifactId>spring-extend-demo</artifactId>
    <version>0.0.1-SNAPSHOT</version>
    <name>spring-extend-demo</name>
    <description>Demo project for Spring Boot</description>
    <properties>
        <java.version>11</java.version>
    </properties>
    <dependencies>
        <dependency>
            <groupId>org.springframework.boot</groupId>
            <artifactId>spring-boot-starter</artifactId>
            <exclusions>
                <exclusion>
                    <groupId>org.springframework.boot</groupId>
                    <artifactId>spring-boot-starter-logging</artifactId>
                </exclusion>
            </exclusions>
        </dependency>
        <dependency>
            <groupId>org.springframework.boot</groupId>
            <artifactId>spring-boot-starter-test</artifactId>
            <scope>test</scope>
            <exclusions>
                <exclusion>
                    <groupId>org.junit.vintage</groupId>
```

```
                    <artifactId>junit-vintage-engine</artifactId>
                </exclusion>
            </exclusions>
        </dependency>
        <dependency>
            <groupId>org.springframework.boot</groupId>
            <artifactId>spring-boot-starter-log4j2</artifactId>
        </dependency>
        <dependency>
            <groupId>org.springframework.boot</groupId>
            <artifactId>spring-boot-starter-aop</artifactId>
        </dependency>
        <dependency>
            <groupId>org.springframework.boot</groupId>
            <artifactId>spring-boot-starter-web</artifactId>
            <exclusions>
                <exclusion>
                    <groupId>org.springframework.boot</groupId>
                    <artifactId>spring-boot-starter-logging</artifactId>
                </exclusion>
            </exclusions>
        </dependency>
    </dependencies>

    <build>
        <plugins>
            <plugin>
                <groupId>org.springframework.boot</groupId>
                <artifactId>spring-boot-maven-plugin</artifactId>
            </plugin>
        </plugins>
    </build>
</project>
```

添加完依赖后，可以查看项目的依赖库，部分依赖库如图 6.1 和图 6.2 所示，当前项目中已经引入了 SLG4J 和 Log4j2 依赖。

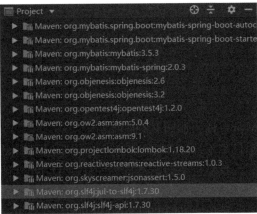

图 6.1　Log4j2 的依赖　　　　　　　　　图 6.2　SLF4J 的依赖

（2）在 resources 目录下新建一个 log4j2.xml 配置文件，配置日志的记录如下：

```xml
<?xml version="1.0" encoding="UTF-8"?>
<!--
    Configuration 后面的配置，用于设置 log4j2 内部的信息输出，可以不设置。当设置成
trace 时可以看到 log4j2 内部的各种详细输出。
-->
<!--
    monitorInterval：Log4j 能够自动检测、修改配置文件，并设置间隔秒数。
-->
<configuration status="error" monitorInterval="30">
    <!--先定义所有的 Appender-->
    <appenders>
        <!--这个输出控制台的配置-->
        <Console name="Console" target="SYSTEM_OUT">
            <!--控制台只输出 level 及以上级别的信息（onMatch），其他的直接拒绝
(onMismatch)-->
            <ThresholdFilter level="trace" onMatch="ACCEPT" onMismatch=
"DENY"/>
            <!--输出日志的格式-->
            <PatternLayout pattern="%d{HH:mm:ss.SSS} %-5level %class{36} %L
%M - %msg%xEx%n"/>
        </Console>
        <!--文件会打印出所有信息，该日志在每次运行程序时会自动清空，由 append 属性决
定，适合临时测试用-->
        <File name="log" fileName="log/test.log" append="false">
            <PatternLayout pattern="%d{HH:mm:ss.SSS} %-5level %class{36} %L
%M - %msg%xEx%n"/>
        </File>
        <!-- 打印出所有的信息，如果大小超过 size，则超出部分的日志会自动存入按年份-月
份建立的文件夹下面并进行压缩作为存档-->
        <RollingFile name="RollingFile" fileName="D:/log/log.log"
                     filePattern="D:/log/log-$${date:yyyy-MM}/log-%d{MM-
dd-yyyy}-%i.log">
            <PatternLayout pattern="%d{yyyy-MM-dd 'at' HH:mm:ss z} %-5level
%class{36} %L %M - %msg%xEx%n"/>
            <!-- 如果一个文件超过 50 MB，就会生成下一个日志文件 -->
            <SizeBasedTriggeringPolicy size="50MB"/>
            <!-- 如不设置 DefaultRolloverStrategy 属性，则默认同一文件夹下最多有 7
个文件，这里设置为 20 -->
            <DefaultRolloverStrategy max="20"/>
        </RollingFile>
    </appenders>
    <!--定义 logger，只有定义了 logger 并引入上面配置的 Appender，当前的 Appender
才会生效-->
    <loggers>
        <!--建立一个默认用户的 logger，将其作为日志记录的根配置-->
        <root level="info">
            <appender-ref ref="RollingFile"/>
            <appender-ref ref="Console"/>
        </root>
```

```
        </loggers>
</configuration>
```

（3）配置保存成功后，每天会根据前面的配置生成一个日志文件，一个日志文件的最大容量为 50MB，超过 50MB 就再新建一个日志文件。新建一个 Web 入口类 HelloController，代码如下：

```
package com.example.springextenddemo.controller;

import com.example.springextenddemo.vo.UserVO;
import org.springframework.web.bind.annotation.*;

@RestController
public class HelloController {

    @GetMapping("/hi")
    public String hi(@RequestParam("name")String name){
        return "hi "+name;
    }

    @PostMapping("/hi-post")
    public String hiPost(@RequestBody UserVO userVO){
        return "hi-post "+userVO;
    }
}
```

Hellocontroller 中的参数接收实体类 UserVO 如下：

```
package com.example.springextenddemo.vo;
import java.util.StringJoiner;

public class UserVO {
    private String name;
    private String address;
    private int age;
    //省略 GET 和 SET 方法
}
```

（4）新建一个 AOP 类记录日志：

```
package com.example.springextenddemo.aop;

import org.aspectj.lang.JoinPoint;
import org.aspectj.lang.ProceedingJoinPoint;
import org.aspectj.lang.Signature;
import org.aspectj.lang.annotation.Around;
import org.aspectj.lang.annotation.Aspect;
import org.aspectj.lang.annotation.Pointcut;
import org.aspectj.lang.reflect.MethodSignature;
import org.slf4j.Logger;
import org.slf4j.LoggerFactory;
import org.springframework.core.annotation.Order;
import org.springframework.stereotype.Component;
import org.springframework.web.servlet.mvc.method.annotation.Extended
ServletRequestDataBinder;
```

```
import javax.servlet.http.HttpServletResponseWrapper;
import java.util.HashMap;
import java.util.Map;

/**
 * 第一个执行
 */
@Order(1)
/**
 * aspect 切面
 */
@Aspect
@Component
public class RequestParamLogAop {

    private static final Logger log = LoggerFactory.getLogger(Request
ParamLogAop.class);

    /**
     * Controller 层切点
     */
    @Pointcut("execution (* com.example.springextenddemo.controller
..*.*(..))")
    public void controllerAspect() {
    }

    /**
     * 环绕通知
     *
     * @param joinPoint
     * @throws Throwable
     */
    @Around(value = "controllerAspect()")
    public Object around(ProceedingJoinPoint joinPoint) throws Throwable {
        Signature signature = joinPoint.getSignature();
        methodBefore(joinPoint,signature);
        Object result = joinPoint.proceed();
        methodAfterReturn(result, signature);
        return result;
    }

    /**
     * 方法执行前执行
     *
     * @param joinPoint
     * @param signature
     */
    private void methodBefore(JoinPoint joinPoint, Signature signature) {
        //在两个数组中，参数值和参数名的个数和位置是一一对应的
        Object[] objs = joinPoint.getArgs();
        // 参数名
        String[] argNames = ((MethodSignature) signature).getParameter
Names();
        Map<String, Object> paramMap = new HashMap<String, Object>();
```

```
        for (int i = 0; i < objs.length; i++) {
            if (!(objs[i] instanceof ExtendedServletRequestDataBinder)
                    && !(objs[i] instanceof HttpServletResponseWrapper)) {
                paramMap.put(argNames[i], objs[i]);
            }
        }
        log.info("请求前-方法:{} 的请求参数:{}", signature, paramMap);
    }

    /**
     * 方法执行后的返回值
     */
    private void methodAfterReturn(Object result, Signature signature) {
        log.info("请求后-方法:{} 的返回参数是:{}", signature, result);
    }
}
```

（5）新建一个 Spring Boot 启动类：

```
package com.example.springextenddemo;

import org.springframework.boot.SpringApplication;
import org.springframework.boot.autoconfigure.SpringBootApplication;

@SpringBootApplication
public class SpringExtendDemoApplication {

    public static void main(String[] args) {
        SpringApplication.run(SpringExtendDemoApplication.class, args);
    }
}
```

（6）修改配置文件 application.properties，将日志配置文件添加到 Spring Boot 中：

```
logging.config=classpath:log4j2.xml
```

（7）启动项目，可以在控制台看到新的日志格式，如图 6.3 所示。

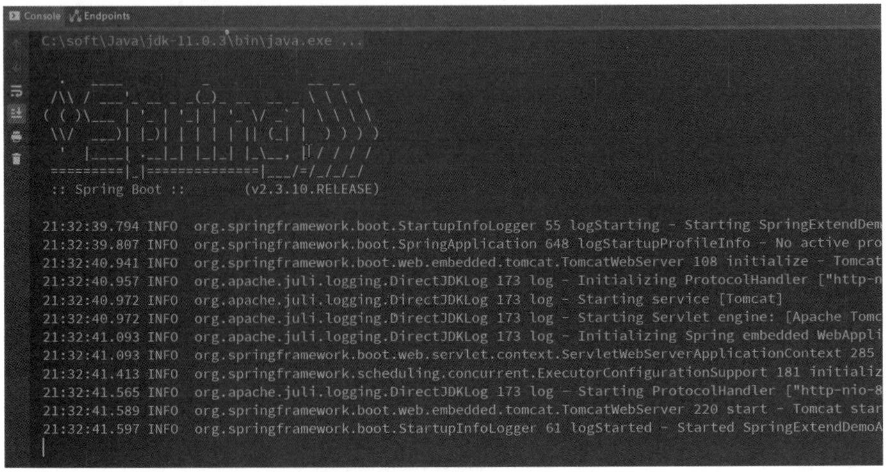

图 6.3　控制台打印的日志

在浏览器中访问 localhost:8080/hi?name= cc，结果如图 6.4 所示。

再访问 localhost:8080/hi-post，结果如图 6.5 所示。

图 6.4　访问 GET 请求的结果

查看日志的配置目录，打开 D:\log 可以看到日志文件，如图 6.6 所示，日志内容如图 6.7 所示，控制台的输出日志和保存日志文件内容一样，如图 6.8 所示。

图 6.5　访问 POST 请求的结果

图 6.6　日志文件

图 6.7　log 日志内容

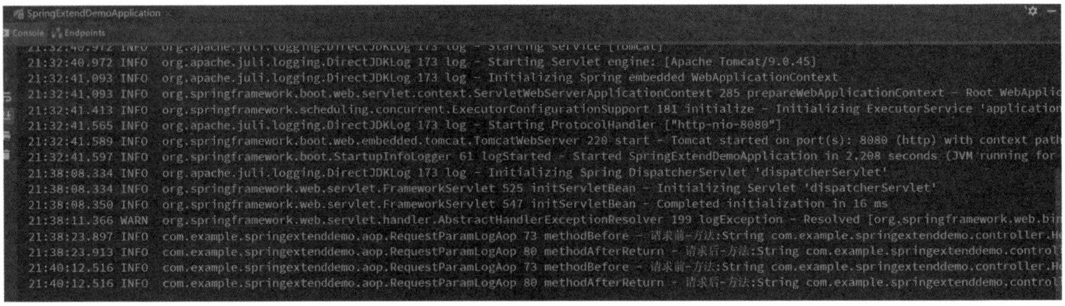

图 6.8　控制台打印的日志

通过 AOP 简单地完成了对所有 Controller 入口的请求参数的记录，这个功能一般在项目中必须要有，请求入参必须进行记录，以方便问题的回溯。

6.1.4　实战：日志管理之自定义 Appender

6.1.3 小节中定义的日志配置使用的是 Log4j2 自带的日志 Appender，在 Log4j2 中常用的 Appender 如表 6.2 所示，它们有不同的功能。

表 6.2　Log4j2 常用的Appender

名　称	描　述
AsyncAppender	使用一个单独的线程记录日志，实现异步处理日志事件
ConsoleAppender	将日志信息输出到控制台上
FailoverAppender	包含其他Appenders，按顺序尝试，直至成功或结束
FileAppender	使用OutputStreamAppender将日志输出到文件中
FlumeAppender	将日志输出到Apache Flume系统上
JDBCAppender	将日志通过JDBC输出到关系型数据库中
JMS Appender	将日志输出到JMS（Java Message Service）中
JPAAppender	将日志输出到JPA中，从而保存到数据库中
HttpAppender	通过HTTP输出日志
KafkaAppender	将日志输出到Apache Kafka中进行保存
MemoryMappedFileAppender	将日志输出到一块文件关联的内存中进行保存
OutputStreamAppender	将日志输出到一个OutputStream中进行展示
RandomAccessFileAppender	将日志输出到文件中进行保存
RewriteAppender	允许对日志信息进行加工
RollingFileAppender	按log文件最大长度限度生成新文件
RollingRandomAccessFA	添加了缓存的RollingFileAppender
RoutingAppender	将日志事件分类，按条件分配给子Appender

（续）

名　　称	描　　述
SMTPAppender	将日志输出到邮件中
SyslogAppender	将日志输出到远程系统中进行日志的处理

在项目开发中可以直接使用上面的 Appender，也可以自定义一个 Appender。下面完成一个自定义的 Appender，在打印的日志前面加上自定义的内容，完成自定义日志的开发。

（1）新建一个 Appeder 的实现类，此类需要继承自类 AbstractAppender，代码如下：

```
package com.example.springextenddemo.appender;

import org.apache.logging.log4j.core.Filter;
import org.apache.logging.log4j.core.Layout;
import org.apache.logging.log4j.core.LogEvent;
import org.apache.logging.log4j.core.appender.AbstractAppender;
import org.apache.logging.log4j.core.config.plugins.Plugin;
import org.apache.logging.log4j.core.config.plugins.PluginAttribute;
import org.apache.logging.log4j.core.config.plugins.PluginElement;
import org.apache.logging.log4j.core.config.plugins.PluginFactory;
import org.apache.logging.log4j.core.layout.PatternLayout;
import java.io.Serializable;

/**
 * 自定义实现 Appender
 * @Plugin 注解：在 log4j2.xml 配置文件中使用，指定的 Appender Tag
 */
@Plugin(name = "myAppender", category = "Core", elementType = "appender",
printObject = true)
public class MyLog4j2Appender extends AbstractAppender {

    String printString;

    /**
     *构造函数 可自定义参数 这里直接传入一个常量并输出
     *
     */
    protected MyLog4j2Appender(String name, Filter filter, Layout<? extends
Serializable> layout,
                            String printString) {
        super(name, filter, layout);
        this.printString = printString;
    }

    /**
     * 重写 append()方法：在该方法里需要实现具体的逻辑、日志输出格式的设置
     * 自定义实现输出
     * 获取输出值: event.getMessage().toString()
     * @param event
     */
    @Override
    public void append(LogEvent event) {
```

```
        if (event != null && event.getMessage() != null) {
            //格式化输出
            System.out.print("自定义 appender"+printString + ": " + getLayout().
toSerializable(event));
        }
    }

    /**
     * 接收 log4j2-spring.xml 中的配置项
     * @PluginAttribute 是 XML 节点的 attribute 值, 如<book name="sanguo">
</book>, 这里的 name 是 attribute
     * @PluginElement 表示 XML 子节点的元素, 例如:
     *     <book name="sanguo">
     *         <PatternLayout pattern="[%d{HH:mm:ss:SSS}] [%p] - %l - %m%n"/>
     *     </book>
     *   其中, PatternLayout 是{@link Layout}的实现类
     */
    @PluginFactory
    public static MyLog4j2Appender createAppender(
            @PluginAttribute("name") String name,
            @PluginElement("Filter") final Filter filter,
            @PluginElement("Layout") Layout<? extends Serializable> layout,
            @PluginAttribute("printString") String printString) {

        if (name == null) {
            LOGGER.error("no name defined in conf.");
            return null;
        }
        //默认使用 PatternLayout
        if (layout == null) {
            layout = PatternLayout.createDefaultLayout();
        }
        //使用自定义的 Appender
        return new MyLog4j2Appender(name, filter, layout, printString);
    }

    @Override
    public void start() {
        System.out.println("log4j2-start 方法被调用");
        super.start();
    }

    @Override
    public void stop() {
        System.out.println("log4j2-stop 方法被调用");
        super.stop();
    }
}
```

重写的 start()方法为初始时调用, 在数据库入库、连接缓存或者 MQ 时, 可以在这个方法里进行初始化操作。stop()方法是在项目停止时调用, 用来释放资源。

（2）将之前项目中的日志配置文件 log4j.xml 修改为 log4j.xm.bak，再新建一个自定义的 Appender 的 log4j2 的配置文件。注意，自定义的 Appender 的名称要和 Java 代码中的 Appender 的名字相同，其配置文件的内容如下：

```xml
<?xml version="1.0" encoding="UTF-8"?>
<configuration status="INFO" monitorInterval="30" packages="com.example.springextenddemo">
    <!--定义 Appenders-->
    <appenders>
        <myAppender name="myAppender" printString=":start log:">
            <!--输出日志的格式-->
            <PatternLayout pattern="[%d{HH:mm:ss:SSS}] [%p] - %l - %m%n"/>
        </myAppender>
    </appenders>
    <!--自定义 logger, 只有定义了 logger 并引入 appender, appender 才会生效-->
    <loggers>
        <!--spring 和 mybatis 的日志级别为 info-->
        <logger name="org.springframework" level="INFO"></logger>
        <logger name="org.mybatis" level="INFO"></logger>
        <!-- 如果在自定义包中设置为 INFO,则可以看见输出的日志不包含 debug 输出了 -->
        <logger name="com.example.springextenddemo" level="INFO"/>
        <root level="all">
            <appender-ref ref="myAppender"/>
        </root>
    </loggers>
</configuration>
```

（3）重新启动项目，在浏览器中访问 http://localhost:8080/hi?name=cc，可以看到控制台显示的自定义日志如图 6.9 所示。日志前已经加上了前缀自定义 appender:start log，达到了本次自定义 Appender 的目的。

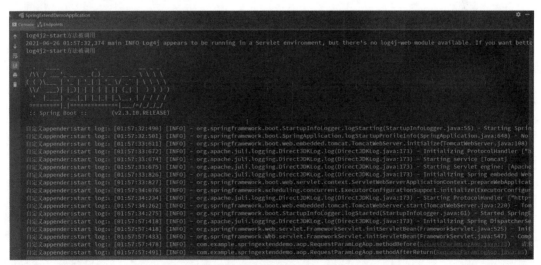

图 6.9　自定义 Appender 输出

6.2 定 时 任 务

项目开发中会涉及很多需要定时执行的代码，如每日凌晨对前一日的数据进行汇总，或者系统缓存的清理、对每日的数据进行分析和总结等需求，这些都是定时任务。单体系统和分布式系统的分布式任务有很大的区别，单体系统就一个任务执行类，非常简单，分布式系统则要保证定时任务执行的唯一性，不能让一个定时任务被执行多次。

6.2.1 实现定时任务的 5 种方式

Java 定时任务目前主要有以下 5 种实现方式。
- JDK 自带的实现方式，如 JDK 自带的 Timer 和 JDK 1.5+新增的 ScheduledExecutor-Service；
- elastic-job：功能完备的分布式定时任务框架；
- Spring 3.0 以后自带的 task：可以将它看成一个轻量级的任务调度；
- 使用 Quartz 实现定时任务；
- 分布式任务调度：可以使用国产组件 XXL-Job 实现。
下面分别讲解不同的定时任务的实现。

6.2.2 实战：基于 JDK 方式实现简单定时

使用 JDK 方式实现定时任务有两种方法：
（1）第一种是使用 Timer 类进行实现，Timer 是 JDK 自带的定时任务执行类，任何项目都可以直接使用 Timer 来实现定时任务，因此 Timer 的优点就是使用方便。但是 Timer 的缺点也很明显，这是个单线程的实现，如果任务执行时间太长或者发生异常，则会影响其他任务执行。在开发和测试环境中可以用 Timer 类进行测试，强烈建议在生产环境中谨慎使用，使用 Timer 实现的定时任务代码如下：

```
package com.example.springextenddemo.dingshi;

import java.time.LocalDateTime;
import java.time.format.DateTimeFormatter;
import java.util.Timer;
import java.util.TimerTask;

public class TimerDemo {

//定义时间格式
    private static DateTimeFormatter pattern = DateTimeFormatter.ofPattern
("yyyy-MM-dd HH:MM:ss");
```

```
public static void main(String[] args) {
    Timer timer = new Timer();
    /**
     * 从当前时刻开始，每 1s 执行一次，方法的入参单位为毫秒（ms，1000 毫秒即 1s）
     */
    timer.schedule(new MyTask(),0,1000);
}

/**
 * 自定义任务实现
 */
private static class MyTask extends TimerTask {

    @Override
    public void run() {
        LocalDateTime now = LocalDateTime.now();
        System.out.println("这是定时任务,时间是:"+pattern.format(now));
    }
}
}
```

执行当前的 main() 方法，可以看到控制台打印的定时任务日志如图 6.10 所示。

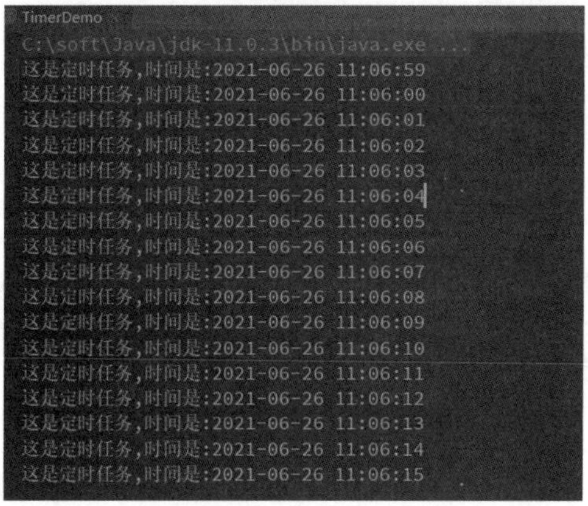

Timer 类设定定时任务有以下 3 种重载方法：

- schedule(TimerTask task, long delay)：延迟 delay 毫秒再执行任务；
- schedule(TimerTask task, Date time)：在特定的时间执行任务；
- schedule(TimerTask task, long delay, long period)：延迟 delay 毫秒执行并每隔 period 毫秒执行一次。

图 6.10　Timer 定时任务

（2）使用 JDK 实现定时任务的第二种方式就是使用 ScheduledExecutorService 类。该类是 Java 1.5 后新增的定时任务接口，主要有以下几种方法：

```
public interface ScheduledExecutorService extends ExecutorService {

    public ScheduledFuture<?> schedule(Runnable command,
                                       long delay, TimeUnit unit);

    public <V> ScheduledFuture<V> schedule(Callable<V> callable,
                                           long delay, TimeUnit unit);

    public ScheduledFuture<?> scheduleAtFixedRate(Runnable command,
                                                  long initialDelay,
                                                  long period,
```

```
                                            TimeUnit unit);

    public ScheduledFuture<?> scheduleWithFixedDelay(Runnable command,
                                            long initialDelay,
                                            long delay,
                                            TimeUnit unit);
}
```

ScheduledExecutorService 类的基本原理和 Timer 相似，下面使用 ScheduledExecutor-Service 实现和 Timer 一样的定时任务功能：

```
package com.example.springextenddemo.dingshi;

import java.time.LocalDateTime;
import java.time.format.DateTimeFormatter;
import java.util.concurrent.Executors;
import java.util.concurrent.ScheduledExecutorService;
import java.util.concurrent.TimeUnit;

public class ScheduledExecutorServiceDemo {

//时间格式
    private static DateTimeFormatter pattern = DateTimeFormatter.ofPattern
("yyyy-MM-dd HH:MM:ss");

    public static void main(String[] args) {
        ScheduledExecutorService service = Executors.newScheduledThreadPool(1);
        service.scheduleAtFixedRate(() -> {
            LocalDateTime now = LocalDateTime.now();
            System.out.println("schedule 这是定时任务,时间是:" + pattern.
format(now));
        }, 0, 1000, TimeUnit.MILLISECONDS);
    }
}
```

执行 main()方法，控制台打印的日志如图 6.11 所示，与上面的 Timer 实现了相同的效果。在开发过程中，如果只是简单的定时任务，建议直接采用 ScheduleExecutorsService 类来处理，这是线程池技术，能够实现线程的复用。

图 6.11　Schedule 的定时任务

6.2.3　实战：基于 Spring Task 实现定时任务

Spring Task 的核心实现类位于 spring-context 包中，在 Spring 项目中可以直接使用该定时任务类。下面演示 Spring Task 定时任务的实现过程。添加一个新的类 SpringTaskDemo，代码如下：

```java
package com.example.springextenddemo.dingshi;

import org.springframework.scheduling.annotation.EnableScheduling;
import org.springframework.scheduling.annotation.Scheduled;
import org.springframework.stereotype.Component;

import java.time.LocalDateTime;
import java.time.format.DateTimeFormatter;

@EnableScheduling  //开启定时任务
@Component
public class SpringTaskDemo {

    private static DateTimeFormatter pattern = DateTimeFormatter.ofPattern
("yyyy-MM-dd HH:MM:ss");

    /**
     * 每秒钟执行一次
     */
    @Scheduled(cron = "0/1 * * * * ?")
    public void cron() {
        LocalDateTime now = LocalDateTime.now();
        System.out.println("spring task 这是定时任务,时间是:" + pattern.
format(now));
    }
}
```

再次启动 SpringBoot 项目，然后就可以自动启动 Spring Task 了，定时任务执行结果如图 6.12 所示。@EnableScheduling 注解表示开启 SpringTask 任务，如果不开启，就没有办法执行定时任务。@Scheduled(cron = "0/1 * * * * ?")注解表示每分钟执行一次，注解中的"0/1 * * * * ?"是 cron 表达式，cron 表达式包括 Seconds、Minutes、Hours、Day-of-Month、Month、Day-of-Week 和 Year（可选字段），它们之间以空隔分隔。读者可根据要实现的业务完成 cron 表达式的拼接。cron 中一些特殊字符的含义如表 6.3 所示。

表 6.3　cron表达式

字　　符	含　　义
?	不确定的值
,	指定数个值
-	指定一个值的范围
/	指定一个值的增加幅度。n/m表示从n开始，每次增加m

（续）

字　符	含　义
L	表示一个月的最后一天
W	指定距离给定日期最近的工作日（周一到周五）
#	该月第几个周X。6#3表示该月第3个周五

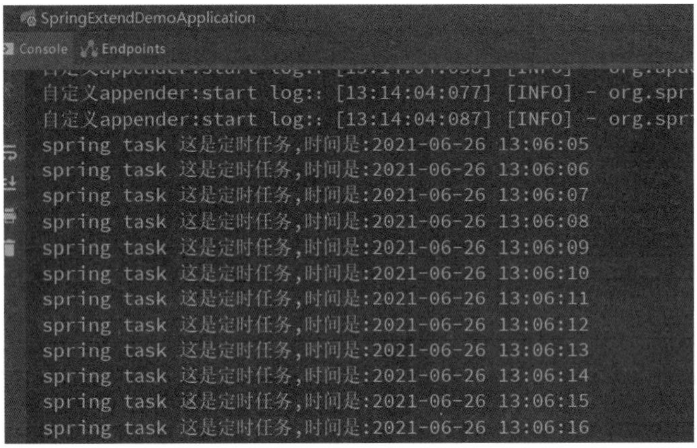

图 6.12　SpringTask 的打印

@Scheduled 注解支持非常多的参数，以帮助开发者快速完成定时任务的开发，这些参数如下：

- cron：cron 表达式，指定任务在特定的时间执行；
- fixedDelay：上一次任务执行完成后隔多长时间再次执行，参数类型为 long，单位为 ms；
- fixedDelayString：与 fixedDelay 的含义一样，只是参数类型变为 String；
- fixedRate：按一定的频率执行任务，参数类型为 long，单位为 ms；
- fixedRateString：与 fixedRate 的含义一样，只是参数类型变为 String；
- initialDelay：第一次任务延迟多久再执行，参数类型为 long，单位为 ms；
- initialDelayString：与 initialDelay 的含义一样，只是参数类型变为 String；
- zone：时区，默认为当前时区，一般不用。

基于 Spring Task 强大的功能和便捷性，在开发 Spring 项目时，笔者推荐使用 Spring Task 完成定时任务的需求。

6.2.4　实战：基于 Quartz 实现定时调度

Quartz 是一个由 Java 编写的开源任务调度框架，其通过触发器设置作业定时运行规则，控制作业的运行时间。Quartz 还可以搭建成集群服务，其中，Quartz 集群通过故障切换和负载平衡的功能，能给调度器带来高可用性和伸缩性。我们一般用 Quartz 来执行定时任务，如定时发送信息、定时生成报表等。在分布式系统中，也可以使用 Quartz 完成任务调度的需求。

Quartz 框架的核心组件包括调度器、触发器和作业。调度器是作业的总指挥，触发器是作业的操作者，作业为应用的功能模块。

Quartz 框架中的 Job 为任务接口，该接口只有一个方法 void execute(JobExecution-Context context)，自定义定时任务的类需要实现 Job 接口并重写 execute()方法，在该方法中完成定时业务逻辑。JobExecutionContext 类提供了调度上下文的各种信息。每次执行 Job 时均需要重新创建一个 Job 实例。

下面再介绍几个 Quartz 常用的几个类：JobDetail 类用来描述 Job 的实现类及其他相关的静态信息；Trigger 类是定时任务的定时管理工具，一个 Trigger 只能对应一个定时任务，而一个定时任务却可对应多个触发器；Scheduler 类是定时任务的管理容器，是 Quartz 最上层的接口，它管理所有触发器和定时任务，使它们协调工作，每个 Scheduler 都保存有 JobDetail 和 Trigger 的注册信息，一个 Scheduler 类中可以注册多个 JobDetail 和多个 Trigger。

基于以上介绍，使用 Quartz 重新实现 6.2.2 小节的定时任务。

（1）在 pom.xml 中添加 Quartz 的依赖，其坐标如下：

```
<dependency>
    <groupId>org.springframework.boot</groupId>
    <artifactId>spring-boot-starter-quartz</artifactId>
</dependency>
```

（2）修改 log4j2.xml 的日志记录器，添加 Quartz 包的日志级别为 INFO，不要打印 DEBUG 级别的日志。

```
<loggers>
    <!--Spring 和 MyBatis 的日志级别为 INFO-->
    <logger name="org.springframework" level="INFO"></logger>
    <logger name="org.mybatis" level="INFO"></logger>
    <logger name="org.quartz" level="INFO"></logger>
    <!-- 自定义包设置为 INFO，则可以看见输出的日志不包含 DEBUG 输出了 -->
    <logger name="com.example.springextenddemo" level="INFO"/>
    <root level="all">
        <appender-ref ref="myAppender"/>
    </root>
</loggers>
```

（3）自定义任务执行类，添加 Quartz 的任务类：

```
package com.example.springextenddemo.dingshi;

import org.quartz.JobExecutionContext;
import org.quartz.JobExecutionException;
import org.springframework.scheduling.quartz.QuartzJobBean;


import java.time.LocalDateTime;
```

```
import java.time.format.DateTimeFormatter;

public class MyQuartzTask extends QuartzJobBean{

    private static DateTimeFormatter pattern = DateTimeFormatter.ofPattern
("yyyy-MM-dd HH:MM:ss");

    @Override
    public void executeInternal(JobExecutionContext context) throws
JobExecutionException {
        LocalDateTime now = LocalDateTime.now();
        System.out.println("quartz 这是定时任务,时间是:" + pattern.format(now));
    }
}
```

（4）添加 Quzrtz 的配置类，配置定时任务的执行时间和频率。

```
package com.example.springextenddemo.dingshi;

import org.quartz.*;
import org.springframework.context.annotation.Bean;
import org.springframework.context.annotation.Configuration;

@Configuration
public class QuartzConfig {

    @Bean
    public JobDetail testQuartz1() {
        return JobBuilder.newJob(MyQuartzTask.class).withIdentity
("myQuartzTask")
                .storeDurably().build();
    }

    @Bean
    public Trigger testQuartzTrigger1() {
        //1s 执行一次
        SimpleScheduleBuilder scheduleBuilder = SimpleScheduleBuilder.
simpleSchedule()
                .withIntervalInSeconds(1)
                .repeatForever();
        return TriggerBuilder.newTrigger().forJob(testQuartz1())
                .withIdentity("myQuartzTask")
                .withSchedule(scheduleBuilder)
                .build();
    }
}
```

（5）启动当前项目会自动加载定时任务，通过控制台就能看到 Quartz 定时任务的执行情况，控制台打印的日志如图 6.13 所示。

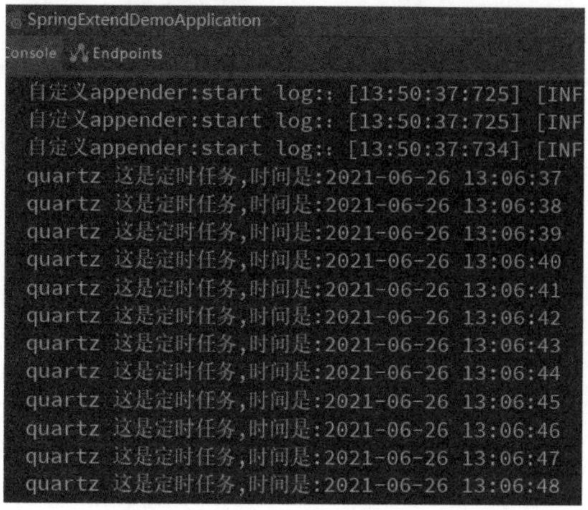

图 6.13　Quartz 执行日志

至此，在项目中使用定时任务的例子便介绍完了，在开发中可以直接使用 Timer 或者 ScheduledExecutorService 进行定时任务的测试，在实际的生产环境中，应根据项目情况选择使用 Spring Task 或者 Quartz 来实现需求。

6.3　发 送 邮 件

在日常工作和生活中经常会用到电子邮件。例如，当注册一个新账户时，系统会自动给注册邮箱发送一封激活邮件，通过邮件找回密码，自动批量发送活动信息等。邮箱的使用基本包括这几步：先打开浏览器并登录邮箱，然后创建邮件再发送邮件。在这个过程中有大量的重复性工作且不能批量发送邮件，说明手动的方式效率太低。本节就介绍如何通过代码完成发送邮件的功能。

6.3.1　SMTP 与发送一封邮件的步骤

电子邮件在网络中传输时需要遵从协议，常用的电子邮件协议包括 SMTP、POP3、IMAP。其中，邮件的创建和发送只需要使用 SMTP（Simple Mail Transfer Protocol，简单邮件传输协议）。

如果需要给客户发送邮件，可以直接使用 Java 代码发送。发送邮件的过程是先登录指定的邮箱，然后再给用户发送邮件，因此需要配置邮箱的权限或者 SMTP。本小节以 QQ 邮箱作为收件人，介绍怎么配置 163 邮箱发送邮件。首先登录 163 邮箱，选择"设置"

标签，就会看到设置页面如图 6.14 所示。

图 6.14　163 邮件发送设置

必须开启 IMAP/SMTP 服务和 POP3/SMTP 服务，开启后可以看到服务器的地址，然后就可以使用 Java 配置 163 邮箱发送邮件了，这个很重要。

在网页上创建并发送一封电子邮件的步骤如下：

（1）创建一个邮件对象（MimeMessage）。

（2）设置发件人、收件人，可以增加多个收件人、抄送人。

（3）设置邮件的主题（标题）。

（4）设置邮件的正文（内容）。

（5）设置邮件的发送时间。

（6）发送邮件。

同理，在 Java 中发送邮件的步骤和上面相似，完成上述步骤就能成功发送邮件，具体的代码实现后面会详细介绍。

6.3.2　实战：使用 Java Mail 发送邮件

前面简述了邮件的发送过程，下面使用 Java 的 API 完成邮件的发送。

（1）在 pom.xml 中添加 E-mail 的依赖坐标：

```
<dependency>
    <groupId>com.sun.mail</groupId>
```

```
      <artifactId>javax.mail</artifactId>
      <version>1.6.2</version>
</dependency>
```

（2）编写发送邮件的代码：

```java
package com.example.springextenddemo.email;

import javax.mail.Session;
import javax.mail.Transport;
import javax.mail.internet.InternetAddress;
import javax.mail.internet.MimeMessage;
import java.util.Date;
import java.util.Properties;

/**
 * Java 发送邮件
 */
public class JavaSendMailDemo {

    /**
     * 邮箱账户
     */
    public static String emailAddress = "changhe626@163.com";
    /**
     * 授权码
     */
    public static String emailPassword = "OTLXYXXOELTJRMSO";


    // 发件人邮箱的 SMTP 服务器地址
    public static String smtpHost = "smtp.163.com";

    public static void main(String[] args) throws Exception {
        // 1. 创建参数配置, 用于连接邮件服务器的参数配置
        Properties props = new Properties();
        // 使用的协议（JavaMail 规范要求）
        props.setProperty("mail.transport.protocol", "smtp");
        // 发件人邮箱的 SMTP 服务器地址
        props.setProperty("mail.smtp.host", smtpHost);
        // 是否需要请求认证
        props.setProperty("mail.smtp.auth", "true");
        // 2. 根据配置创建会话对象, 用于和邮件服务器进行交互
        Session session = Session.getInstance(props);
        // 设置为 debug 模式, 观察详细的发送日志
        session.setDebug(true);
        // 3. 创建一封邮件
        MimeMessage message = createMimeMessage(session, emailAddress,
"1507775353@qq.com");
```

```
    // 4. 根据 Session 获取邮件传输对象
    Transport transport = session.getTransport();
    //5. 输入邮箱账号和密码连接邮件服务器，这里认证的邮箱必须与 message 中的发件
        人邮箱一致，否则会报错
    transport.connect(emailAddress, emailPassword);
    // 6.给所有的收件地址发送邮件，message.getAllRecipients() 获取的是在创建
        邮件对象时添加的所有收件人、抄送人、密送人
    transport.sendMessage(message, message.getAllRecipients());
    // 7. 关闭连接
    transport.close();
    System.out.println("完成邮件的发送");
}


/**
 * 创建一封只包含文本的简单邮件
 * @param session              和服务器交互的会话
 * @param sendMailAddress      发件人邮箱
 * @param receiveMailAddress 收件人邮箱
 * @return
 * @throws Exception
 */
public static MimeMessage createMimeMessage(Session session, String
sendMailAddress,
                    String receiveMailAddress) throws Exception {
    // 1. 创建一封邮件
    MimeMessage message = new MimeMessage(session);
    // 2. From: 发件人
    message.setFrom(new InternetAddress(sendMailAddress, "紫龙神",
"UTF-8"));
    // 3. To: 收件人（可以增加多个收件人、抄送和密送）
    message.setRecipient(MimeMessage.RecipientType.TO, new Internet
Address(receiveMailAddress, "你好", "UTF-8"));
    // 4. Subject: 邮件主题
    message.setSubject("你好,请问你吃饭了没有啊", "UTF-8");
    // 5. Content: 邮件正文（可以使用 HTML 标签）
    message.setContent("你好,许久不见,想问问你吃饭了没有啊", "text/html;
charset=UTF-8");
    // 6. 设置发件时间
    message.setSentDate(new Date());
    // 7. 保存设置
    message.saveChanges();
    return message;
    }
}
```

上述代码演示了邮件从创建到发送的过程。运行代码，控制台上打印的发送邮件的日志如图 6.15 所示，发件箱的发送记录如图 6.16 所示，收件箱的收件记录如图 6.17 所示。

可以看到，已经成功发送邮件。

图 6.15　发送邮件的日志

图 6.16　发件箱发送邮件的记录

🔔说明：在实际开发中，一般会把邮件发送封装成一个工具类，然后再配置一个只发送邮件的邮箱，最后直接调用工具类完成邮件的发送。

图 6.17　收件箱的收件记录

6.3.3　实战：Spring Boot 集成邮件发送

Spring Boot 为邮件发送功能提供了自动配置类，开发者只需要加入相关依赖，然后再配置邮箱的基本信息就可以发送邮件了，相较于邮件发送工具，类更加简便。

下面介绍在 Spring Boot 项目中如何实现邮件发送的功能。

（1）在 application.properties 中添加 E-mail 配置文件，内容如下：

```
#email config
spring.mail.host=smtp.163.com
spring.mail.port=25
spring.mail.username=changhe626@163.com
spring.mail.password=OTLXYXXOELTJRMSO
spring.mail.default-encoding=UTF-8
spring.mail.properties.mail.debug=true
```

（2）编写邮件发送的服务类和具体方法：

```
package com.example.springextenddemo.email;

import org.springframework.beans.factory.annotation.Autowired;
import org.springframework.beans.factory.annotation.Value;
import org.springframework.mail.SimpleMailMessage;
import org.springframework.mail.javamail.JavaMailSender;
import org.springframework.stereotype.Service;
import java.util.Date;

@Service
public class SpringEmailService {

    @Autowired
    private JavaMailSender javaMailSender;

    /**
     * 输入发件人的邮箱地址
     */
    @Value("${spring.mail.username}")
    private String from;
```

```
public void sendSimpleMail() {
    SimpleMailMessage message = new SimpleMailMessage();
    message.setSubject("Spring 邮件发送");
    message.setFrom(from);
    message.setTo("1507775353@qq.com");
    message.setSentDate(new Date());
    message.setText("这是使用 Spring 发送邮件");
    javaMailSender.send(message);
    }
}
```

（3）新建一个邮件发送的 Controller 作为 Web 入口，其中包括发送邮件的方法：

```
package com.example.springextenddemo.controller;

import com.example.springextenddemo.email.SpringEmailService;
import org.springframework.beans.factory.annotation.Autowired;
import org.springframework.web.bind.annotation.GetMapping;
import org.springframework.web.bind.annotation.RestController;

@RestController
public class EmailController {

    @Autowired
    private SpringEmailService springEmailService;

    @GetMapping("/sendEamil")
    public String sendEmail(){
        springEmailService.sendSimpleMail();
        return "send success";
    }
}
```

（4）启动当前项目，访问 localhost:8080/sendE mail，在控制台能看到邮件发送成功的提示。查看控制台打印的日志，如图 6.18 所示，收件箱收到的邮件如图 6.19 所示。

图 6.18　Spring 发送邮件的日志

图 6.19　收件箱收到的邮件

在 Spring Boot 中添加完 E-mail 的依赖和 E-mail 的配置文件后，Spring Boot 会自动把 E-mail 的配置注入邮件的发送配置类中，不需要再手动配置。使用的配置类是 MailSender-AutoConfiguration，其中的部分源码如下：

```java
package org.springframework.boot.autoconfigure.mail;

@Configuration(
    proxyBeanMethods = false
)
@ConditionalOnClass({MimeMessage.class, MimeType.class, MailSender.class})
@ConditionalOnMissingBean({MailSender.class})
@Conditional({MailSenderAutoConfiguration.MailSenderCondition.class})
@EnableConfigurationProperties({MailProperties.class})
@Import({MailSenderJndiConfiguration.class, MailSenderProperties
Configuration.class})
public class MailSenderAutoConfiguration {
    static class MailSenderCondition extends AnyNestedCondition {
        MailSenderCondition() {
            super(ConfigurationPhase.PARSE_CONFIGURATION);
        }

        @ConditionalOnProperty(
            prefix = "spring.mail",
            name = {"jndi-name"}
        )
        static class JndiNameProperty {
            JndiNameProperty() {
            }
        }

        @ConditionalOnProperty(
            prefix = "spring.mail",
            name = {"host"}
```

```
    )
    static class HostProperty {
        HostProperty() {
        }
    }
}
```

在 MailSenderAutoConfiguration 类中可以看到还导入了另外一个配置类，即 Mail-SenderPropertiesConfiguration 类，其部分源码如下：

```
@Configuration(
    proxyBeanMethods = false
)
@ConditionalOnProperty(
    prefix = "spring.mail",
    name = {"host"}
)
class MailSenderPropertiesConfiguration
```

MailSenderPropertiesConfiguration 类获取 application.properties 中 E-mail 的配置文件，把 application.properties 中 E-mail 的相关配置组装成 E-mail 的配置对象，然后注入 Spring 容器中，这样用户就可以方便地发送 E-mail，不需要再手动配置 E-mail 信息了。

6.3.4　扩展知识——邮件格式

电子邮件因为其传播的广泛性，所以必须具备公共认同的格式，以便于客户端邮箱软件识别、拆解相应的信息。

电子邮件本身是由 ASCII 字符构成，总体上分为邮件头和邮件体两部分，允许字符编码、附件和压缩等多样化的格式。邮件体实际上是由一行行的字符构成的简单序列，它和邮件头是靠一个空行（该行只有一个回车换行符 CRLF）来区分的。

6.4　应用 Web Service

Web Service 是一个 SOA（面向服务的编程）架构，这种架构不依赖于语言，不依赖于平台，可以在不同的语言之间相互调用，通过 Internet 实现基于 HTTP 的网络应用间的交互调用。Web Service 是一个可以远程调用的类，即它可以让项目使用其他资源，如在网页上显示天气、地图、微博上的最新动态等，这些都是调用的其他资源。

6.4.1　Web Service 简介

在 Web Service 体系架构中有 3 个角色：

- 服务提供者（Service Provider），也称为服务生产者；
- 服务请求者（Service Requester），也称为服务消费者；
- 服务注册中心（Service Register），服务提供者在这里发布服务，服务请求者在这里查找服务，获取服务的绑定信息。

上述 3 个角色的请求过程如图 6.20 所示。

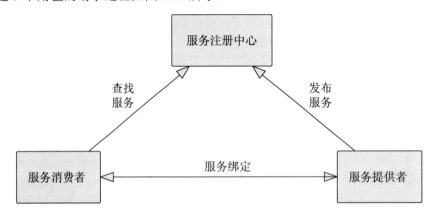

图 6.20　服务注册中心

Web Service 的 3 个角色间主要有 3 个操作：

- 发布（Publish）：服务提供者把服务按照规范格式发布到服务注册中心。
- 查找（Find）：服务请求者根据服务注册中心提供的规范接口发出查找请求，获取绑定服务所需的相关信息。
- 绑定（Bind）：服务请求者根据服务绑定信息配置自己的系统，从而可以调用服务提供者提供的服务。

说明：Web Service 是通过 SOAP 方式在 Web 上提供软件服务，使用 WSDL 文件说明提供的软件服务的具体信息，并通过 UDDI 进行注册。

Web Service 的主要适用场景是软件的集成和复用，如气象局（服务端系统）、天气查询网站等，具体如下：

- 当发布一个服务（对内/对外），不考虑客户端类型和性能时，建议使用 Web Service。
- 如果服务端已经确定使用 Web Service，则客户端不能再选择其他框架，必须使用 Web Service。

在 Java 项目开发中，Web Service 框架主要包括 Axis2 和 CXF，如果需要多语言的支持，建议选择 Axis2。如果想和 Spring 集成或者其他程序集成，建议使用 CXF，它们之间的区别如表 6.4 所示。

表 6.4　Axis2 和 CXF 区别

框架	Axis2	CXF
与 Spring 集成	不支持	支持
应用集成	很难	支持
跨语言	是	否
部署方式	Web 应用	嵌入式
服务的管控和治理	支持	不支持

6.4.2　Spring Web Service 简介

Spring Web Service（Spring-WS）是 Spring 团队开发的一个 Java 框架，其专注于创建文档驱动的 Web 服务。Spring Web Service 的目的是促进契约优先的 SOAP 服务开发，通过配置 XML 文件的方式，创建灵活的 Web 服务，简化 Web Service 的开发。

Spring Web Service 有以下几个功能：

- XML 映射到对象：可以使用 Message Payload 和 SOAP Action Header 中存储的信息或使用 XPath Expression 将基于 XML 的请求映射给任何对象。
- 用于解析 XML 的多 API 支持：除了用于解析传入 XML 请求的标准 JAXP API（DOM、SAX、StAX）之外，还支持其他库，如 JDOM、dom4j、XOM。
- 用于划分多分组 XML 的多 API 支持：Spring Web Service 使用其 Object/XML Mapping 模块支持 JAXB 1 和 2、Castor、XMLBeans、JiBX 和 XStream 库。Object/XML Mapping 模块也可以用在非 Web 服务代码中。
- 基于 Spring 的配置：在 Spring Web Service 应用中可以方便、快速地使用 Spring 配置进行项目的自定义配置。
- 使用 WS-Security 模块：可以签名、加密、解密 SOAP 消息或对其进行身份验证。
- 支持 Acegi 安全性：使用 Spring Web Service 的 WS-Security 实现，Acegi 配置可用于 SOAP 服务。

Spring Web Service 是由 5 个模块组成的，各模块的功能如下：

- Spring-WS Core：是主要模块，提供 WebServiceMessage 和 SoapMessage 等中央接口、服务器端框架、强大的消息调度功能及实现 Web 服务端点的支持类。它还提供 Web Service 使用者客户端作为 WebServiceTemplate。
- Spring-WS 支持：为 JMS 和电子邮件等提供支持。
- Spring-WS Security：负责提供与核心 Web 服务模块集成的 WS-Security 实现。此模块允许使用现有的 Spring Security Implementation 进行身份验证和授权。
- Spring XML：为 Spring Web Service 提供 XML 支持类。该模块由 Spring-WS 框架内部使用。

- Spring OXM：提供 XML 与对象映射的支持类。

这 5 个组件的关系如图 6.21 所示。

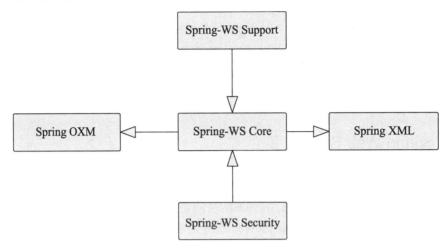

图 6.21　Spring Web Service 的组件关系示意图

6.4.3　实战：Spring Web Service 服务端发布项目

下面新建一个项目，并通过 Spring Web Service 服务端（功能提供者）发布。

（1）新建一个 Web Service 的提供者（provider），在 pom.xml 中添加 Spring Web Service 依赖如下：

```xml
<parent>
    <groupId>org.springframework.boot</groupId>
    <artifactId>spring-boot-starter-parent</artifactId>
    <version>2.2.10.RELEASE</version>
    <relativePath/> <!-- lookup parent from repository -->
</parent>
<groupId>com.example</groupId>
<artifactId>web-services-provider</artifactId>
<version>0.0.1-SNAPSHOT</version>
<name>web-services-provider</name>
<description>Demo project for Spring Boot</description>
<properties>
    <java.version>1.8</java.version>
</properties>

<dependencies>
    <dependency>
        <groupId>org.springframework.boot</groupId>
        <artifactId>spring-boot-starter-web-services</artifactId>
    </dependency>
```

```
    <dependency>
        <groupId>org.apache.cxf</groupId>
        <artifactId>cxf-rt-frontend-jaxws</artifactId>
        <version>3.3.5</version>
    </dependency>
    <dependency>
        <groupId>org.apache.cxf</groupId>
        <artifactId>cxf-rt-transports-http</artifactId>
        <version>3.3.5</version>
    </dependency>
    <dependency>
        <groupId>org.springframework.boot</groupId>
        <artifactId>spring-boot-starter-test</artifactId>
        <scope>test</scope>
        <exclusions>
            <exclusion>
                <groupId>org.junit.vintage</groupId>
                <artifactId>junit-vintage-engine</artifactId>
            </exclusion>
        </exclusions>
    </dependency>
</dependencies>

<build>
    <plugins>
        <plugin>
            <groupId>org.springframework.boot</groupId>
            <artifactId>spring-boot-maven-plugin</artifactId>
        </plugin>
    </plugins>
</build>
```

（2）新建 Web Service 的配置类，在其中配置请求地址信息如下：

```
package com.example.webservicesprovider.config;


import com.example.webservicesprovider.service.DemoService;
import com.example.webservicesprovider.service.impl.DemoServiceImpl;
import org.apache.cxf.Bus;
import org.apache.cxf.bus.spring.SpringBus;
import org.apache.cxf.jaxws.EndpointImpl;
import org.apache.cxf.transport.servlet.CXFServlet;
import org.springframework.boot.web.servlet.ServletRegistrationBean;
import org.springframework.context.annotation.Bean;
import org.springframework.context.annotation.Configuration;

import javax.xml.ws.Endpoint;

@Configuration
public class CxfConfig {

    @Bean
    public ServletRegistrationBean<CXFServlet> cxfServlet() {
        /**
         * ServletRegistrationBean 是 Servlet 注册类,
```

```
     * 参数 1 为 Servlet 对象,参数 2 为请求到 Servlet 的地址
     */
    return new ServletRegistrationBean<>(new CXFServlet(), "/demo/*");
}

@Bean(name = Bus.DEFAULT_BUS_ID)
public SpringBus springBus() {
    return new SpringBus();
}

/**
 * 类的注册
 * @return
 */
@Bean
public DemoService demoService() {
    return new DemoServiceImpl();
}

/**
 * 发布多个服务时,创建多个接触点,并使用@Qualifier 指定不同的名称
 * @return
 */
@Bean
public Endpoint endpoint() {
    EndpointImpl endpoint = new EndpointImpl(springBus(), demoService());
    endpoint.publish("/api");
    return endpoint;
}
}
```

（3）新建 Web Service 提供服务的接口:

```
package com.example.webservicesprovider.service;

import javax.jws.WebService;

/**
 * name: Web Service 的名称;
 * targetNamespace: 指定名称空间,一般使用接口实现类的包名的反缀
 */
@WebService(name = "DemoService", targetNamespace = "http://impl.service.
server.example.com")
public interface DemoService {

    String sayHello(String user);
}
```

（4）新建接口的实现类,对外提供的功能的实现代码如下:

```
package com.example.webservicesprovider.service.impl;

import com.example.webservicesprovider.service.DemoService;
import javax.jws.WebService;
import java.time.LocalDateTime;
```

```
/**
 * serviceName: 对外发布的服务名;
 * targetNamespace: 指定名称空间,一般使用接口实现类的包名的反缀;
 * endpointInterface: 服务接口的全类名;
 */
@WebService(serviceName = "DemoService"
        , targetNamespace = "http://impl.service.server.example.com"
        , endpointInterface = "com.example.webservicesprovider.service.
DemoService")
public class DemoServiceImpl implements DemoService {
    @Override
    public String sayHello(String user) {
        return user + ",接收到了请求, 现在的时间是: " + LocalDateTime.now();
    }
}
```

（5）新建 Spring Boot 的启动类：

```
package com.example.webservicesprovider;

import org.springframework.boot.SpringApplication;
import org.springframework.boot.autoconfigure.SpringBootApplication;

@SpringBootApplication
public class WebServicesProviderApplication {

    public static void main(String[] args) {
        SpringApplication.run(WebServicesProviderApplication.class, args);
    }
}
```

（6）在 application.properties 中设置项目端口为 8080：

```
server.port=8080
```

6.4.4　实战：Spring Web Service 客户端调用项目

完成了服务提供者的创建后，新建一个 Spring Web Service 的消费者（client），在 pomx.xml 中添加 Spring Web Service 依赖如下：

```
<parent>
    <groupId>org.springframework.boot</groupId>
    <artifactId>spring-boot-starter-parent</artifactId>
    <version>2.3.10.RELEASE</version>
    <relativePath/> <!-- lookup parent from repository -->
</parent>
<groupId>com.example</groupId>
<artifactId>web-services-client</artifactId>
<version>0.0.1-SNAPSHOT</version>
<name>web-services-client</name>
<description>Demo project for Spring Boot</description>
<properties>
    <java.version>1.8</java.version>
</properties>
```

```xml
<dependencies>
    <dependency>
        <groupId>org.springframework.boot</groupId>
        <artifactId>spring-boot-starter-web</artifactId>
    </dependency>
    <dependency>
        <groupId>org.springframework.boot</groupId>
        <artifactId>spring-boot-starter-web-services</artifactId>
    </dependency>
    <dependency>
        <groupId>org.apache.cxf</groupId>
        <artifactId>cxf-rt-frontend-jaxws</artifactId>
        <version>3.3.5</version>
    </dependency>
    <dependency>
        <groupId>org.apache.cxf</groupId>
        <artifactId>cxf-rt-transports-http</artifactId>
        <version>3.3.5</version>
    </dependency>
    <dependency>
        <groupId>org.springframework.boot</groupId>
        <artifactId>spring-boot-starter-test</artifactId>
        <scope>test</scope>
        <exclusions>
            <exclusion>
                <groupId>org.junit.vintage</groupId>
                <artifactId>junit-vintage-engine</artifactId>
            </exclusion>
        </exclusions>
    </dependency>
</dependencies>

<build>
    <plugins>
        <plugin>
            <groupId>org.springframework.boot</groupId>
            <artifactId>spring-boot-maven-plugin</artifactId>
        </plugin>
    </plugins>
</build>
```

（1）在客户端中新建一个测试服务调用的 TestController 入口，请求 Web Service 的提供者对返回的信息进行解析并打印结果。

```java
package com.example.webservicesclient;

import org.apache.cxf.endpoint.Client;
import org.apache.cxf.jaxws.endpoint.dynamic.JaxWsDynamicClientFactory;
import org.apache.cxf.transport.http.HTTPConduit;
import org.apache.cxf.transports.http.configuration.HTTPClientPolicy;
import org.springframework.web.bind.annotation.GetMapping;
import org.springframework.web.bind.annotation.RestController;
import org.w3c.dom.Document;
import org.w3c.dom.Node;
```

```java
import org.w3c.dom.NodeList;
import javax.xml.parsers.DocumentBuilder;
import javax.xml.parsers.DocumentBuilderFactory;
import java.io.InputStream;
import java.io.OutputStream;
import java.io.OutputStreamWriter;
import java.net.URL;
import java.net.URLConnection;
import java.nio.charset.StandardCharsets;

@RestController
public class TestController {

    @GetMapping("/test")
    public void test() throws Exception {
        //创建动态客户端
        JaxWsDynamicClientFactory factory = JaxWsDynamicClientFactory.
newInstance();
        //访问自己的服务端
        Client client = factory.createClient("http://localhost:8080/demo/
api?wsdl");
        // 需要密码时要加上用户名和密码
        // client.getOutInterceptors().add(new ClientLoginInterceptor
(USER_NAME,PASS_WORD));
        HTTPConduit conduit = (HTTPConduit) client.getConduit();
        HTTPClientPolicy httpClientPolicy = new HTTPClientPolicy();
        httpClientPolicy.setConnectionTimeout(2000);          //连接超时
        httpClientPolicy.setAllowChunking(false);             //取消块编码
        httpClientPolicy.setReceiveTimeout(120000);           //响应超时
        conduit.setClient(httpClientPolicy);
        //client.getOutInterceptors().addAll(interceptors); //设置拦截器
        try {
            Object[] objects;
            // 调用方式 invoke("方法名",参数 1,参数 2,参数 3....);
            objects = client.invoke("sayHello", "cc, i miss you ");
            System.out.println("返回数据:" + objects[0]);
        } catch (Exception e) {
            e.printStackTrace();
        }
    }

    /**
     * 测试第三方的 Web Service 接口,测试天气
     */
    @GetMapping("/testWeather")
    public void testWeather() {
        String weatherInfo = getWeather("北京");
        System.out.println(weatherInfo);
    }

    /**
     * 对服务器端返回的 XML 进行解析
     *
```

```
 * @param city 用户输入的城市名称
 * @return 字符串用#分割
 */
private static String getWeather(String city) {
    Document doc;
    DocumentBuilderFactory dbf = DocumentBuilderFactory.newInstance();
    dbf.setNamespaceAware(true);
    try {
        DocumentBuilder db = dbf.newDocumentBuilder();
        InputStream is = getSoapInputStream(city);
        assert is != null;
        doc = db.parse(is);
        NodeList nl = doc.getElementsByTagName("string");
        StringBuffer sb = new StringBuffer();
        for (int count = 0; count < nl.getLength(); count++) {
            Node n = nl.item(count);
            if ("查询结果为空! ".equals(n.getFirstChild().getNodeValue())) {
                sb = new StringBuffer(" ");
                break;
            }
            sb.append(n.getFirstChild().getNodeValue()).append(" \n");
        }
        is.close();
        return sb.toString();
    } catch (Exception e) {
        e.printStackTrace();
        return null;
    }
}

/**
 * 从接口文档中获取 SOAP 的请求头,并替换其中的标志符号为用户输入的城市
 * (方法的接口文档:
 * http://ws.webxml.com.cn/WebServices/WeatherWebService.asmx?op=
getWeatherbyCityName)
 *
 * @param city 用户输入的城市名称
 * @return 客户将要发送给服务器的 SOAP 请求
 */
private static String getSoapRequest(String city) {
    String sb = "<?xml version=\"1.0\" encoding=\"utf-8\"?>" +
            "<soap:Envelope xmlns:xsi=\"http://www.w3.org/2001/
XMLSchema-instance\" " +
            "xmlns:xsd=\"http://www.w3.org/2001/XMLSchema\" " +
            "xmlns:soap=\"http://schemas.xmlsoap.org/soap/envelope/\">" +
            "<soap:Body> <getWeatherbyCityName xmlns=\"http://WebXml.
com.cn/\">" +
            "<theCityName>" +
            city +
            "</theCityName> </getWeatherbyCityName>" +
            "</soap:Body></soap:Envelope>";
    return sb;
}
```

```
    /**
     * 通过接口文档的请求头构建 SOAP 请求，向服务器端发送 SOAP 请求，并返回流
     *
     * @param city 用户输入的城市名称
     * @return 服务器端返回的输入流，供客户端读取
     * @throws Exception 异常
     */
    private static InputStream getSoapInputStream(String city) throws
Exception {
        try {
            String soap = getSoapRequest(city);
            // 通过请求的服务地址(即 Endpoint)构建 URL 对象，并使用 URL 对象开启连接
            URL url = new URL("http://ws.webxml.com.cn/WebServices/
WeatherWebService.asmx");
            URLConnection conn = url.openConnection();
            conn.setUseCaches(false);
            conn.setDoInput(true);
            conn.setDoOutput(true);
            // 为连接设置请求头属性
            conn.setRequestProperty("Content-Length", Integer.toString
(soap.length()));
            conn.setRequestProperty("Content-Type", "text/xml; charset=
utf-8");
            conn.setRequestProperty("SOAPAction", "http://WebXml.com.cn/
getWeatherbyCityName");
            // 将请求的 XML 信息写入连接的输出流
            OutputStream os = conn.getOutputStream();
            OutputStreamWriter osw = new OutputStreamWriter(os, Standard
Charsets.UTF_8);
            osw.write(soap);
            osw.flush();
            osw.close();
            // 获取连接中请求得到的输入流
            return conn.getInputStream();
        } catch (Exception e) {
            e.printStackTrace();
            return null;
        }
    }
}
```

（2）新建 Spring Boot 启动类：

```
package com.example.webservicesclient;

import org.springframework.boot.SpringApplication;
import org.springframework.boot.autoconfigure.SpringBootApplication;

@SpringBootApplication
public class WebServicesClientApplication {
    public static void main(String[] args) {
        SpringApplication.run(WebServicesClientApplication.class, args);
    }
}
```

（3）在 application.properties 中添加当前项目端口为 8080：

```
server.port=8081
```

（4）启动项目服务端 provider 和客户端 client 服务，打开浏览器并且访问网址 localhost:
8080/demo/api?wsdl，可以看到服务端提供的 Web Service 的说明，如图 6.22 所示。

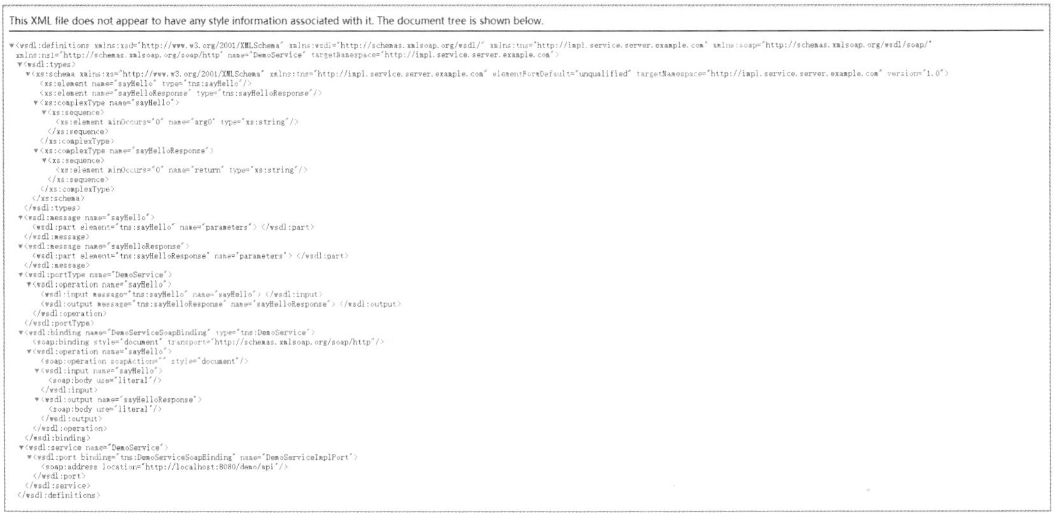

图 6.22　服务端提供的 Web Service 说明详情

（5）访问 localhost:8081/test，可以测试 Web Service 的调用，client 完成了 provider 的
功能调用，可以在控制台上看到打印信息，如图 6.23 所示，表明 Web Service 调用成功。

图 6.23　测试 Web Service 调用

（6）访问 localhost:8081/testWeather，调用一个公开的 Web Service 方法可以查询北京
市的天气，显示结果如图 6.24 所示。

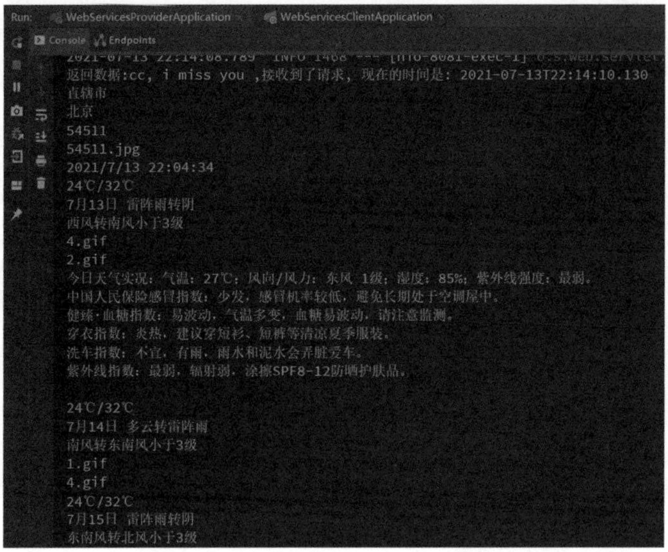

图 6.24　调用 Web Service 查询天气

至此完成了 Web Service 调用的演示。在开发中使用 Web Service 对外提供接口，能够更好地对外提供数据，实现特定的功能。

6.5　应用 Web Socket

目前，网络上的即时通信 App 有很多，如 QQ、微信和飞书等，按照以往的技术来说，即时功能通常会采用服务器轮询和 Comet 技术来解决。

HTTP 是非持久化、单向的网络协议，在建立连接后只允许浏览器向服务器发出请求后，服务器才能返回相应的数据。当需要即时通信时，在固定时间间隔（2s）通过轮询内由浏览器向服务器发送 Request 请求，再把最新的数据返回浏览器进行展示。这种方法最大的缺点就是要不断地向服务器发送请求，访问频率过高但是更新的数据量可能很小，这样就造成了资源浪费，增大了服务器的压力。

Web Socket 技术的出现弥补了这一缺点，在 Web Socket 中，只需要服务器和浏览器通过 HTTP 完成一个"握手"的动作，然后单独建立一条 TCP 的通信通道即可进行数据的双向传送了，不需要再轮询服务器。

6.5.1　Web Socket 简介

Web Socket 是用在 Web 浏览器和服务器之间进行双向数据传输的一种协议，Web Socket 协议出现在 2008 年，2011 年成为国际标准，并且所有浏览器都支持。Web Socket

基于 TCP 实现，包含初始的握手过程和后续的多次数据帧双向传输过程，其的目的是在 Web Socket 应用和 Web Socket 服务器进行多次双向通信时，避免服务器打开多个 HTTP 连接以节约资源，提高工作效率和资源利用率。

Web Socket 技术的优点如下：

- 通过第一次 HTTP Request 建立了连接之后，后续的数据交换无须再重新发送 HTTP Request，节省了带宽资源。
- Web Socket 的连接是双向通信的连接，在同一个 TCP 连接上既可以发送请求也可以接收请求。
- 具有多路复用的功能（multiplexing），即几个不同的 URI 可以复用同一个 Web Socket 连接。这种访问方式与 TCP 连接非常相似，因为它借用了 HTTP 的一些概念，所以被称为 Web Socket。

Web Socket 协议不是一个全新的网络协议，而是利用了 HTTP 来建立连接。Web Socket 创建连接的过程如下：

（1）Web Socket 连接由浏览器发起，因为请求协议是一个标准的 HTTP 请求，请求的格式如下：

```
GET ws://localhost:3600/ws/chat HTTP/1.1
Host: localhost
Upgrade: websocket
Connection: Upgrade
Origin: http://localhost:3600
Sec-WebSocket-Key: client-random-string
Sec-WebSocket-Version: 13
```

注意，Web Socket 请求和普通的 HTTP 请求有几点不同：

- GET 请求的地址不是类似/path/格式，而是以 ws://开头的地址；
- 请求头 Upgrade:websocket 和 Connection:Upgrade 表示这个连接将要被转换为 Web Socket 连接；
- Sec-WebSocket-Key 用于标识该连接，并非用于加密数据；
- Sec-WebSocket-Version 指定了 Web Socket 的协议版本。

（2）服务器收到请求后会返回如下响应：

```
HTTP/1.1 101 Switching Protocols
Upgrade: websocket
Connection: Upgrade
Sec-WebSocket-Accept: server-random-string
```

响应代码 101 表示本次连接的 HTTP 即将被更改，更改后的协议就是 Upgrade：websocket 指定的 Web Socket 协议。版本号和子协议规定了双方能理解的数据格式以及是否支持压缩等。

6.5.2　Web Socket 的属性和方法

Web Socket 的常见属性如表 6.5 所示。

表 6.5　Web Socket的常见属性

属 性 名 字	含　　义
WebSocket.binaryType	使用二进制的数据类型连接 可以使用binaryType属性，显式指定收到的二进制数据类型
WebSocket.bufferedAmount	未发送至服务器的字节数
WebSocket.extensions	服务器选择的扩展
WebSocket.onclose	用于指定连接关闭后的回调函数
WebSocket.onerror	用于指定连接失败后的回调函数
WebSocket.onmessage	用于指定当从服务器接收到信息时的回调函数
WebSocket.onopen	用于指定连接成功后的回调函数
WebSocket.protocol	服务器选择的下属协议
WebSocket.readyState	当前的连接状态： readyState属性返回的实例对象的当前状态共有4种： CONNECTING：0，表示正在连接； OPEN：1，表示连接成功，可以通信了； CLOSING：2，表示连接正在关闭； CLOSED：3，表示连接已经关闭，或者打开连接失败
WebSocket.url	Web Socket的绝对路径

Web Socket 的常见方法有：

（1）WebSocket.close([code[, reason]])，关闭当前连接，使用示例如下：

```
ws.addEventListener("close", function(event) {
  var code = event.code;
  var reason = event.reason;
  var wasClean = event.wasClean;
  // handle close event
});
```

（2）WebSocket.send(data)，对要传输的数据进行排序，发送数据：

```
//发送文本
ws.send("text message");

//发送 Blob
var file = document
  .querySelector('input[type="file"]')
  .files[0];
ws.send(file);
//发送图像数据或者 ArrayBuffer
```

```javascript
var img = canvas_context.getImageData(0, 0, 400, 320);
var binary = new Uint8Array(img.data.length);
for (var i = 0; i < img.data.length; i++) {
  binary[i] = img.data[i];
}
//发送 ArrayBuffer 对象
ws.send(binary.buffer);
```

6.5.3 实战：Web Socket 通信

新建一个 Websocket-demo 模块，进行 Web Socket 通信演练。

（1）添加 Web Socket 依赖到 pom.xml 中，代码如下：

```xml
<properties>
        <java.version>11</java.version>
    </properties>
    <dependencies>
        <dependency>
            <groupId>org.springframework.boot</groupId>
            <artifactId>spring-boot-starter</artifactId>
        </dependency>
        <dependency>
            <groupId>org.springframework.boot</groupId>
            <artifactId>spring-boot-starter-web</artifactId>
        </dependency>
        <dependency>
            <groupId>org.springframework.boot</groupId>
            <artifactId>spring-boot-starter-test</artifactId>
            <scope>test</scope>
        </dependency>
        <dependency>
            <groupId>org.springframework.boot</groupId>
            <artifactId>spring-boot-starter-thymeleaf</artifactId>
        </dependency>
        <dependency>
            <groupId>org.springframework.boot</groupId>
            <artifactId>spring-boot-starter-websocket</artifactId>
        </dependency>
        <dependency>
            <groupId>com.alibaba</groupId>
            <artifactId>fastjson</artifactId>
            <version>1.2.46</version>
        </dependency>
        <dependency>
            <groupId>org.springframework.boot</groupId>
            <artifactId>spring-boot-starter-test</artifactId>
            <scope>test</scope>
            <exclusions>
                <exclusion>
                    <groupId>org.junit.vintage</groupId>
                    <artifactId>junit-vintage-engine</artifactId>
                </exclusion>
            </exclusions>
```

```
            </dependency>
        </dependencies>

        <build>
            <plugins>
                <plugin>
                    <groupId>org.springframework.boot</groupId>
                    <artifactId>spring-boot-maven-plugin</artifactId>
                </plugin>
            </plugins>
        </build>
```

（2）在 application.properties 中添加 Web 访问的配置文件如下：

```
#排除静态文件夹
spring.devtools.restart.exclude=static/**,public/**
#关闭 Thymeleaf 的缓存
spring.thymeleaf.cache = false
#设置 thymeleaf 页面的编码
spring.thymeleaf.encoding=UTF-8
spring.thymeleaf.mode=HTML5
#设置 thymeleaf 页面的后缀
spring.thymeleaf.suffix=.html
#设置 thymeleaf 页面的存储路径
spring.thymeleaf.prefix=classpath:/templates/

#文件上传的配置
spring.servlet.multipart.max-file-size=10MB
spring.servlet.multipart.max-request-size=10MB
```

（3）新建一个 Web Socket 配置文件：

```
package com.example.websocketdemo.config;

import org.springframework.context.annotation.Bean;
import org.springframework.context.annotation.Configuration;
import
org.springframework.web.socket.server.standard.ServerEndpointExporter;

@Configuration
public class WebSocketConfig {
    /**
     * ServerEndpointExporter 的作用
     *
     * 这个 Bean 会自动注册使用@ServerEndpoint 注解声明的 websocket endpoint
     *
     * @return
     */
    @Bean
    public ServerEndpointExporter serverEndpointExporter() {
        return new ServerEndpointExporter();
    }
}
```

（4）新建一个 Web Socket 服务类，建立 Web Socket 连接、消息处理和返回：

```
package com.example.websocketdemo.server;

import org.springframework.stereotype.Component;

import javax.websocket.*;
import javax.websocket.server.PathParam;
import javax.websocket.server.ServerEndpoint;
import java.io.IOException;
import java.util.concurrent.ConcurrentHashMap;
import java.util.concurrent.atomic.AtomicInteger;

@ServerEndpoint("/webSocket/{sid}")
@Component
public class WebSocketServer {

    /**
     * 静态变量，用来记录当前在线连接数。应当把它设计为线程安全的。
     */
    private static AtomicInteger onlineNum = new AtomicInteger();

    /**
     * 存放每个客户端对应的 Web SocketServer 对象。
     */
    private static ConcurrentHashMap<String,Session> sessionPools = new
ConcurrentHashMap<>();


    /**
     * 成功建立连接时调用
     */
    @OnOpen
    public void onOpen(Session session, @PathParam(value = "sid") String
userName) {
        sessionPools.put(userName, session);
        addOnlineCount();
        System.out.println(userName + "连接上 Web Socket,连接人数为:" +
onlineNum);
        try {
            sendMessage(session, "欢迎:" + userName + "加入连接! ");
        } catch (IOException e) {
            e.printStackTrace();
        }
    }

    /**
     * 关闭连接时调用
     */
    @OnClose
    public void onClose(@PathParam(value = "sid") String userName) {
        sessionPools.remove(userName);
        subOnlineCount();
        System.out.println(userName + ",已经断开 webSocket 连接");
    }
```

```java
/**
 * 收到客户端信息
 */
@OnMessage
public void onMessage(String message) throws IOException {
    message = "客户端: " + message + ",已收到请求";
    System.out.println(message);
    for (Session session : sessionPools.values()) {
        try {
            sendMessage(session, message);
        } catch (Exception e) {
            e.printStackTrace();
            continue;
        }
    }
}

/**
 * 错误时调用
 */
@OnError
public void onError(Session session, Throwable throwable) {
    throwable.printStackTrace();
}

private static void addOnlineCount() {
    onlineNum.incrementAndGet();
}

private static void subOnlineCount() {
    onlineNum.decrementAndGet();
}

/**
 * 发送消息
 */
private void sendMessage(Session session, String message) throws
IOException {
    if (session != null) {
        synchronized (session) {
            session.getBasicRemote().sendText(message);
        }
    }
}

/**
 * 给指定用户发送信息
 */
private void sendInfo(String userName, String message) {
    Session session = sessionPools.get(userName);
    try {
        sendMessage(session, message);
    } catch (Exception e) {
        e.printStackTrace();
```

```
          }
     }
 }
```

（5）新建 Web Socket 的 Web 入口 Controller：

```
package com.example.websocketdemo.controller;

import com.example.websocketdemo.server.WebSocketServer;
import org.springframework.beans.factory.annotation.Autowired;
import org.springframework.stereotype.Controller;
import org.springframework.web.bind.annotation.GetMapping;
import org.springframework.web.servlet.ModelAndView;

@Controller
public class SocketController {

    @Autowired
    private WebSocketServer webSocketServer;

    @GetMapping("/webSocket")
    public ModelAndView socket() {
        ModelAndView modelAndView = new ModelAndView("/webSocket");
        return modelAndView;
    }
}
```

（6）新建一个 Spring Boot 启动类：

```
package com.example.websocketdemo;

import org.springframework.boot.SpringApplication;
import org.springframework.boot.autoconfigure.SpringBootApplication;

@SpringBootApplication
public class WebsocketDemoApplication {

    public static void main(String[] args) {
        SpringApplication.run(WebsocketDemoApplication.class, args);
    }
}
```

启动项目，在浏览器中访问 http://127.0.0.1:8080/webSocket，打开控制台，可以看到显示结果如图 6.25 所示。

单击"开启 socket"按钮，表明页面已经与服务器通过 Web Socket 建立了连接，打开浏览器的调试工具，如图 6.26 所示。

建立连接之后就可以在 Web 网页和服务器之间通信了。单击"发送消息"按钮，可以看到控制台上打印的消息日志，如图 6.27 所示。查看 IDEA 控制台可以看到，服务器已经收到消息并且把消息发送出去了，如图 6.28 所示。

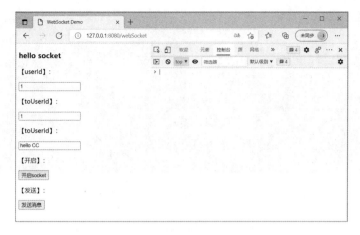

图 6.25　Web Socket 初始页面

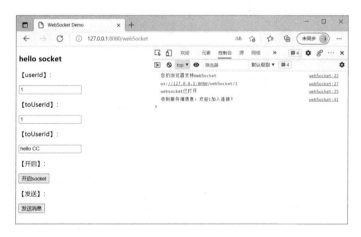

图 6.26　Web Socket 开启 socket 按钮后的显示结果

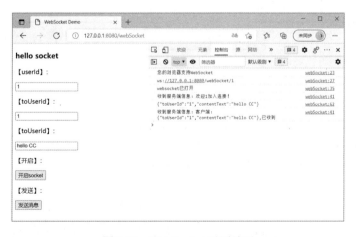

图 6.27　Web Socket 返回结果

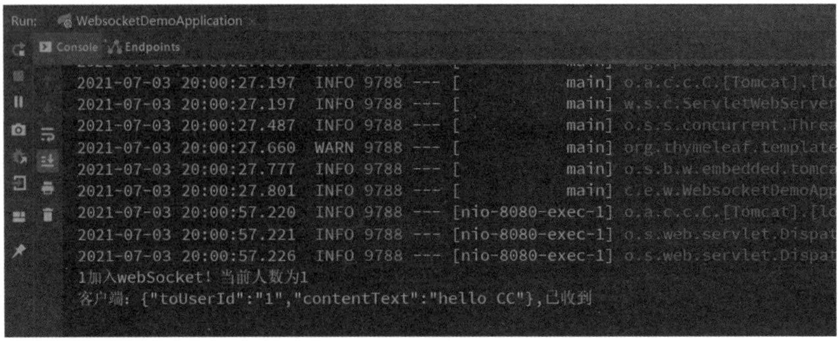

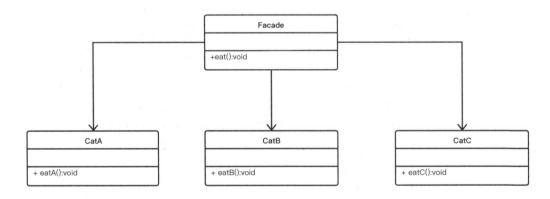

图 6.28　Web Socket 服务器日志

至此即完成了 Web Socket 的通信。当浏览器和 Web Socket 服务端连接成功后，服务端会执行 onOpen()方法；如果连接失败，发送、接收数据失败或者处理数据出现错误，则服务端会执行 onError()方法；当浏览器接收到 Web Socket 服务端发送过来的数据时，会执行 onMessage()方法。当前所有的操作都是采用异步回调的方式触发，可以获得更快的响应时间和更好的用户体验。

6.6　小　　结

本章首先介绍了 Spring Boot 常用的日志框架，在 Spring Boot 中使用 Log4j2 记录系统中的日志，包括日志的不同级别，以及自定义日志的 Appender 进行日志输出等内容。在开发中应尽量选择 SLF4J 进行日志的管理，SLF4J 是典型的门面模式的类，如图 6.29 所示。

图 6.29　门面模式类图

门面模式的接口类为 Facade，它有 3 个不同的实现类，分别是 CatA、CatB 和 CatC。

在 Facade 接口中只需要定义一个规则，在不同的系统中，不同的开发者遇到不同的场景时开发者会选择不同的实现方式，以满足最终的需求。

接着本章又介绍了项目中常用的定时任务，可以使用不同的定时任务来实现不同的需求，在分布式系统中建议使用 Quartz 来实现任务。然后介绍了在 Java 中发送邮件的基本步骤，使用 Spring 提供的邮件发送配置，可以简化 Java 发送邮件的步骤。最后，本章分别介绍了 Web Service 的概念、适用场景和使用方法，以及 Web Socket 的概念和使用方法。

第7章 项 目 测 试

项目测试是对项目的需求和功能进行测试，由测试人员写出完整的测试用例，再按照测试用例执行测试。项目测试是项目质量的保证，项目测试质量直接决定了当前项目的交付质量。

测试人员在开展测试之前，首先需要进行测试的需求分析，测试需求分析包括：

- 测试内容：需要进行哪些方面的测试，包括功能测试、性能测试、可靠性测试、易用性测试和安全性测试等；
- 测试环境：测试环境的配置；
- 测试工具：选择测试工具，包括缺陷管理工具和自动化测试工具等；
- 测试轮数：包括冒烟测试、功能测试、并发测试和弱网测试等。

测试需求分析完成后再开始项目测试。测试的步骤包括：冒烟测试、单元测试、集成测试、性能测试等，最后由产品经理完成产品的验收。

7.1 单 元 测 试

项目测试的第一步就是单元测试，单元测试也称为模块测试或组件测试。在项目开发过程中，单元测试用来检查项目的单个单元或模块是否正常工作，它是由开发人员在开发后立即在开发环境中完成的。

7.1.1 为什么要做单元测试

单元测试通常是软件测试中基础的测试类型，用于测试单独模块的功能是否有错。它与功能测试的不同之处是，单元测试更加关注的是代码内部的逻辑，而非功能的完整性。

根据上述描述，在项目中实施单元测试有以下 5 个目标：

- 隔离各部分代码的功能；
- 确保单个模块功能逻辑的正确性；
- 在开发的过程中及时发现代码缺陷并修改；
- 发现产品开发早期逻辑中的 Bug，以降低测试成本；
- 允许开发人员后续重构或升级代码。

基于单元测试的目标，在项目中使用单元测试有以下 4 个优点：

- 能在产品开发周期的早期发现问题，可以大大地降低测试成本，因为早发现一个缺陷的成本要比晚期发现它的成本低得多。
- 在改变现有功能（回归测试）的同时，可以减少缺陷。
- 简化了调试过程（测试驱动开发就是基于测试用例来完成功能开发）。调试是在程序中发现并解决妨碍软件正确运行缺陷的过程。当进行单元测试时，如果发现测试失败，则只需要在调试代码中做一下的更改，就可以快速定位错误。
- 进行单元测试，能够保证代码质量。

7.1.2　单元测试有哪些内容

单元测试的内容主要包括以下两点：

- 单元测试的方法：通常使用白盒测试；
- 单元测试的类型：可以选择手动测试或自动测试。

在对代码进行单元测试时，可以使用手动的方式，也可以使用一些自动化工具。手动测试和自动化测试的区别主要体现在执行效率和操作等方面，如表 7.1 所示。

表 7.1　手动测试和自动测试的区别

手 动 测 试	自动化测试
1．手动执行测试用例而不借助任何自动化工具，也被称为人工测试。	1．借助工具可以自动执行用例。
2．消耗时间多并且工作单调：测试用例由人工执行，耗时很长。	2．自动化测试用例比手动测试要快。
3．人力资源投资巨大：由于测试用例需要人工执行，所以需要更多的测试人员。	3．人力资源投入较少：测试用例由自动化工具执行，不要那么多的测试人员。
4．可信度较低：因为人工可能出现错误，测试运行不够精确。	4．可信度更高：自动化测试每次运行时精确地执行相同的操作，更加可靠。

在实际开发中流行 DevOps（Development+Operations）开发模式，因此建议读者在项目中能使用自动化测试完成的任务尽量采用自动化测试来完成，以提升开发效率。

想要精通单元测试，还需要了解单元测试的几个关键点：

（1）执行单元测试的时间：一般在开发完成后立即进行。

（2）谁做单元测试：开发人员进行自测。

（3）明确单元测试的具体任务，包括两个方面：

首先，准备单元测试的计划，包括：

- 准备测试计划；
- 回顾测试计划；
- 修订测试计划；

- 定义单元测试计划的基准数据。

其次，准备测试用例和脚本，包括：

- 准备测试环境、测试用例和脚本；
- 回顾测试用例和脚本；
- 修订测试用例和脚本。

（4）定义单元测试用例和脚本的基准数据。

（5）执行单元测试，完成后出具单元测试报告。

7.1.3 常规的 JUnit 测试

JUnit 是 Java 应用开发中使用最广泛的单元测试框架。因为 Java 8 发布了 Lambda 表达式，使得 Java 的编码风格发生了巨大的变化，所以 JUnit 团队适时推出了新的框架——JUnit 5。JUnit 5 能够适应 Lambda 风格的编码，建议在 JDK 1.8 及之后版本的项目中使用 JUnit 5 来创建和执行单元测试。本书中的单元测试以 JUnit 5 为例。

至于什么是 JUnit，看以下官方的定义：

JUnit 5 is the next generation of JUnit. The goal is to create an up-to-date foundation for developer-side testing on the JVM. This includes focusing on Java 8 and above, as well as enabling many different styles of testing.

官方提示 JUnit 5 是新一代的 JUnit，它的目标是为 JVM 上的开发人员做测试创建一个最新的基础，为 Java 8 及以上版本创建不同的测试风格。

JUnit5 框架=JUnit Platform+JUnit Jupiter+JUnit Vintage，其各部分框架的含义如下：

- JUnit Platform 是在 JVM 上启动测试框架的基础。
- JUnit Jupiter 是 JUnit 5 扩展的新的编程模型和扩展模型，用来编写测试用例。Jupiter 子项目为在平台上运行 Jupiter 的测试提供了一个 TestEngine（测试引擎）。
- JUnit Vintage 提供了一个在平台上运行 JUnit 3 和 JUnit 4 的 TestEngine。

JUnit 5 的架构如图 7.1 所示。

- 第一层测试用例：开发人员使用 junit-jupiter-api 等测试框架的 API 编写业务代码的单元测试。
- 第二层测试引擎，JUnit 测试框架实现引擎 API 的框架，jupiter-engine 和 vintage-engine 分别是 JUnit 4 和 JUnit 5 对测试引擎 API 的实现。
- 第三层 junit-platform-engine：junit-platform-engine 平台引擎是对第二层中两种不同引擎实现的抽象，是测试引擎的接口标准。
- 第四层 IDEA：启动器通过 ServiceLoader 发现测试引擎的实现并安排其执行。它为 IDE 和构建工具提供了 API 接口，因此在 IDE 中可以直接执行测试，例如，启动测试并显示其结果。

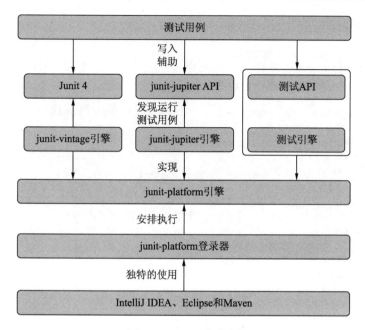

图 7.1 JUnit 5 架构图

在项目中使用 JUint 5 进行单元测试时需要用到一些注解，如表 7.2 所示。此外，表中对 JUnit 4 和 JUnit 5 的注解使用进行了对比，供读者参考。

表 7.2 JUnit 5 测试的注解

JUnit 4	JUnit 5	含　义
@Test	@Test	声明一个测试方法
@BeforeClass	@BeforeAll	在当前类中测试方法之前执行
@AfterClass	@AfterAll	在当前类中测试方法之后执行
@Before	@BeforeEach	在每个测试方法之前执行
@After	@AfterEach	在每个测试方法之后执行
@Ignore	@Disabled	禁用测试方法或者类
NA	@TestFactory	测试工厂进行动态测试
NA	@Nested	嵌套测试
@Cateory	@Tag	标记和过滤
NA	@ExtendWith	测试自定义扩展

根据以上的注解，下面使用 JUint 5 完成一个单元测试示例。

（1）新建一个项目，在 pom.xml 中添加 JUnit 5 的依赖，代码如下：

```
<parent>
    <groupId>org.springframework.boot</groupId>
    <artifactId>spring-boot-starter-parent</artifactId>
    <version>2.3.10.RELEASE</version>
```

```
            <relativePath/> <!-- lookup parent from repository -->
</parent>
<groupId>com.example</groupId>
<artifactId>junit5-demo</artifactId>
<version>0.0.1-SNAPSHOT</version>
<name>junit5-demo</name>
<description>Demo project for Spring Boot</description>
<properties>
        <java.version>11</java.version>
</properties>
<dependencies>
        <dependency>
                <groupId>org.springframework.boot</groupId>
                <artifactId>spring-boot-starter</artifactId>
        </dependency>
        <!--加入 JUnit 5 的版本测试；如果想用 JUnit 4 进行测试，把 exclusions 去除-->
        <dependency>
                <groupId>org.springframework.boot</groupId>
                <artifactId>spring-boot-starter-test</artifactId>
                <scope>test</scope>
        </dependency>
        <dependency>
                <groupId>org.projectlombok</groupId>
                <artifactId>lombok</artifactId>
                <optional>true</optional>
        </dependency>
</dependencies>

<build>
        <plugins>
                <plugin>
                        <groupId>org.springframework.boot</groupId>
                        <artifactId>spring-boot-maven-plugin</artifactId>
                </plugin>
        </plugins>
</build>
```

（2）完成一些简单的业务代码。新建一个用户服务类的接口 UserService：

```
package com.example.junit5demo.service;

import java.util.IllegalFormatException;

/**
 * 测试接口
 */
public interface UserService {

    /**
     * 登录
     * @param userName
     * @param password
```

```
    * @return
    * @throws IllegalFormatException
    */
    boolean login(String userName,String password) throws IllegalFormat
Exception;

    /**
    * 查询数量
    * @return
    */
    int countNum();
}
```

（3）新建一个类来实现 UserService 接口，这里使用的是最简单的实现方式，暂时先不连接数据库。

```
package com.example.junit5demo.service;

/**
 * 测试接口的实现
 */

import org.springframework.stereotype.Service;

@Service
public class UserServiceImpl implements UserService {

    @Override
    public boolean login(String userName, String password) throws Illegal
ArgumentException {
        if (userName == null || password == null
                || userName.isEmpty() || password.isEmpty()) {
            throw new IllegalArgumentException("不能为空");
        }
        if ("cc".equals(userName) && "123".equals(password)) {
            return true;
        }
        return false;
    }

    @Override
    public int countNum() {
        return 18;
    }
}
```

（4）实现 UserService 接口的方法后，在类名上右击，依次选择 Go To | Test | Create New Test...命令，具体的过程如图 7.2 和图 7.3 所示。按照上述操作会跳转到选择测试方法的页面，如图 7.4 所示。选择要测试的方法，选中写的两个方法，单击 OK 按钮就能自动生成测试类和要测试的方法。

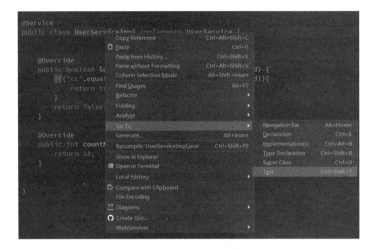

图 7.2　生成测试代码的步骤

图 7.3　生成测试代码的类

图 7.4　选择要测试的方法

（5）添加 Spring Boot 的启动类，代码如下：

```
package com.example.junit5demo;

import org.springframework.boot.SpringApplication;
import org.springframework.boot.autoconfigure.SpringBootApplication;

@SpringBootApplication
public class Junit5DemoApplication {
    public static void main(String[] args) {
        SpringApplication.run(Junit5DemoApplication.class, args);
    }
}
```

（6）修改自动生成的测试类代码，完成两个业务方法的单元测试工作。完成后的代码如下：

```
package com.example.junit5demo.service;

import lombok.extern.slf4j.Slf4j;
import org.junit.jupiter.api.*;
import org.springframework.beans.factory.annotation.Autowired;
import org.springframework.boot.test.context.SpringBootTest;
import static org.junit.jupiter.api.Assertions.*;

@Slf4j
@SpringBootTest  //SpringBot 测试类注解
class UserServiceImplTest {

    //输入要测试的类
    @Autowired
    private UserService userService;

    //在所有测试方法之前执行
    @BeforeAll
    public static void beforeAll() {
        log.info("before all");
    }
    //在每个测试方法执行之前执行
    @BeforeEach
    public void beforeEach() {
        log.info("before each");
    }

    @AfterEach
    public void afterEach() {
        log.info("after each");
    }

    @AfterAll
    public static void afterAll() {
        log.info("after all");
    }

    //测试 countNum 方法
```

```
        @Test
        void countNum() {
            int i = userService.countNum();
            assertEquals(18, i);
            assertNotEquals(1, i);
        }

        // 测试 login 方法
        @Test
        void login() {
            boolean cc1 = userService.login("cc", "123");
            assertEquals(cc1, true);
            boolean cc2 = userService.login("cc2", "123");
            assertEquals(cc2, false);
            assertThrows(IllegalArgumentException.class, () -> userService.
login("", "123"));
            assertThrows(IllegalArgumentException.class, () -> userService.
login("123", null));
        }
    }
```

（7）运行这个测试类，在 IDEA 的控制台打印结果如图 7.5 所示。可以看到左侧的两个方法都显示绿色的勾，说明已经通过测试用例。至此，我们已经完成了 UserService 类中所有方法的单元测试，可以看出，相关代码逻辑正确。

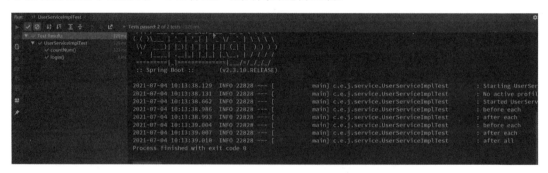

图 7.5　测试成功后的输出结果

提示：在完成单元测试后，如果开发人员在测试过程中优化了代码，对自己的代码进行了重构，则需要对重构后的代码再次进行单元测试，以确保其逻辑的正确性，千万不能忽略这一点。

7.1.4　Mock 测试

Mock 测试是指在单元测试的过程中对一些不容易构造的对象模拟一个对象进行使用的过程。一些对象只能在特定的环境中产生，例如 HttpServletRequest 对象必须从 Servlet 容器中才能构造出来，ResultSet 对象必须依赖 JDBC 的实现才能构造，ProceedingJoinPoint

对象的构建必须依赖 AOP 的实现。在遇到这种复杂对象的构建时，使用一个虚拟的对象（Mock 对象）来替代，使用一个"假"的对象，便于在测试时顺利检测复杂对象（虚拟对象）的使用逻辑，以便快速、准确地测试自己的代码逻辑。

Mock 的出现是为了解决不同的单元之间由于耦合而难于开发与测试的问题，因此在单元测试和集成测试中都会用到 Mock。Mock 最大的作用是把单元测试的耦合分解开，如果你的代码对另一个类或者接口有依赖，则可以排除依赖，只验证所调用依赖的行为。例如，需要测试 UserService 中的方法，但是它依赖 UserDao，这时就直接模拟一个用户的数据库对象，且只测试 UserService 中的方法，来验证 USerService 中的逻辑正确与否。

在进行单元测试时，以下的几个场景需要用到 Mock 对象：

- 需要将当前被测单元和依赖模块分离，构造一个独立的测试环境，不关注被测单元的依赖对象，而只关注被测单元的功能逻辑。例如，被测代码中需要依赖第三方接口的返回值进行逻辑处理，可能因为网络或者其他环境因素，调用第三方平台经常会中断或者失败，而无法对被测单元进行测试，这时就可以使用 Mock 技术来将被测单元和依赖模块独立开，使得测试可以进行下去。
- 被测单元依赖的模块尚未开发完成，而被测单元需要依赖模块的返回值进行后续处理。包括前后端分离项目中，后端接口开发完成之前，前端接口需要测试；依赖的上游项目的接口尚未开发完成，需要接口联调测试；service 层的代码包含对 Dao 层的调用，但是 Dao 层的代码还没完成，需要模拟 Dao 层的对象。
- 被测单元依赖的对象较难模拟或者构造比较复杂。例如，HttpServletRequest 对象和数据库的连接对象 Connection 都非常难以构造，则可以直接使用模拟后的对象。

在 Java 项目开发中有很多 Mock 框架，常见的有 Mockito 和 PowerMock。

Mockito 是一个在项目中最常用的优秀的单元测试 Mock 框架，它能满足大部分业务的测试要求；PowerMock 框架可以解决 Mockito 框架不能解决的更难的问题，如业务代码中的静态方法、私有方法和 Final 方法等。PowerMock 框架是在 EasyMock 和 Mockito 的基础上进行扩展的，它通过提供定制的类进行加载器并进行一些字节码的修改，从而实现更强大的测试功能。

本书使用 Java 开发中常用的 Mockito 作为 Mock 框架。下面介绍如何在 Spring Boot 项目中使用 Mock 对象进行测试，从而完成单元测试。

（1）在 7.1.3 小节中的项目文件 pom.xml 中添加 Mockito 依赖，代码如下：

```xml
<dependency>
    <groupId>org.mockito</groupId>
    <artifactId>mockito-core</artifactId>
    <version>3.11.2</version>
</dependency>
```

（2）新建一个产品服务类接口 ProductService 及其实现类，代码如下：

```java
package com.example.junit5demo.service;

public interface ProductService {
```

```
    int countNum();

    boolean productExists(String name);
}
```

（3）新建上述 ProductService 接口的实现类，代码如下：

```
package com.example.junit5demo.service;

import com.example.junit5demo.dao.ProductDao;
import org.springframework.beans.factory.annotation.Autowired;
import org.springframework.stereotype.Service;

@Service
public class ProductServiceImpl implements ProductService {

    @Autowired
    private ProductDao productDao;

    @Override
    public int countNum() {
        return productDao.countNum();
    }

    @Override
    public boolean productExists(String name) {
        if (name == null || name.isBlank()) {
            return false;
        }
        return productDao.productExists(name);
    }
}
```

（4）新建一个 ProductDao 类，直接使用类的实现返回数据，代码如下：

```
package com.example.junit5demo.dao;

import org.springframework.stereotype.Repository;

import java.util.List;

@Repository
public class ProductDao {

    public int countNum() {
        return 2;
    }

    public boolean productExists(String name) {
        /**
         * 模拟 Dao 的方法
         */
        List<String> apple = List.of("cc","apple", "orgage", "banana");
        return apple.contains(name);
```

```
        }
}
```

（5）生成 ProductService 的测试类，代码如下：

```java
package com.example.junit5demo.service;

import com.example.junit5demo.dao.ProductDao;
import org.junit.Assert;
import org.junit.jupiter.api.BeforeEach;
import org.junit.jupiter.api.Test;
import org.junit.jupiter.api.extension.ExtendWith;
import org.mockito.InjectMocks;
import org.mockito.Mock;
import org.mockito.MockitoAnnotations;
import org.springframework.boot.test.context.SpringBootTest;
import org.springframework.test.context.junit.jupiter.SpringExtension;
import static org.mockito.Mockito.when;

// 使用 Spring 的测试框架
@ExtendWith(SpringExtension.class)
@SpringBootTest
class ProductServiceImplTest {

    /**
     * 输入要测试的对象
     */
    @InjectMocks
    ProductServiceImpl productService;

    /**
     * Mock 对象的依赖对象
     */
    @Mock
    ProductDao productDao;


    @BeforeEach
    public void setUp() {
        /**
         * 初始化
         */
        MockitoAnnotations.openMocks(this);
    }

    @Test
    void coutNum() {
        /**
         * 当执行这个方法的时候直接返回 5
         */
        when(productDao.countNum()).thenReturn(5);
        int num = productService.countNum();
        /**
         * 验证返回值
         */
```

```
        Assert.assertEquals(num,5);
    }

    @Test
    void productExists() {
        /**
         * 这里本来应该返回 true，但是故意设置为 false，再查看返回值
         */
        when(productDao.productExists("cc")).thenReturn(false);
        boolean cc = productService.productExists("cc");
        Assert.assertEquals(cc,false);
    }

    @Test
    void productExists3() {
        when(productDao.productExists("apple")).thenReturn(false);
        boolean cc = productService.productExists("apply");
        Assert.assertEquals(cc,false);
    }
}
```

（6）在本次测试用例中，需要测试 ProductServiceImpl 中的两个业务方法。Product-ServiceImpl 依赖 ProductDao，这时模拟一个对象到测试对象中，当调用 Dao 的方法时就会返回设定的值，不会真正地执行 Dao，而只测试 ProductServiceImpl 中的方法。执行本测试类 ProductServiceImplTest 中的所有测试方法，完成测试后的结果如图 7.6 所示。可以看到，3 个测试用例都已通过，说明已经完成了 Mock 单元测试。

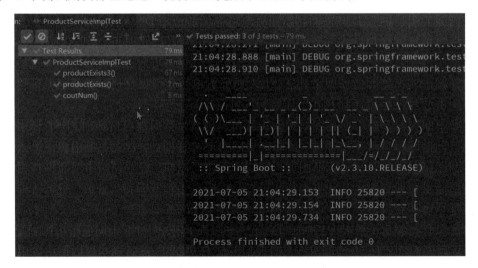

图 7.6　Mock 测试的结果

以上就是使用 Mock 进行单元测试的过程。Mock 测试是单元测试的一大利器，它能帮助开发人员更快地完成单元测试、业务代码的检测和 Bug 的修复。

7.2　集　成　测　试

集成测试是指项目代码在单元测试完成后进行的第二阶段测试。集成测试的重点是在集成组件或单元之间交互时暴露缺陷，以保证不同模块之间相互调用的正确性。在 Spring Boot 的项目集成测试中，将测试 Controller 和 Dao 的完整请求处理。应用程序在服务器中运行，以创建应用程序上下文和所有的 Bean，其中有些 Bean 可能会被覆盖以模拟某些行为。进行集成测试，是为了保证项目能够达到下面的目的：

- 降低项目中发生错误的风险；
- 验证接口的功能是否符合设计的初衷；
- 测试接口是否可用；
- 查找项目中的 Bug 并进行修复。

在项目开发中，需要开展集成测试的情况有以下 4 种：

- 单个模块由开发人员设计，而多个模块之间的设计可能不尽相同；
- 检查多个模块与数据库是否正确连通；
- 验证不同模块之间是否存在不兼容或错误的情况；
- 验证不同模块之间的异常和错误处理。

7.2.1　集成测试自动配置

Spring Boot 框架支持集成测试，项目开发时只需要做简单的配置就可以完成集成测试。本节将在 7.1 节的基础上介绍项目配置后进行集成测试的过程。

首先在 pom.xml 中添加项目依赖：

```
<parent>
    <groupId>org.springframework.boot</groupId>
    <artifactId>spring-boot-starter-parent</artifactId>
    <version>2.3.10.RELEASE</version>
    <relativePath/> <!-- lookup parent from repository -->
</parent>
<groupId>com.example</groupId>
<artifactId>junit5-demo</artifactId>
<version>0.0.1-SNAPSHOT</version>
<name>junit5-demo</name>
<description>Demo project for Spring Boot</description>
<properties>
    <java.version>11</java.version>
</properties>
<dependencies>
    <dependency>
```

```
        <groupId>org.springframework.boot</groupId>
        <artifactId>spring-boot-starter</artifactId>
    </dependency>
    <dependency>
        <groupId>org.springframework.boot</groupId>
        <artifactId>spring-boot-starter-web</artifactId>
    </dependency>
    <!--加入 JUnit5 进行测试；如果想用 JUnit4 进行测试，则把 exclusions 去除-->
    <dependency>
        <groupId>org.springframework.boot</groupId>
        <artifactId>spring-boot-starter-test</artifactId>
        <scope>test</scope>
    </dependency>
    <dependency>
        <groupId>org.projectlombok</groupId>
        <artifactId>lombok</artifactId>
        <optional>true</optional>
    </dependency>
    <dependency>
        <groupId>org.mockito</groupId>
        <artifactId>mockito-core</artifactId>
        <version>3.11.2</version>
    </dependency>
</dependencies>
```

@SpringBootTest 是 Spring Boot 提供的一个注解，表示当前类是 Spring Boot 环境中的一个测试类。如果使用的是 JUnit 4，则需要用到@RunWith(SpringRunner.class)和@Spring-BootTest 注解。但是在 JUnit 5 中，只需要使用@SpringBootTest 注解就可以了。

7.2.2 测试 Spring MVC 入口

下面使用 Spring 中的集成测试模块来测试项目入口 Controller 的方法。

（1）新建 GoodsController 类，并新建要测试的业务代码，代码如下：

```
package com.example.junit5demo.controller;

import com.example.junit5demo.service.GoodsService;
import org.springframework.beans.factory.annotation.Autowired;
import org.springframework.web.bind.annotation.*;

@RestController
public class GoodsController {

    @Autowired
    private GoodsService goodsService;

    @GetMapping("/queryGood")
    public String queryGood(@RequestParam("name") String name) {
        goodsService.queryGood(name);
        return "queryGood " + name;
    }
}
```

```
@PostMapping("/countGood")
public String countGood(@RequestBody Goods goods) {
    goodsService.countGood(goods.getName());
    return "countGood " + goods;
}
}
```

（2）新建 Goods 的实体类，代码如下：

```
package com.example.junit5demo.controller;

import lombok.Data;

@Data
public class Goods {

    private long id;
    private String name;
    private int status;
}
```

（3）新建 Goods 的 service 和实现类，代码如下：

```
package com.example.junit5demo.service;

public interface GoodsService {
    void queryGood(String name);

    void countGood(String name);
}
```

Goods 的实现类代码如下：

```
package com.example.junit5demo.service;
import org.springframework.stereotype.Service;

@Service
public class GoodsServiceImpl implements GoodsService {

    @Override
    public void queryGood(String name) {
        System.out.println("执行了 goods 的 queryGood 方法,参数:" + name);
    }
    @Override
    public void countGood(String name) {
        System.out.println("执行了 goods 的 countGood 方法,参数:" + name);
    }
}
```

（4）编写 Controller 的集成测试用例，代码如下：

```
package com.example.junit5demo.controller;

import lombok.extern.SLF4J.SLF4J;
import org.junit.jupiter.api.BeforeEach;
import org.junit.jupiter.api.Test;
import org.springframework.beans.factory.annotation.Autowired;
import org.springframework.boot.test.autoconfigure.web.servlet.Auto
```

```
ConfigureMockMvc;
import org.springframework.boot.test.context.SpringBootTest;
import org.springframework.http.MediaType;
import org.springframework.mock.web.MockHttpSession;
import org.springframework.test.web.servlet.MockMvc;
import org.springframework.test.web.servlet.MvcResult;
import org.springframework.test.web.servlet.request.MockMvcRequestBuilders;
import org.springframework.test.web.servlet.result.MockMvcResultHandlers;
import org.springframework.test.web.servlet.result.MockMvcResultMatchers;


@Slf4j
@SpringBootTest
@AutoConfigureMockMvc
class GoodsControllerTest {

    private MockHttpSession session;

    @Autowired
    private MockMvc mvc;

    @BeforeEach
    public void setupMockMvc() {
        //设置 MVC
        session = new MockHttpSession();
    }

    @Test
    void queryGood() throws Exception {
        MvcResult mvcResult = (MvcResult) mvc.perform(MockMvcRequest
Builders.get("/queryGood")
                .accept(MediaType.ALL)
                .session(session)
                .param("name", "cc")
        )
                .andExpect(MockMvcResultMatchers.status().isOk())
                .andDo(MockMvcResultHandlers.print())
                .andReturn();
        //得到返回代码
        int status = mvcResult.getResponse().getStatus();
        //得到返回结果
        String result = mvcResult.getResponse().getContentAsString();
        log.info("status是:{},内容是:{}", status, result);
    }

    @Test
    void countGood() throws Exception {
        String body = "{\"id\":1,\"name\":\"cc\",\"status\":2}";
        MvcResult mvcResult = (MvcResult) mvc.perform(MockMvcRequest
Builders.post("/countGood")
                .accept(MediaType.ALL)
                .session(session)
                .content(body)
                .contentType(MediaType.APPLICATION_JSON)
```

```
            )
                    .andExpect(MockMvcResultMatchers.status().isOk())
                    .andDo(MockMvcResultHandlers.print())
                    .andReturn();
            //得到返回代码
            int status = mvcResult.getResponse().getStatus();
            //得到返回结果
            String result = mvcResult.getResponse().getContentAsString();
            log.info("status 是:{},内容是:{}", status, result);
        }
    }
```

（5）运行第一个测试用例，在控制台上可以看到测试用例的输出结果，它执行了
queryGood 的 GET 方法，实际调用了代码中的方法，且返回了预期的结果。

```
执行了 goods 的 queryGood 方法,参数:cc

MockHttpServletRequest:
      HTTP Method = GET
      Request URI = /queryGood
       Parameters = {name=[cc]}
          Headers = [Accept:"*/*"]
             Body = null
    Session Attrs = {}

Handler:
             Type = com.example.junit5demo.controller.GoodsController
           Method = com.example.junit5demo.controller.GoodsController
#queryGood(String)

Async:
    Async started = false
     Async result = null

Resolved Exception:
             Type = null

ModelAndView:
        View name = null
             View = null
            Model = null

FlashMap:
       Attributes = null

MockHttpServletResponse:
           Status = 200
    Error message = null
          Headers = [Content-Type:"text/plain;charset=UTF-8", Content-
Length:"12"]
     Content type = text/plain;charset=UTF-8
             Body = queryGood cc
    Forwarded URL = null
   Redirected URL = null
          Cookies = []
```

```
2021-07-10 15:51:30.786  INFO 15428 --- [        main] c.e.j.controller.
GoodsControllerTest    : status 是:200,内容是:queryGood cc
2021-07-10 15:51:30.808  INFO 15428 --- [extShutdownHook] o.s.s.concurrent.
ThreadPoolTaskExecutor  : Shutting down ExecutorService 'application
TaskExecutor'
```

（6）执行第二个测试用例的方法，并执行 countGood 的 POST 方法，当前 POST 使用的是 application/json 方式，需要单独设置，通过日志可以看到已经请求成功。

```
执行了 goods 的 countGood 方法,参数:cc

MockHttpServletRequest:
     HTTP Method = POST
     Request URI = /countGood
      Parameters = {}
         Headers = [Content-Type:"application/json;charset=UTF-8", Accept:
"*/*", Content-Length:"31"]
            Body = {"id":1,"name":"cc","status":2}
    Session Attrs = {}

Handler:
            Type = com.example.junit5demo.controller.GoodsController
          Method = com.example.junit5demo.controller.GoodsController#
countGood(Goods)

Async:
    Async started = false
    Async result = null

Resolved Exception:
            Type = null

ModelAndView:
       View name = null
            View = null
           Model = null

FlashMap:
      Attributes = null

MockHttpServletResponse:
          Status = 200
    Error message = null
         Headers = [Content-Type:"text/plain;charset=UTF-8", Content-
Length:"40"]
    Content type = text/plain;charset=UTF-8
            Body = countGood Goods(id=1, name=cc, status=2)
   Forwarded URL = null
   Redirected URL = null
         Cookies = []
2021-07-10 15:54:18.096  INFO 15720 --- [        main] c.e.j.controller.
GoodsControllerTest    : status 是:200,内容是:countGood Goods(id=1, name=
cc, status=2)
```

```
2021-07-10 15:54:18.119  INFO 15720 --- [extShutdownHook] o.s.s.concurrent.
ThreadPoolTaskExecutor  : Shutting down ExecutorService 'application
TaskExecutor'
```

通过以上的集成测试，完成了 API 从入口开始的全链路方法调用，验证了所有的方法调用，并完成了业务代码的测试，至此完成了 Controller 的集成测试过程。

7.3　性　能　测　试

在项目开发中，完成了功能测试后一般还需要做性能测试，其原因有以下两点：
- 目前绝大多数的应用都是 Web 应用，它们一般是基于网络的分布式应用，无法准确地评估其用户数量，而且用户使用场景也不确定，因此需要对项目的功能、业务逻辑和接口进行测试，另外还要测试系统性能。在项目运行时，即便用户的登录操作没有发生错误，但如果超过一定的用户数量，就可能会出现各种系统问题，因此需要进行系统的性能测试。
- 性能测试可以模拟用户数量的增加和系统负载的增加，从而确定当前系统承受的并发用户数量，明确网络是否够用，服务器的 CPU 及内存是否够用，硬盘的速度和容量是否能满足当前的系统，这样项目上线时可以从容地面对突发情况。

7.3.1　性能测试的种类

性能测试有多种类型，常见的有以下几种：
- 基准测试：在给系统施加较低的压力时，查看系统的运行状况并记录相关数据，将其作为基准结果。
- 负载测试：是指对系统不断地增加压力或延长一定压力下的持续时间，直到系统的某项或多项性能指标达到安全的临界值（例如，某种资源已经达到饱和状态）。
- 压力测试：用来评估系统处于或超过预期负载时的运行情况，其关注点在于系统在峰值负载或超出最大载荷情况下的处理能力。
- 稳定性测试：在给系统加载一定业务压力的情况下，让系统运行一段时间，以此检测系统是否稳定。
- 并发测试：用来测试多个用户同时访问同一个应用、同一个模块或者数据记录时是否存在死锁或者其他性能问题。

7.3.2　性能测试的考量指标

在进行性能测试时，对系统的考量通常使用响应时间（Response Time）、吞吐率、事务处理能力（TPS）、并发数和资源利用率 5 个指标，从而评价系统的性能，如好、坏、快、慢。下面具体解释这 5 个指标。

- 响应时间：指从用户发送一个请求到用户接收到服务器返回的响应数据这段时间。
- 吞吐量：单位时间内系统处理的客户端请求数量，一般使用请求数/s 作为吞吐量的单位，也可以使用页面数/s 表示。
- 事务处理能力（Transactions Per Second，TPS）：即服务器接收到大量的用户请求后每秒处理事务的数量。
- 并发数：某时刻同时向系统提交请求的用户数，提交的请求可能是同一个场景或功能，也可以是不同场景或功能。
- 资源利用率：指的是对不同系统资源的使用程度，通常以占用最大值的百分比来衡量，通常关注的因素包括 CPU、内存、磁盘 I/O 和网络。

7.3.3 实战：对项目进行性能测试

下面使用性能测试检验项目的性能。该项目使用国产的性能测试框架 JUnitPerf，它对 JUnit5 有很好的支持，并且可以生成 HTML 的测试结果报告，以方便查看结果和向上汇报。

具体步骤如下：

（1）在 pom.xml 中添加依赖：

```
<!-- JUnit5 性能测试 -->
    <dependency>
        <groupId>com.github.houbb</groupId>
        <artifactId>junitperf</artifactId>
        <version>2.0.7</version>
    </dependency>
```

（2）修改 7.2 节中的 Controller 代码（主要修改测试用例中的第一个方法）：

```
/**
 * 配置：2 个线程运行；准备时间：1000 ms；运行时间：2000 ms。
 * 要求：最快不得低于 210ms，最慢不得低于 250ms，平均不得低于 225ms，运行次数不得低于
 *      每秒 4 次。
 * 20%的数据不得低于 220ms，50%的数据不得低于 230ms。
 *
 * @throws InterruptedException if any
 */
@JunitPerfConfig(threads = 2, warmUp = 1000, duration = 2000, reporter =
{HtmlReporter.class})
@JunitPerfRequire(min = 210, max = 250, average = 225, timesPerSecond = 4,
percentiles = {"20:220", "50:230"})
@Test
void queryGood() throws Exception {
    MvcResult mvcResult = (MvcResult) mvc.perform(MockMvcRequestBuilders.
get("/queryGood")
            .accept(MediaType.ALL)
            .session(session)
            .param("name", "cc")
```

```
)
        .andExpect(MockMvcResultMatchers.status().isOk())
        .andDo(MockMvcResultHandlers.print())
        .andReturn();
//得到返回代码
int status = mvcResult.getResponse().getStatus();
//得到返回结果
String result = mvcResult.getResponse().getContentAsString();
log.info("status是:{},内容是:{}", status, result);
}
```

（3）JUnitPerf 的用法可以参见代码中的注释。运行这个单元测试方法，可以看到控制台上打印的日志中有一个是[INFO] [2021-07-10 17:41:42.277] [c.g.h.j.s.s.Performance-EvaluationStatement.generateReporter] - Rendering report to: D:\parttime\book\spring-boot-all-code\junit5-demo\target\junitperf\reports\com\example\junit5demo\controller\GoodsControllerTest.html，表示已经测试成功，并且将生成结果输出到对应的文件夹中，打开 HTML 文件可以看到结果，如图 7.7 所示。

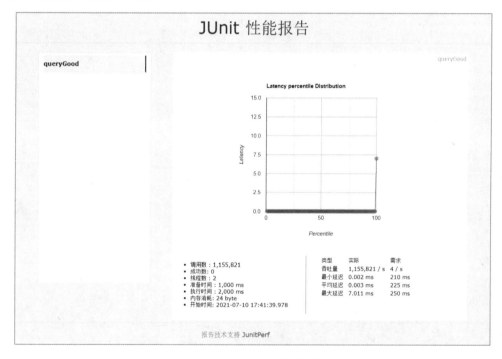

图 7.7 JUnitPerf 测试结果

性能测试是项目正常运行的保证。如果性能测试不合格，则需要做出相应的调整。可以选择对代码进行优化，也可以增加服务器的配置，甚至可以和产品经理商量对功能进行调整。性能测试的标准很重要，一定要对比不同的人数和机器配置对性能结果的影响。

7.4 小 结

本章介绍了项目开发中常见的测试方法，包括单元测试、集成测试和性能测试。在项目开发结束后需要进行单元测试，测试人员对代码进行测试，指出 Bug 给开发人员修改，然后再测试。可以说，测试做不好会造成项目"残废"，测试是项目质量好坏的重要保障。

第8章　Spring Boot 项目快速开发框架 Jeecg Boot

在项目开发中，可以选择从零开始搭建开发框架，该工作一般由经验丰富的架构师完成。添加需要的项目依赖，就能完成自定义开发，而不会额外添加很多不需要的依赖。如果是人员数量较少的团队或者小项目的快速开发，可以直接使用一个现成的项目，修改项目的信息后再开发，从而快速完成项目的搭建。

如果没有现成的项目，可以考虑目前开源的开发框架，例如使用若依、Jeecg Boot 或 Guns。它们都对 Spring Boot 进行了很好的封装，常用的依赖、配置、页面及自动化功能都被集成在一起，方便开发人员直接开始业务代码的开发。本章将介绍使用 Jeecg Boot 快速开发项目的过程。

8.1　项目简介及系统架构

Jeecg Boot 是一款基于 Spring Boot 的开发平台，它采用前后端分离架构，集成的框架有 Spring Boot 2.x、Spring Cloud、Ant Design of Vue、Mybatis-plus、Shiro 和 JWT，而且它支持微服务开发。Jeecg Boot 还有强大的代码生成功能，能够使用代码生成器一键生成前后端代码，实现项目的快速开发。

Jeecg Boot 属于低代码开发平台，可以应用在任何 J2EE 项目的开发中，尤其适合 SaaS 项目、企业管理信息系统（MIS）、内部办公系统（OA）、企业资源计划系统（ERP）、客户关系管理系统（CRM）等，它具有半智能手工合并的开发方式，可以提高 70%的开发效率或更多，极大地降低了开发成本。

8.1.1　系统功能介绍

Jeecg Boot 有成熟的后端模板，也有很高的 UI 页面水平，不需要做项目开发的重复性工作。Jeecg Boot 还独创了在线开发模式，包含一系列在线智能开发，如在线配置表单、在线配置报表、在线设计图表和在线设计流程等。

JEECG 团队的开发宗旨是：简单的功能由 Online Coding 配置实现（在线配置表单、

在线配置报表、在线设计图表、在线设计流程和在线设计表单），复杂的功能由代码生成器生成，并进行手工合并，既能保证智能性又能兼顾灵活。

业务中的流程运转采用工作流来实现，还能扩展流程任务接口，由开发者实现具体的业务逻辑。表单提供多种解决方案，如表单设计器、Online 配置表单和编码表单，还实现流程与表单的分离设计（松耦合），并支持任务节点的灵活配置，这样既能保证公司流程的保密性，又能减少开发人员的工作量。

Jeecg Boot 框架已经具备大量可用的功能，在项目开发时可以直接利用现有功能，而不再需要二次开发。已经具备的功能如下：

```
├─系统管理
│  ├─用户管理、角色管理、菜单管理、部门管理
│  ├─权限设置（支持按钮权限、数据权限）、表单权限（控制字段禁用、隐藏）
│  ├─我的部门（二级管理员）、字典管理、分类字典、系统公告
│  └─职务管理、通讯录、多租户管理
├─消息中心
│  └─消息管理、模板管理
├─代码生成器（低代码）
│  ├─代码生成器功能（一键生成前后端代码，生成后无须修改便可直接用，是后端开发的福音）
│  ├─代码生成器模板（提供 4 套模板，分别支持单表和一对多模型，有不同风格可供选择）
│  ├─代码生成器模板（生成代码，自带 Excel 导入和导出功能）
│  ├─查询过滤器（查询逻辑无须进行编码，系统根据页面配置自动生成）
│  ├─高级查询器（弹窗自动组合查询条件）
│  ├─Excel 导入和导出工具集成（支持单表，一对多，导入和导出）
│  └─平台移动自适应支持
├─系统监控
│  ├─Gateway 路由网关、性能扫描监控
│  │   ├─监控 Redis、Tomcat、JVM、服务器信息、请求追踪、磁盘监控
│  ├─定时任务、系统日志
│  ├─消息中心（支持短信、邮件、微信推送等）
│  ├─数据日志（记录数据快照，可对比快照查看数据变更情况）
│  └─系统通知、SQL 监控、swagger-UI（在线接口文档）
─报表示例
│  └─曲线图、饼状图、柱状图、折线图、面积图、雷达图、仪表图、进度条、排名列表
─大屏模板
│  └─作战指挥中心大屏、物流服务中心大屏
─常用示例
│  ├─自定义组件、对象存储（对接阿里云）、JVXETable 示例（各种复杂的 ERP 布局示例）
│  ├─单表模型示例、一对多模型示例、打印示例、一对多 TAB 示例
│  └─内嵌 table 示例、常用选择组件、异步树 table、接口模拟测试
│  ├─表格合计示例、异步树列表示例、一对多 JEditable
│  └─JEditable 组件示例、图片拖拽排序、图片翻页、图片预览、PDF 预览
─封装通用组件
│  ├─行编辑表格 JEditableTable、省略显示组件、时间控件、高级查询
│  ├─用户选择组件、报表组件封装、字典组件、下拉多选组件、选人组件
│  └─选部门组件、通过部门选人组件、在线 code 编辑器、上传文件组件
```

```
|   └─封装曲线、柱状图、饼状图、折线图等报表组件
|   └─验证码组件、树列表组件、表单禁用组件
├─更多页面模板
|   └─各种高级表单、各种列表效果、结果页面、异常页面、个人页面
├─高级功能
|   ├─系统编码规则、单点登录 CAS 集成方案
|   ├─提供 App 发布方案、集成 Web Socket 消息通知机制
├─积木报表设计器(低代码)
|   └─打印设计器、数据报表设计、图形报表设计（支持 ECharts）
├─流程模块功能（暂不开源）
|   ├─流程设计器、在线表单设计、我的任务、历史流程
|   └─流程实例管理、流程监听管理、流程表达式、我发起的流程
|   └─我的抄送、流程委派、抄送、跳转
```

更多的功能还在开发中，有兴趣的读者可以关注其进度。

8.1.2　项目开发环境和前后端技术栈

Jeecg Boot 的项目开发环境如下：

- 语言：Java 8；
- IDE（Java）：基于 IDEA 或 Eclipse 安装 Lombok 插件；
- IDE（前端）：WebStorm 或 IDEA；
- 依赖管理：Maven；
- 数据库：MySQL 5.7、Oracle 11g 或 SQL Server 2017；
- 缓存：Redis。

后端使用的技术栈如下：

- 基础框架：Spring Boot 2.3.5.RELEASE；
- 微服务框架：Spring Cloud Alibaba 2.2.3.RELEASE；
- 持久层框架：Mybatis-plus 3.4.1；
- 安全框架：Apache Shiro 1.7.0、Jwt 3.11.0；
- 微服务技术栈：Spring Cloud Alibaba、Nacos、Gateway、Sentinel、Skywalking；
- 数据库连接池：阿里巴巴 Druid 1.1.22；
- 缓存框架：Redis；
- 日志打印：Logback；
- 其他：Fastjson、Poi、Swagger-UI、Quartz、Lombok（简化代码）等。

前端使用的技术栈如下：

- Vue 2.6.10、Vuex、Vue Router；
- Axios；
- ant-design-vue；

- Webpack、YARN；
- vue-cropper——头像裁剪组件；
- @antv/g2——Alipay AntV 数据可视化图表；
- Viser-vue——antv/g2 封装实现；
- eslint、@vue/cli 3.2.1；
- vue-print-nb——打印。

8.1.3 系统结构

Jeecg Boot 项目使用 Maven 作为依赖的管理工具，项目的目录结构是标准的 Maven 目录。其目录结构如下：

```
|jeecg-boot
|--->jeecg-boot-base
|------->jeecg-boot-base-api
|----------->jeecg-system-cloud-api
|----------->jeecg-system-local-api
|------->jeecg-boot-base-core
|------->jeecg-boot-base-tools
|--->jeecg-boot-module-demo
|--->jeecg-boot-module-system
|--->jeecg-boot-starter
|--->jeecg-boot-module
```

Jeecg Boot 项目的父目录为 jeecg-boot，其中包含有多个模块，如 jeecg-boot-base、jeecg-boot-module-demo、jeecg-boot-module-system、jeecg-boot-starter 和 jeecg-boot-module。在这些模块中，jeecg-boot-starter 和 jeecg-boot-module 是微服务必需的项目，jeecg-boot 是以 SpringBoot 为基础搭建的项目，其他的模块都以 jeecg-boot 为父模块，而 jeecg-boot-base 下还有子模块 jeecg-boot-base-api、jeecg-boot-base-core 和 jeecg-boot-base-tools。

8.1.4 系统的功能模块

本书使用的 Jeecg Boot 版本号为 2.4.5，这是截至本书写作时 Jeecg Boot 最新发布的版本。注意，Jeecg Boot 2.4.5 版本底层使用的 JDK 版本和之前的章节使用版本有所不同，它使用的是 JDK 1.8，请读者注意更换。下载最新版的 Jeecg Boot 2.4.5 并将其导入 IDEA 中，会自动加载 Maven 的依赖，加载完成后，项目的目录如图 8.1 所示。

在图 8.1 中，项目名称为 jeecg-boot，jeecg-boot 是父 POM，对子模块提供项目依赖，当前项目下有 3 个模块，分别如下：

- jeecg-boot-base 为通用模块，包括工具类、配置、权限、查询过滤器、注解和接口等；

- jeecg-boot-module-demo 为项目的案例代码模块；
- jeecg-boot-module-system 为系统管理权限等功能模块，默认作为启动项目。

jeecg-boot-base 项目包括 3 个项目，分别如下：

- jeecg-boot-base-api 为 API 接口项目（又分为云 API 和本地 API 项目）；
- jeecg-boot-base-core 为核心项目；
- jeecg-boot-base-tools 为 Jeecg Boot 的工具项目。

在后端项目开发中，只需要启动 jeecg-boot-module-system 就可以访问项目的首页。jeecg-boot-starter 为微服务启动模块，jeecg-cloud-module 为微服务生态模块，因为本次不涉及微服务，所以最后两个模块不用处理。

使用项目根目录中的 docker-compose.yml 文件即可在 Docker 中启动单一的 Jeecg Boot 项目，docker-compose-server.yml 使用 Docker 启动 Jeecg Boot 和 Nginx 服务器。使用 docker-compose.yml 可以快速启动服务，不需要一步一步地搭建依赖的应用。docker-compose.yml 文件的内容如下：

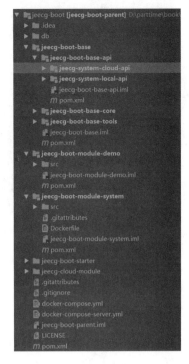

图 8.1　Jeecg Boot 的目录结构

```yaml
version: '2'
services:
  jeecg-boot-mysql:
    build:
      context: ./db
    environment:
      MYSQL_ROOT_PASSWORD: root
      MYSQL_ROOT_HOST: '%'
      TZ: Asia/Shanghai
    restart: always
    container_name: jeecg-boot-mysql
    image: jeecg-boot-mysql
    command:
      --character-set-server=utf8mb4
      --collation-server=utf8mb4_general_ci
      --explicit_defaults_for_timestamp=true
      --lower_case_table_names=1
      --max_allowed_packet=128M
      --default-authentication-plugin=caching_sha2_password
    ports:
      - 3306:3306

  jeecg-boot-redis:
    image: redis:5.0
    ports:
      - 6379:6379
    restart: always
```

```
          hostname: jeecg-boot-redis
          container_name: jeecg-boot-redis

        jeecg-boot-system:
          build:
            context: ./jeecg-boot-module-system
          restart: on-failure
          depends_on:
            - jeecg-boot-mysql
            - jeecg-boot-redis
          container_name: jeecg-boot-system
          image: jeecg-boot-system
          hostname: jeecg-boot-system
          ports:
            - 8080:8080
```

上述代码使用的 docker-compose.yml 版本是 2，使用了 MySQL 服务和 Redis 服务，最后启动 jeecg-boot-system 服务完成项目的启动。

本项目的数据库脚本文件为 jeecg-boot/db/jeecgboot-mysql-5.7.sql，需要手动连接 MySQL 5.7，再执行 SQL 脚本。使用不同的 MySQL 客户端可能会出现错误，请注意修改，以完成 SQL 脚本的导入。

📖提示：如果使用了非 MySQL 数据库，请注意使用对应的数据库脚本。

8.2 配 置 文 件

项目开发中涉及独特的配置文件，包括数据库的配置、Redis 的配置和服务器端口的配置等。在 Jeecg Boot 项目中，配置文件保存在 jeecg-boot-module-system/src/main/resources 目录下，开发时使用 application-dev.yml 文件。因为本地开发使用的是开发环境，所以需要查看开发环境的配置。

数据库的配置信息如下：

```
datasource:
  master:
    url: jdbc:mysql://127.0.0.1:3306/jeecg-boot?characterEncoding=UTF-
8&useUnicode=true&useSSL=false&tinyInt1isBit=false&allowPublicKeyRetrie
val=true&serverTimezone=Asia/Shanghai
    username: root
    password: root
    driver-class-name: com.mysql.cj.jdbc.Driver
```

Redis 的配置如下：

```
redis:
  database: 0
  host: 127.0.0.1
  lettuce:
```

```
pool:
    max-active: 8              #最大的数据库连接数量，设为-1 表示没有限制
    max-idle: 8                #最大等待连接的数量，设为 0 表示没有限制
    #建立连接的最长等待时间，如果超过此时间将出现异常，设为-1 表示无限制
    max-wait: -1ms
    min-idle: 0                #最小等待连接的数量，设为 0 表示没有限制
  shutdown-timeout: 100ms
password: ''
port: 6379
```

读者可根据自己的数据库配置来修改代码。当前项目使用的日志配置文件是 logback-spring.xml，banner.txt 为项目启动的自定义标题图案。其他的配置文件可以根据自身的需要进行修改，如非必要可以直接启动项目，而不需要再修改配置。

8.3　数　据　访　问

Jeecg Boot 项目使用 MyBatis 作为 ORM 框架访问数据库,同时项目中集成了 MyBatisPlus 作为 ORM 的补充。每个数据库的接口都继承自 BaseMapper,并复用其方法,以实现数据库的增、删、改、查功能。下面新建一个产品表,并对其进行 CRUD 的操作演示。

8.3.1　创建持久化实体类

创建一个产品表，并在项目中完成对该表的增、删、改、查。创建表的 SQL 语句如下：

```sql
CREATE TABLE `cc_product` (
  `id` int(11) NOT NULL AUTO_INCREMENT,
  `name` varchar(255) COLLATE utf8mb4_unicode_ci DEFAULT NULL COMMENT
'产品名称',
  `descp` varchar(255) COLLATE utf8mb4_unicode_ci DEFAULT NULL COMMENT
'产品描述',
  `price` decimal(10,2) DEFAULT NULL COMMENT '产品价格',
  `create_time` datetime DEFAULT NULL COMMENT '创建时间',
  `create_by` varchar(255) COLLATE utf8mb4_unicode_ci DEFAULT NULL COMMENT
'创建人',
  PRIMARY KEY (`id`)
) ENGINE=InnoDB DEFAULT CHARSET=utf8mb4 COLLATE=utf8mb4_unicode_ci;
```

创建该表对应的实体类 Product，代码如下：

```java
package org.jeecg.modules.system.entity;

import com.baomidou.mybatisplus.annotation.IdType;
import com.baomidou.mybatisplus.annotation.TableId;
import com.baomidou.mybatisplus.annotation.TableName;
import lombok.Builder;
import lombok.Data;
```

```
import java.io.Serializable;
import java.util.Date;

/**
 * 产品的实体类
 */
@Builder
@Data
@TableName("cc_product")
public class Product implements Serializable {

    private static final long serialVersionUID = 1L;
    /**
     * id
     */
    @TableId(type = IdType.AUTO)
    private Long id;
    /**
     * 名称
     */
    private String name;
    /**
     * 描述
     */
    private String descp;
    /**
     * 价格
     */
    private Double price;
    /**
     * 创建时间
     */
    private Date createTime;
    /**
     * 创建人
     */
    private String createBy;
}
```

在实体类中标记@Data 注解，不需要再手动生成 get 和 set 方法。

8.3.2 初始化数据库

执行以下 SQL 语句来初始化表的数据，插入后表的数据如图 8.2 所示。

```
INSERT INTO `jeecg-boot`.`cc_product` ( `name`, `descp`, `price`, `create_
time`, `create_by` )
VALUES
    ( '大西瓜 0', '超级甜的大西瓜', 0.20, '2021-07-15 21:08:25', 'cc' );
```

```
INSERT INTO `jeecg-boot`.`cc_product` ( `name`, `descp`, `price`, `create_
time`, `create_by` )
VALUES
    ( '大西瓜 1', '超级甜的大西瓜', 0.20, '2021-07-15 21:08:25', 'cc' );
INSERT INTO `jeecg-boot`.`cc_product` ( `name`, `descp`, `price`, `create_
time`, `create_by` )
VALUES
    ( '大西瓜 2', '超级甜的大西瓜', 0.20, '2021-07-15 21:08:25', 'cc' );
```

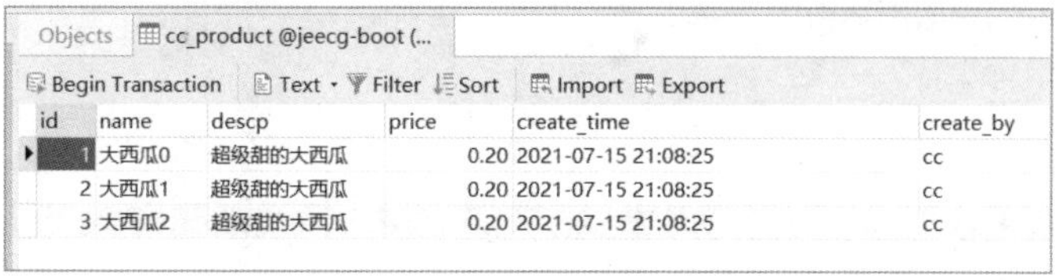

id	name	descp	price	create_time	create_by
1	大西瓜0	超级甜的大西瓜	0.20	2021-07-15 21:08:25	cc
2	大西瓜1	超级甜的大西瓜	0.20	2021-07-15 21:08:25	cc
3	大西瓜2	超级甜的大西瓜	0.20	2021-07-15 21:08:25	cc

图 8.2　cc_product 表中的数据

8.3.3　定义 Repository 接口实现 Repository 持久层

创建 cc_product 表对应的数据库接口和 xml 文件，代码如下：

```
package org.jeecg.modules.system.mapper;

import com.baomidou.mybatisplus.core.mapper.BaseMapper;
import org.jeecg.modules.system.entity.Product;

/**
 * 产品的实体接口类
 */
public interface ProductMapper extends BaseMapper<Product> {
}
```

创建一个空的 xml 文件，代码如下：

```
<?xml version="1.0" encoding="UTF-8"?>
<!DOCTYPE mapper PUBLIC "-//mybatis.org//DTD Mapper 3.0//EN" "http://
mybatis.org/dtd/mybatis-3-mapper.dtd">
<mapper namespace="org.jeecg.modules.system.mapper.ProductMapper">

</mapper>
```

新建一个 Test 测试类，以测试对数据库中的数据表进行增、删、改、查操作，代码如下：

```
package org.jeecg.modules.system.mapper;

import com.baomidou.mybatisplus.core.conditions.query.LambdaQueryWrapper;
import lombok.extern.slf4j.Slf4j;
import org.checkerframework.checker.index.qual.SameLenBottom;
import org.jeecg.JeecgSystemApplication;
import org.jeecg.modules.system.entity.Product;
import org.junit.Test;
```

```
import org.junit.runner.RunWith;
import org.springframework.beans.factory.annotation.Autowired;
import org.springframework.boot.test.context.SpringBootTest;
import org.springframework.test.context.junit4.SpringRunner;
import java.util.Date;
import java.util.List;

/**
 * cc_product 表的测试类
 */
@Slf4j
@RunWith(SpringRunner.class)
@SpringBootTest(webEnvironment = SpringBootTest.WebEnvironment.RANDOM_
PORT, classes = JeecgSystemApplication.class)
public class ProductMapperTest {

    @Autowired
    private ProductMapper productMapper;

    /**
     * 测试插入方法
     */
    @Test
    public void insert() {
        for (int i = 0; i < 3; i++) {
            Product product = Product.builder().name("大西瓜" + i).descp
("超级甜的大西瓜").price(0.2D)
                    .createBy("cc").createTime(new Date()).build();
            int insert = productMapper.insert(product);
            log.info("结果是:{}", insert);
        }
    }

    /**
     * 测试删除方法
     */
    @Test
    public void delete() {
        int i = productMapper.deleteById(2L);
        log.info("删除的 id 是:{}",i);
    }

    /**
     * 测试查询一个产品
     */
    @Test
    public void queryOne() {
        LambdaQueryWrapper<Product> wrapper = new LambdaQueryWrapper<>();
        wrapper.eq(Product::getName,"大西瓜 1");
        Product product = productMapper.selectOne(wrapper);
```

```
        log.info("结果是:{}", product);
    }

    /**
     * 测试查询多个产品
     */
    @Test
    public void queryList() {
        LambdaQueryWrapper<Product> wrapper = new LambdaQueryWrapper<>();
        wrapper.eq(Product::getCreateBy,"cc");
        List<Product> products = productMapper.selectList(wrapper);
        log.info("结果是:{}", products);
    }
}
```

执行 queryOne()方法，得到的结果如图 8.3 所示，表明已经成功地从数据库中查询到一个产品并且成功打印。其他的测试方法读者可自行尝试。

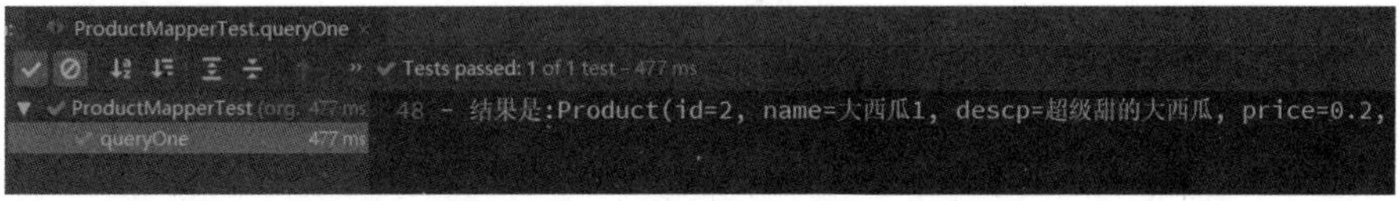

图 8.3　queryOne()的执行结果

8.4　Web 处理

Jeecg Boot 框架主要用于 Web 开发领域。下面介绍 Jeecg Boot 在 Web 开发中的常用功能，如控制器、登录、系统菜单、权限模块的角色管理和用户管理。

首先启动后台项目，将其导入 IDEA 中，并利用 Maven 自动加载依赖。然后把数据库脚本 jeecg-boot 目录下的 db/jeecgboot-mysql-5.7.sql 导入本地数据库中，并修改数据库的配置文件为本地配置。最后启动本地 Redis 服务，最后启动后台项目，请务必按顺序启动，否则会报错。

启动前端项目时，首先需要在本地安装并配置好 Node.js，然后切换到前端代码目录 ant-design-jeecg-vue 下，在控制台使用 npm install -y yarn 命令安装 yarn，并使用 yarn install 命令下载依赖，最后使用 yarn run serve 命令启动前端项目，或者可以先使用 yarn run build 命令编译项目后再启动。

启动前后端项目之后，在浏览器中访问 http://localhost:3000/，可以看到登录页面，使用账号 admin 和密码 123456 登录，可以看到系统首页，如图 8.4 所示。访问 http://localhost:8080/jeecg-boot/，可以查看系统的所有接口文档。

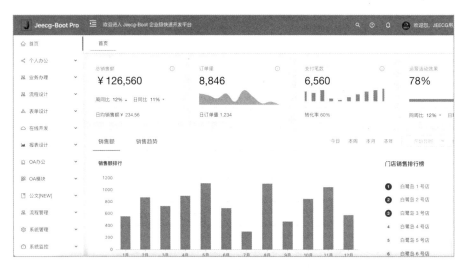

图 8.4　系统首页

8.4.1　控制器

Jeecg Boot 的控制器全部保存在包 org.jeecg.modules.system.controller 下，其中有一个是 CommonController.java，它是文件上传下载的统一入口方法。在每个控制器上都有以下注解：

```
@Slf4j
@RestController
@RequestMapping("/sys/common")
```

以上 3 个注解的作用分别是记录日志、标记本类为控制器、设置请求的路径。控制器的返回值为固定格式，它返回 Result 类的实例对象。使用 Result 类能够非常快速地构建返回结果的对象。Result 类的部分代码如下：

```
package org.jeecg.common.api.vo;

import com.fasterxml.jackson.annotation.JsonIgnore;
import io.swagger.annotations.ApiModel;
import io.swagger.annotations.ApiModelProperty;
import lombok.Data;
import org.jeecg.common.constant.CommonConstant;
import java.io.Serializable;

/**
 *    接口返回数据格式
 * @author scott
 * @email jeecgos@163.com
 * @date   2019 年 1 月 19 日
 */
@Data
```

```java
@ApiModel(value="接口返回对象", description="接口返回对象")
public class Result<T> implements Serializable {

    /**
     * 成功标志
     */
    @ApiModelProperty(value = "成功标志")
    private boolean success = true;

    /**
     * 返回处理消息
     */
    @ApiModelProperty(value = "返回处理消息")
    private String message = "操作成功！";

    /**
     * 返回代码
     */
    @ApiModelProperty(value = "返回代码")
    private Integer code = 0;

    /**
     * 返回数据对象 data
     */
    @ApiModelProperty(value = "返回数据对象")
    private T result;

    /**
     * 时间戳
     */
    @ApiModelProperty(value = "时间戳")
    private long timestamp = System.currentTimeMillis();
    public Result() {

    }

    public Result<T> success(String message) {
        this.message = message;
        this.code = CommonConstant.SC_OK_200;
        this.success = true;
        return this;
    }

    @Deprecated
    public static Result<Object> ok() {
        Result<Object> r = new Result<Object>();
        r.setSuccess(true);
        r.setCode(CommonConstant.SC_OK_200);
        r.setMessage("成功");
        return r;
    }

    public static<T> Result<T> OK() {
```

```
        Result<T> r = new Result<T>();
        r.setSuccess(true);
        r.setCode(CommonConstant.SC_OK_200);
        r.setMessage("成功");
        return r;
    }

    public static<T> Result<T> OK(T data) {
        Result<T> r = new Result<T>();
        r.setSuccess(true);
        r.setCode(CommonConstant.SC_OK_200);
        r.setResult(data);
        return r;
    }

    public static<T> Result<T> OK(String msg, T data) {
        Result<T> r = new Result<T>();
        r.setSuccess(true);
        r.setCode(CommonConstant.SC_OK_200);
        r.setMessage(msg);
        r.setResult(data);
        return r;
    }

    public static<T> Result<T> error(String msg, T data) {
        Result<T> r = new Result<T>();
        r.setSuccess(false);
        r.setCode(CommonConstant.SC_INTERNAL_SERVER_ERROR_500);
        r.setMessage(msg);
        r.setResult(data);
        return r;
    }

    public static Result<Object> error(String msg) {
        return error(CommonConstant.SC_INTERNAL_SERVER_ERROR_500, msg);
    }

    public static Result<Object> error(int code, String msg) {
        Result<Object> r = new Result<Object>();
        r.setCode(code);
        r.setMessage(msg);
        r.setSuccess(false);
        return r;
    }

    public Result<T> error500(String message) {
        this.message = message;
        this.code = CommonConstant.SC_INTERNAL_SERVER_ERROR_500;
        this.success = false;
        return this;
    }
    /**
     * 无权限访问返回结果
     */
    public static Result<Object> noauth(String msg) {
```

```
        return error(CommonConstant.SC_JEECG_NO_AUTHZ, msg);
    }

    @JsonIgnore
    private String onlTable;
}
```

返回结果全部都使用 Result 进行包装后再返回,前端有统一的返回格式对结果进行处理。

8.4.2　系统登录

在 Jeecg Boot 项目中,登录控制器的类是 LoginController,该类包含所有的登录控制方法,包括登录、退出、获取访问量、获取登录人的信息、选择用户当前部门、短信 API 登录接口、手机号登录接口、获取加密字符串、后台生成图形验证码、App 登录和图形验证码入口等。登录用到的相关数据库用户的表为 sys_user。

下面详细说明登录方法的代码逻辑。其中,Controller 登录方法的代码如下:

```
@ApiOperation("登录接口")
@RequestMapping(value = "/login", method = RequestMethod.POST)
public Result<JSONObject> login(@RequestBody SysLoginModel sysLoginModel){
    Result<JSONObject> result = new Result<JSONObject>();
    String username = sysLoginModel.getUsername();
    String password = sysLoginModel.getPassword();
    //update-begin--Author:scott  Date:20190805 for: 暂时注释掉密码加密逻辑,
        目前存在一些问题
    //前端进行密码加密,后端进行密码解密
    //password = AesEncryptUtil.desEncrypt(sysLoginModel.getPassword().
replaceAll("%2B", "\\+")).trim();                    //密码解密
    //update-begin--Author:scott  Date:20190805 for: 暂时注释掉密码加密逻辑,
        目前存在一些问题

    //update-begin-author:taoyan date:20190828 for:校验验证码
        String captcha = sysLoginModel.getCaptcha();
        if(captcha==null){
            result.error500("验证码无效");
            return result;
        }
        String lowerCaseCaptcha = captcha.toLowerCase();
    String realKey = MD5Util.MD5Encode(lowerCaseCaptcha+sysLoginModel.
getCheckKey(), "utf-8");
    Object checkCode = redisUtil.get(realKey);
    //当进入登录页面时,有一定概率出现验证码错误
    if(checkCode==null || !checkCode.toString().equals(lowerCaseCaptcha)) {
        result.error500("验证码错误");
        return result;
    }
```

```
    //update-end-author:taoyan date:20190828 for:校验验证码

    //1. 校验用户是否有效
    LambdaQueryWrapper<SysUser> queryWrapper = new LambdaQueryWrapper<>();
    queryWrapper.eq(SysUser::getUsername,username);
    SysUser sysUser = sysUserService.getOne(queryWrapper);
    result = sysUserService.checkUserIsEffective(sysUser);
    if(!result.isSuccess()) {
        return result;
    }

    //2. 校验用户名和密码是否正确
    String userpassword = PasswordUtil.encrypt(username, password, sysUser.
getSalt());
    String syspassword = sysUser.getPassword();
    if (!syspassword.equals(userpassword)) {
        result.error500("用户名或密码错误");
        return result;
    }

    //用户登录信息
    userInfo(sysUser, result);
    //update-begin--Author:liusq  Date:20210126  for: 登录成功，删除 Redis 中
        的验证码
    redisUtil.del(realKey);
    //update-begin--Author:liusq  Date:20210126  for: 登录成功，删除 Redis 中
        的验证码
    LoginUser loginUser = new LoginUser();
    BeanUtils.copyProperties(sysUser, loginUser);
    baseCommonService.addLog("用户名: " + username + ",登录成功! ", Common
Constant.LOG_TYPE_1, null,loginUser);
        //update-end--Author:wangshuai  Date:20200714  for: 登录日志没有记录人员
    return result;
}
```

调用 sysUserService 的 checkUserIsEffective()方法，代码如下：

```
/**
 * 校验用户是否有效
 * @param sysUser
 * @return
 */
@Override
public Result<?> checkUserIsEffective(SysUser sysUser) {
    Result<?> result = new Result<Object>();
    //情况 1：根据用户信息查询，该用户不存在
```

```
    if (sysUser == null) {
        result.error500("该用户不存在，请注册");
        baseCommonService.addLog("用户登录失败，用户不存在！", CommonConstant.
LOG_TYPE_1, null);
        return result;
    }
    //情况 2：根据用户信息查询，该用户已注销
    //update-begin---author:王帅    if 条件永远为 false
    if (CommonConstant.DEL_FLAG_1.equals(sysUser.getDelFlag())) {
    //update-end---author:王帅    if 条件永远为 false
        baseCommonService.addLog("用户登录失败，用户名:" + sysUser.getUsername()
+ "已注销！", CommonConstant.LOG_TYPE_1, null);
        result.error500("该用户已注销");
        return result;
    }
    //情况 3：根据用户信息查询，该用户已冻结
    if (CommonConstant.USER_FREEZE.equals(sysUser.getStatus())) {
        baseCommonService.addLog("用户登录失败，用户名:" + sysUser.getUsername()
+ "已冻结！", CommonConstant.LOG_TYPE_1, null);
        result.error500("该用户已冻结");
        return result;
    }
    return result;
}
```

Controller 的 login()方法用于判断用户登录是否成功，其执行逻辑如下：

（1）判断验证码是否正确。

（2）调用 sysUserService 的 checkUserIsEffective()方法查询当前用户是否存在，用户状态是否正常，确认用户没有注销和被冻结。

（3）校验用户名和密码是否正确。

（4）完善登录成功的用户信息。

（5）记录日志。

（6）返回登录成功的结果。

8.4.3　菜单管理

在网页上可以快速进行菜单的创建和查看，在"系统管理" | "菜单管理"菜单下，可以看到系统的所有菜单，并且可以新建一个菜单。新建菜单的页面如图 8.5 所示，系统菜单的控制器为 SysPermissionController，数据库对应的表为 sys_permission。

图 8.5　创建菜单

SysPermissionController 类的部分方法如下：

```
/**
 * <p>
 * 菜单权限表的前端控制器
 * </p>
 *
 * @Author scott
 * @since 2018-12-21
 */
@Slf4j
@RestController
@RequestMapping("/sys/permission")
public class SysPermissionController {

    @Autowired
    private ISysPermissionService sysPermissionService;

    /**
     * 加载数据节点
     *
     * @return
     */
    @RequestMapping(value = "/list", method = RequestMethod.GET)
    public Result<List<SysPermissionTree>> list() {
        long start = System.currentTimeMillis();
```

```
        Result<List<SysPermissionTree>> result = new Result<>();
        try {
            LambdaQueryWrapper<SysPermission> query = new LambdaQuery
Wrapper<SysPermission>();
            query.eq(SysPermission::getDelFlag, CommonConstant.DEL_FLAG_0);
            query.orderByAsc(SysPermission::getSortNo);
            List<SysPermission> list = sysPermissionService.list(query);
            List<SysPermissionTree> treeList = new ArrayList<>();
            getTreeList(treeList, list, null);
            result.setResult(treeList);
            result.setSuccess(true);
            log.info("======获取全部菜单数据=====耗时:" + (System.currentTime
Millis() - start) + "毫秒");
        } catch (Exception e) {
            log.error(e.getMessage(), e);
        }
        return result;
    }

    /**
     * 添加菜单
     * @param permission
     * @return
     */
    //@RequiresRoles({ "admin" })
    @RequestMapping(value = "/add", method = RequestMethod.POST)
    public Result<SysPermission> add(@RequestBody SysPermission permission) {
        Result<SysPermission> result = new Result<SysPermission>();
        try {
            permission = PermissionDataUtil.intelligentProcessData(permission);
            sysPermissionService.addPermission(permission);
            result.success("添加成功! ");
        } catch (Exception e) {
            log.error(e.getMessage(), e);
            result.error500("操作失败");
        }
        return result;
    }
}
```

以上为菜单列表和新建菜单的 Controller，其对应新增菜单的 service 代码如下：

```
@Override
@CacheEvict(value = CacheConstant.SYS_DATA_PERMISSIONS_CACHE,allEntries=
true)
public void addPermission(SysPermission sysPermission) throws JeecgBoot
Exception {
    //-------------------------------------------------------------------
    //判断是否是一级菜单，如果是，则清空父菜单
    if(CommonConstant.MENU_TYPE_0.equals(sysPermission.getMenuType())) {
        sysPermission.setParentId(null);
    }
    //-------------------------------------------------------------------
    String pid = sysPermission.getParentId();
    if(oConvertUtils.isNotEmpty(pid)) {
```

```
        //设置父节点不为子节点
        this.sysPermissionMapper.setMenuLeaf(pid, 0);
    }
    sysPermission.setCreateTime(new Date());
    sysPermission.setDelFlag(0);
    sysPermission.setLeaf(true);
    this.save(sysPermission);
}
```

对应 Dao 方法的代码如下：

```
/**
 *    修改菜单状态字段：  是否子节点
 */
@Update("update sys_permission set is_leaf=#{leaf} where id = #{id}")
public int setMenuLeaf(@Param("id") String id,@Param("leaf") int leaf);
```

保存一个新的菜单时应判断是否是一级菜单，如果是，则清空父菜单，否则直接将菜单拼接到父菜单之下。

8.4.4　角色管理

角色是系统权限管理的一部分，用来管理一部分权限的合集。Jeecg Boot 的角色管理功能是在"系统管理"|"角色管理"菜单下。创建一个新的角色，如图 8.6 所示，这里创建了一个临时工的角色。在角色管理中还可以查看有多少用户拥有该角色。

图 8.6　创建新的角色

角色管理的入口控制器是 SysRoleController，其部分源码如下：

```
/**
 * <p>
 * 角色表的前端控制器
 * </p>
 *
 * @Author scott
 * @since 2018-12-19
```

```
*/
@RestController
@RequestMapping("/sys/role")
@Slf4j
public class SysRoleController {
  @Autowired
  private ISysRoleService sysRoleService;

  /**
   * 分页列表查询
   * @param role
   * @param pageNo
   * @param pageSize
   * @param req
   * @return
   */
  @RequestMapping(value = "/list", method = RequestMethod.GET)
  public Result<IPage<SysRole>> queryPageList(SysRole role,
                      @RequestParam(name="pageNo", defaultValue="1")
Integer pageNo,
               @RequestParam(name="pageSize", defaultValue="10") Integer
pageSize,
                      HttpServletRequest req) {
    Result<IPage<SysRole>> result = new Result<IPage<SysRole>>();
    QueryWrapper<SysRole> queryWrapper = QueryGenerator.initQuery
Wrapper(role, req.getParameterMap());
    Page<SysRole> page = new Page<SysRole>(pageNo, pageSize);
    IPage<SysRole> pageList = sysRoleService.page(page, queryWrapper);
    result.setSuccess(true);
    result.setResult(pageList);
    return result;
  }

  /**
   * 添加
   * @param role
   * @return
   */
  @RequestMapping(value = "/add", method = RequestMethod.POST)
  //@RequiresRoles({"admin"})
  public Result<SysRole> add(@RequestBody SysRole role) {
    Result<SysRole> result = new Result<SysRole>();
    try {
      role.setCreateTime(new Date());
      sysRoleService.save(role);
      result.success("添加成功! ");
    } catch (Exception e) {
      log.error(e.getMessage(), e);
      result.error500("操作失败");
    }
    return result;
  }
}
```

角色的列表查询和新建都使用 MyBatisPlus 的接口方法实现，在开发中不需要再次实现，从而更加快捷地完成功能开发。

8.4.5　用户管理

当前登录的用户是管理员，系统还内置了其他账户。在 sys_user 表中，使用"系统管理"|"用户管理"命令可以查看所有的用户。下面新建一个账号为 cc 的新用户，然后登录。新建用户的设置页面如图 8.7 所示。

图 8.7　新建用户的设置页面

退出当前用户账号，使用 cc 登录，登录成功后的页面如图 8.8 所示。可以看到，已经登录成功，但是因为当前用户未分配任何权限，所以是空白页。

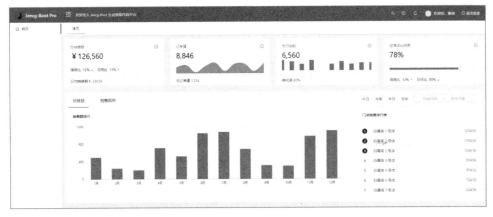

图 8.8　用户 cc 登录成功

用户管理的入口控制器 Controller 是 SysUserController，其部分源码如下：

```
/**
 * <p>
 * 用户表的前端控制器
 * </p>
 */
@Slf4j
@RestController
@RequestMapping("/sys/user")
public class SysUserController {
    @Autowired
    private ISysBaseAPI sysBaseAPI;

    @Autowired
    private ISysUserService sysUserService;

    /**
     * 获取用户列表数据
     * @param user
     * @param pageNo
     * @param pageSize
     * @param req
     * @return
     */
    @PermissionData(pageComponent = "system/UserList")
    @RequestMapping(value = "/list", method = RequestMethod.GET)
    public Result<IPage<SysUser>> queryPageList(SysUser user,@RequestParam
(name="pageNo", defaultValue="1") Integer pageNo,
        @RequestParam(name="pageSize", defaultValue="10") Integer pageSize,
HttpServletRequest req) {
        Result<IPage<SysUser>> result = new Result<IPage<SysUser>>();
        QueryWrapper<SysUser> queryWrapper = QueryGenerator.initQueryWrapper
(user, req.getParameterMap());
        // 外部模拟登录临时账号，不显示列表
        queryWrapper.ne("username","_reserve_user_external");
        Page<SysUser> page = new Page<SysUser>(pageNo, pageSize);
        IPage<SysUser> pageList = sysUserService.page(page, queryWrapper);

        //批量查询用户的所属部门
        //步骤1：先获取全部的 userIds
        //步骤2：通过 userIds 一次性查询用户所属部门的名称
        List<String> userIds = pageList.getRecords().stream().map(SysUser::
getId).collect(Collectors.toList());
        if(userIds!=null && userIds.size()>0){
            Map<String,String> useDepNames = sysUserService.getDepNamesBy
UserIds(userIds);
            pageList.getRecords().forEach(item->{
                item.setOrgCodeTxt(useDepNames.get(item.getId()));
            });
        }
    result.setSuccess(true);
    result.setResult(pageList);
    log.info(pageList.toString());
```

```
        return result;
    }

    //@RequiresRoles({"admin"})
    //@RequiresPermissions("user:add")
    @RequestMapping(value = "/add", method = RequestMethod.POST)
    public Result<SysUser> add(@RequestBody JSONObject jsonObject) {
        Result<SysUser> result = new Result<SysUser>();
        String selectedRoles = jsonObject.getString("selectedroles");
        String selectedDeparts = jsonObject.getString("selecteddeparts");
        try {
            SysUser user = JSON.parseObject(jsonObject.toJSONString(), SysUser.
class);
            user.setCreateTime(new Date());              //设置创建时间
            String salt = oConvertUtils.randomGen(8);
            user.setSalt(salt);
            String passwordEncode = PasswordUtil.encrypt(user.getUsername(),
user.getPassword(), salt);
            user.setPassword(passwordEncode);
            user.setStatus(1);
            user.setDelFlag(CommonConstant.DEL_FLAG_0);
            // 在一个方法中使用事务保存用户信息
            sysUserService.saveUser(user, selectedRoles, selectedDeparts);
            result.success("添加成功！");
        } catch (Exception e) {
            log.error(e.getMessage(), e);
            result.error500("操作失败");
        }
        return result;
    }
}
```

这里节选了用户列表和新增用户入口的方法。查询用户列表的 service 实现代码节选如下：

```
@Override
public Map<String, String> getDepNamesByUserIds(List<String> userIds) {
    List<SysUserDepVo> list = this.baseMapper.getDepNamesByUserIds(userIds);

    Map<String, String> res = new HashMap<String, String>();
    list.forEach(item -> {
            if (res.get(item.getUserId()) == null) {
                res.put(item.getUserId(), item.getDepartName());
            } else {
                res.put(item.getUserId(), res.get(item.getUserId()) + "," +
item.getDepartName());
            }
        }
    );
    return res;
}
```

其中，调用 Dao 的代码如下：

```
/**
 * 根据 userIds 查询，查询用户所属部门的名称（多个部门名称用逗号隔开）
 * @param
 * @return
 */
public Map<String,String> getDepNamesByUserIds(List<String> userIds);
```

XML 中的 SQL 语句如下：

```
<!-- 查询用户所属部门名称的信息 -->
<select id="getDepNamesByUserIds" resultType="org.jeecg.modules.system.
vo.SysUserDepVo">
    select d.depart_name,ud.user_id from sys_user_depart ud,sys_depart d
where d.id = ud.dep_id and ud.user_id in
    <foreach collection="userIds" index="index" item="id" open=
"(" separator="," close=")">
        #{id}
    </foreach>
</select>
```

新增用户的 service 代码如下：

```
@Override
@Transactional(rollbackFor = Exception.class)
public void saveUser(SysUser user, String selectedRoles, String selected
Departs) {
    //步骤1 保存用户
    this.save(user);
    //步骤2 保存角色
    if(oConvertUtils.isNotEmpty(selectedRoles)) {
        String[] arr = selectedRoles.split(",");
        for (String roleId : arr) {
            SysUserRole userRole = new SysUserRole(user.getId(), roleId);
            sysUserRoleMapper.insert(userRole);
        }
    }
    //步骤3 保存所属部门
    if(oConvertUtils.isNotEmpty(selectedDeparts)) {
        String[] arr = selectedDeparts.split(",");
        for (String deaprtId : arr) {
            SysUserDepart userDeaprt = new SysUserDepart(user.getId(), deaprtId);
            sysUserDepartMapper.insert(userDeaprt);
        }
    }
}
```

保存用户时附带保存用户角色和用户所属部门的数据。在方法中增加了事务，以确保数据保存的完整性。

8.4.6　异常处理

Jeecg Boot 项目使用了全局异常捕获的异常处理方式，不同类型的异常有不同的输出，从而为用户提示友好的错误信息，而不是详细的错误代码。其异常处理类的部分源码如下：

```
package org.jeecg.common.exception;

/**
 * 异常处理器
 *
 * @Author scott
 * @Date 2019
 */
@RestControllerAdvice
@SLF4J
public class JeecgBootExceptionHandler {

    /**
     * 处理自定义异常
     */
    @ExceptionHandler(JeecgBootException.class)
    public Result<?> handleRRException(JeecgBootException e){
        log.error(e.getMessage(), e);
        return Result.error(e.getMessage());
    }

    @ExceptionHandler(NoHandlerFoundException.class)
    public Result<?> handlerNoFoundException(Exception e) {
        log.error(e.getMessage(), e);
        return Result.error(404, "路径不存在，请检查路径是否正确");
    }

    @ExceptionHandler({UnauthorizedException.class, Authorization
Exception.class})
    public Result<?> handleAuthorizationException(AuthorizationException e){
        log.error(e.getMessage(), e);
        return Result.noauth("没有权限，请联系管理员授权");
    }

    @ExceptionHandler(Exception.class)
    public Result<?> handleException(Exception e){
        log.error(e.getMessage(), e);
        return Result.error("操作失败，"+e.getMessage());
    }

    /**
     * Spring 默认上传文件的大小为 10MB，若超出则捕获异常 MaxUploadSizeExceeded
Exception
     */
    @ExceptionHandler(MaxUploadSizeExceededException.class)
    public Result<?> handleMaxUploadSizeExceededException(MaxUploadSize
ExceededException e) {
        log.error(e.getMessage(), e);
        return Result.error("文件超出 10MB 的限制，请压缩或降低文件质量！");
    }

    @ExceptionHandler(PoolException.class)
    public Result<?> handlePoolException(PoolException e) {
        log.error(e.getMessage(), e);
```

```
            return Result.error("Redis 连接异常!");
    }
}
```

8.4.7　功能扩展

以上列举的只是 Jeecg Boot 的一部分功能，还有很多功能读者可以自行去挖掘。常见的功能如下：

- 统计报表功能：使用该功能后，现有的报表就不再需要重新构建报表页面，而只需要后端返回响应的数据就能看到与结果相符的报表。
- 在线开发功能：使用该功能可以非常快速地开发在线表单，并且可以设置参数校验的规则，从而对系统的数据源进行管理。

还有动态切换数据源和代码生成等功能读者可以自行演示。

🔔说明：如果现有功能不能满足用户的业务需要，就需要用户自己完成开发。如果在使用的过程中发现系统 Bug，则可以向 Jeecg Boot 团队反馈，也可以提供建议，这样也为开源做出了自己的贡献。

8.5　小　　结

本章介绍了项目搭建的脚手架工具 Jeecg Boot 的相关知识，主要包括 Jeecg Boot 的功能、技术栈及其项目的配置与修改等内容，另外还介绍了项目的数据库访问方式——MyBatis 与 MyBatisPlus，最后介绍了 Jeecg Boot 对 Web 开发的支持。

第 9 章　Spring Boot 项目开发实战
——销售管理系统

在前面的章节中我们详细介绍了 Spring Boot 各个功能的使用，本章将新建一个销售管理系统项目，演示项目从需求分析到功能分解，再到各个功能的实现过程，最后再使用 Docker 部署上线的完整过程。本章将从实际开发的角度介绍 Spring Boot 及其各个组件，让读者对 Spring Boot 的理解更加深刻。

9.1　系　统　设　计

系统设计是在项目初始阶段对项目的整体规划，包括项目需求分析、项目的边界规划、项目开发人员安排、项目时间安排（开发时间、测试时间、交付时间）、项目性能设计、代码规范制定、API 规范制定、技术难点预估和调研等。系统设计是进行项目开发的第一步，在进行系统设计时需要完成以下工作：
- 用思维图列举系统中的所有角色和各个角色之间的关系；
- 用时序图绘制出所有复杂的工作流程；
- 用类图定义出满足部分功能的类关系，列举出类属性、方法、抽象层和接口类等，设置类与类之间的关系；
- 用 E-R 图设计系统表之间的关系。

9.1.1　系统介绍

上海兮索电力科技发展有限公司是一家从事电气制造和销售的公司，该公司的弱电设备业务遍布全国各地。在日常的运营过程中该公司发现，当前的客户管理、产品管理、客户的跟进、订单管理已不能满足公司发展的需要，一部分日常的烦琐工作需要实现电子化，以提高工作效率，更加方便、快捷地完成对销售任务的跟进和客户的管理。因此需要开发一套销售管理系统，这套销售系统能彻底解决公司在客户管理、产品管理、订单管理等方面的现存问题。因此公司立项开发一个销售管理系统在互联网中运行使用。

本项目是一个功能比较简单的销售管理系统，其主要作用是将销售人员和管理者的日常工作电子化，包括销售员登录管理、客户管理、客户的跟进、产品管理、销售订单管理、销售员的日程管理等功能。销售人员登录系统后可以进行客户管理、客户跟进和销售订单的管理工作。系统要具备权限设置，销售人员只能查看自己的客户和自己的订单，管理人员拥有系统的所有权限，可以查看所有的信息，包括所有销售人员的订单信息和客户信息。

根据公司目前的规模，本系统的使用者总人数为 30～50 人，其中，管理者为 5～6 人，其他都是普通的销售人员。系统需要在外网中使用，方便销售人员能够随时通过互联网进行工作。

未来，随着公司规模的扩大，系统的使用者可能会达到 80 人，每个人的客户可能会超过 100 个，每个客户每个月可能会产生 3 个左右的订单，每个客户每月可能需要跟进 10 次，需要系统能满足公司未来 3～5 年使用业务的需求。

9.1.2　系统功能需求分析

需求分析的目标是将产品的需求功能梳理出来，并且用通俗易懂的文字进行描述，为开发人员和测试人员提供依据。需求分析的基本任务是：准确地回答"系统必须做什么"这个问题，也就是对目标系统提出完整、准确、清晰、具体的要求。

需求分析一般分为以下 4 步：

（1）获取需求：了解所有用户类型，包括潜在用户类型，以确定整体目标和方向。这一步需要完成以下工作：

- 对用户进行访谈和调研，对各个角色的需求进行归纳、整理和分析。
- 业务需求方面，模拟业务场景，对业务逻辑和业务流程进行梳理，整理出业务需求。

（2）根据系统分析需求，完成以下 4 项工作：

- 根据业务逻辑和业务流程画出流程图，分析业务需求及业务数据的流动顺序（完成数据流图：Data flow Define；ERD 用户用例：use case 的绘制）。
- 挖掘每个需求点的产生原因及实际的作用。
- 挖掘每个需求点的隐含需求及需求的前置条件。
- 挖掘每个需求的必要性。

（3）需求确认：整理分析阶段的所有需求，确保需求一致。这一步需要完成以下工作：

- 整理不清晰的需求。
- 分别与对应用户确认以上需求点，保证需求的一致性和清晰性。

（4）编写需求文档：使用自然语言，以通俗易懂的语言展现需求分析，可以添加图形辅助阅读。输出文档包括功能需求和非功能需求，并且最好把原始需求加入需求文档中，作为一个章节单独列出。

整个系统的用户分为两类：第一类是普通的销售人员，第二类是管理员（是一类权限更高的销售人员）。

普通销售人员的权限包括查看产品、创建订单、创建客户、查看客户、创建待办任务等，管理员除了拥有普通销售人员的所有权限之外，还能对系统的用户进行管理，并且管理员能看到所有用户的数据，而普通销售人员只能看到自己创建的用户数据。

普通销售人员在系统中有 6 个权限，具体如下：

- 创建产品、修改产品和删除产品：主要是为了与订单模块功能关联使用，订单能够关联具体的产品，公司从而能够知道哪一类产品的销量最好，能够最好地创造利润。
- 创建客户、修改客户信息和删除客户：对客户信息进行管理。
- 创建客户的跟进记录、修改跟进记录、删除跟进记录：帮助销售人员跟进客户，与客户经常联系，提高成交率。
- 创建和删除订单目标：为销售人员设定一段时间内的订单目标额，帮助销售人员制定业绩目标。
- 创建待办事项和删除待办事项：帮助销售人员安排自己的个人事项，将事项按照轻重缓急进行排序，以便更好地完成销售工作。
- 修改个人信息和密码：个人信息的个性化。

管理员拥有普通销售人员的所有权限，还可以新增普通销售人员、重置普通销售人员的密码及删除普通销售人员。

9.1.3　系统用例分析

UML 的一个重要图示就是用例图，用例图用于描述系统功能的动态视图，其由参与者（Actor）、用例（Use Case）及它们之间的关系构成。要在用例图上显示某个用例，可绘制一个椭圆，然后将用例的名称放在椭圆的中心或椭圆下面的中间位置即可。

用例图中绘制一个参与者（表示一个系统用户），即绘制一个人形符号。参与者和用例之间的关系使用带箭头或者不带箭头的线段来表示，箭头的起始点是对话的主动发起者，箭头所指方是对话的被动接受者。

用例图是系统需求分析结果之一，用例图的主要作用是描述参与者和用例之间的关系，帮助开发人员对系统有可视化的了解。借助于用例图，系统用户、系统分析人员、系统设计人员和领域专家能够以可视化的方式探讨问题，大量减少了交流上的障碍，便于对问题达成共识。用例图可以可视化、方便地表现系统的需求，具有直观、规范等优点，克服了纯文字性说明的不足。用例方法完全从外部来定义系统功能，它把需求和设计完全分离开。设计者不用关心功能是如何实现的，对于设计者来说系统是一个黑盒。用例之间还存在一些关系，如包含、扩展、泛化。

任何用例图都不能缺少参与者，任何参与者必须要与用例关联。因此识别用例的最好方法就是从分析系统参与者开始，在这个过程中往往会发现新的参与者。在实际开发中可以通过以下问题来寻找用例：

（1）参与者希望系统能完成什么功能。

（2）参与者是否会读取、创建、修改、删除和存储系统的业务信息，如果是，参与者是如何完成这些操作的。

（3）参与者是否会向系统通知外部的某些事件。

（4）系统中发生的事件是否通知参与者。

（5）是否存在影响系统的外部事件。

根据以上系统功能分析，普通用户具有客户管理、产品管理、订单管理、业绩目标管理的权限，管理员具有普通用户的所有权限并且还有用户管理的权限。

整个系统的用例图如图 9.1 所示。

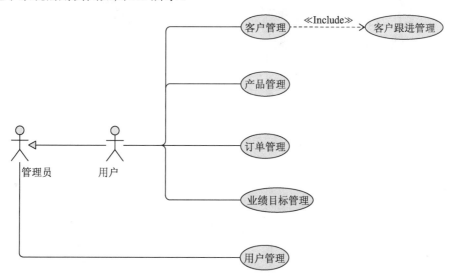

图 9.1　销售管理系统用例图

时序图描述的是系统中对象之间进行交互的先后顺序，在交互过程中建模成消息交换，描述了对象之间期望的信息交换和返回结果，时序图中每条消息表示对象的一个操作或者引起状态机改变的触发事件。

时序图包括 4 个元素：对象（Actor）、生命线（Lifeline）、控制焦点（Focus of Control）和消息（Message）。对象（Actor）为系统角色，可以是人甚至其他系统或者子系统。对象（Actor）有 3 种命名方式：

• 包括对象名和类名；

• 只显示类名不显示对象名，即表示它是一个匿名对象；

• 只显示对象名不显示类名。

生命线（Lifeline）在时序图中表示为从对象的图标向下延伸的一条虚线，表示对象存在的时间。控制焦点（Focus of Control）是时序图中表示时间段的符号，用小矩形表示，其代表在这个时间段内对象将执行的相应操作。消息（Message）一般分为同步消息（Synchronous Message）、异步消息（Asynchronous Message）和返回消息（Return Message）。

普通用户创建产品的步骤如下：

（1）单击"创建产品"按钮，跳转到创建产品页面。

（2）用户输入产品信息，单击"保存"按钮保存信息。

（3）服务器收到保存请求后对用户输入的参数进行校验，然后再将其保存到数据库中。

（4）系统将创建成功后的产品列表返回给用户。

根据以上步骤创建时序图，如图 9.2 所示。

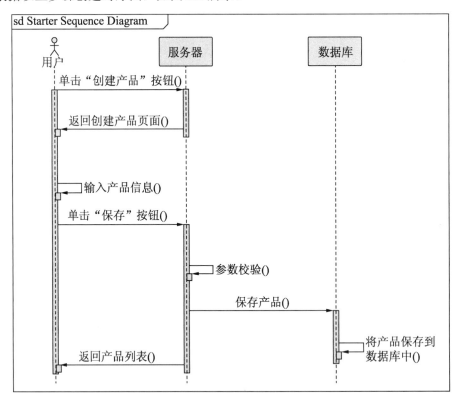

图 9.2 普通用户创建产品时序图

用户登录系统的步骤如下：

（1）用户输入 localhost:8085 网址，页面跳转到登录页面。

（2）用户输入账号和密码，单击"登录"按钮。

（3）服务器接收到登录请求后对请求参数进行校验，查询用户信息，判断用户是否登录成功。

（4）将登录结果返回给用户，如果密码错误则向用户提示密码错误，如果没有错误，则登录成功。

根据以上分析创建用户登录时序图，如图 9.3 所示。

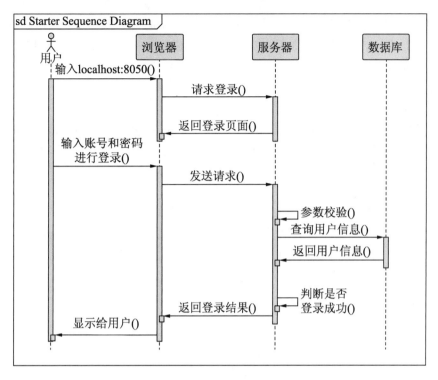

图 9.3 用户登录时序图

9.1.4 技术栈的选型

这里先声明一点，如果要为公司开发一个自用的系统软件，首先应该做的就是满足当前的功能，以解决实际存在的问题，其次是尽可能地节约成本，降低日常的开发和维护成本，能用开源数据库的就不用收费的数据库。例如，让一个 20 人的小公司每年花几千万元买 Oracle 的数据库许可证，这在国内是不大可能的事情，在满足系统需求的前提下用开源版软件进行开发是一个明智的选择。

1．Spring Boot的选择

本项目采用 Spring Boot 的 2.3.10 版本进行开发，这个版本是笔者编写本书时最新的 Spring Boot 框架，笔者希望读者能够学习到最新版的 Spring Boot 的相关知识，了解新框架的功能，因此选择这个版本进行学习。

2．JDK的选择

目前在企业级的开发中，常用的 JDK 版本有两个，分别是 JDK 1.8 和 JDK 11。Oracle 官方宣布 2019 年 1 月之后发布的 Oracle Java SE 8 公开更新将无法用于商业或生产用途。

虽然 RedHat、阿里、亚马逊这些大企业有自己的开源定制版 JDK 1.8，并且为 JDK 1.8 提供了安全更新，但是不会再将新的功能添加到 JDK 1.8 中。因此本书的 JDK 版本选择 JDK 11。

3．数据库的选择

数据库笔者选择了国内常用的关系型数据库 MySQL，没有选择 PostgreSQL，是因为没有那么多的数据分析需求和超大数据量的存储需要，至于收费数据库 Oracle 和 SQL Server 则不在考虑范围内。

4．ORM框架的选择

数据库的 ORM 框架笔者选择了国内流行的 MyBatis，原因是 MyBatis 的使用者众多且容易上手。而 Hibernate 的入门门槛更高，而且它比 MyBatis 更复杂。相比 Hibernate，MyBatis 在复杂 SQL 的执行上有更高的效率，且易于优化。

5．数据库连接池的选择

数据库连接在网页应用程序中是一种重要且有限的资源。对数据库连接的管理能够影响整个应用程序的伸缩性和健壮性，进而影响整个程序的性能指标，因此本项目需要一个数据库连接池。数据库连接池负责分配、管理和释放数据库连接，它允许应用程序重复使用一个现有的数据库连接而不是重新建立一个。数据库连接池的可选性非常多，有 c3p0、DBCP、Proxool、Druid 和 HikariCP 等。本项目使用阿里巴巴开源的 Druid，它集合了 c3p0、DBCP、Proxool 等连接池的优点，而且还加入了日志监控，可以有效地监控 DB 池连接和 SQL 的执行情况。

6．前后端技术的选择

本项目没有选择做前后端分离，也没有选择使用 Vue 或者 React 来实现前端，是因为前端没有很复杂的需求，而且笔者主要是偏向于后端开发，对前端开发工作的熟悉程度只停留在能完成简单功能的层面，所以笔者选择了 FreeMaker 作为前端的页面引擎。

在页面的样式上，笔者选择了市面上常见的样式模板 inspinia v2.8，这样笔者就可以把所有的样式全部集成到本项目中，需要时直接把组件拿过来用，减少了前端开发的工作量，并且样式很好看。

本项目是一个销售管理系统，没有复杂的权限，因此没有使用 Shiro 或者 Spring Security。由于本项目中没有复杂的权限业务，所以设计和开发工作相对来说比较简单，没有引入更多的数据库（Redis）、组件（MQ、ELK）来辅助实现本系统。

JSON 在 Web 开发中是相当常见的数据传输格式，需要对 JSON 解析并且将对象格式化为 JSON 数据。市场上的 JSON 库有很多选择，可以选择使用 Gson、FastJson、Jackson、Json-lib，下面分别介绍。

（1）Gson 是目前 Java 领域功能最全的 JSON 解析神器，当初是应 Google 公司的内部需求由 Google 自行研发的。2008 年 5 月公开发布的 Gson 应用主要有 toJson 与 fromJson 两个转换函数，它们无依赖，不需要额外的 jar，能够直接在 JDK 上运行。在使用这种对象转换方式之前，需要先创建对象的类型及成员，然后才能将 JSON 字符串成功转换成相对应的对象。需要序列化的类中只要有 get 和 set 方法，Gson 就可以实现复杂类型的 JSON 到 Bean，或 Bean 到 JSON 的转换，可以说 Gson 是 JSON 解析的"神器"。

（2）Fastjson 是一个用 Java 语言编写的高性能的 JSON 处理器，由阿里巴巴公司开发。Fastjson 没有其他依赖，不需要额外的 jar 就可以直接在 JDK 上运行。Fastjson 采用独创的算法，将 parse 的速度提升到极致，超过了所有的 JSON 库。

（3）Jackson 是当前用得比较广泛的 Java 开源框架，用来序列化和反序列化 JSON。Jackson 社区相对比较活跃，更新速度也比较快。从 GitHub 的统计来看，Jackson 是最流行的 JSON 解析器之一，Spring MVC 的默认 JSON 解析器便是 Jackson。

（4）json-lib 为应用最广泛的 JSON 解析工具，它的缺点是依赖于很多第三方包，并且对于复杂类型的转换，还存在缺陷。例如一个类里会出现另一个类的 list 或者 map 集合，json-lib 从 JSON 到 Bean 的转换就会出现问题。json-lib 在功能和性能上都不能满足目前互联网化的需求。

综上所述，因为系统中没有复杂对象的 JSON 转换，所以笔者选择国内常用且最熟悉的 JSON 解析工具——Fastjson。

Apache 提供了众多的 commons 工具包，其中 lang 3 包最受欢迎。lang 3 是 Apache Commons 团队发布的工具包，要求 JDK 版本在 1.5 以上，相对于 lang 来说其完全支持 Java 5 的特性，废除了一些旧的 API。lang 3 版本无法兼容旧版本，于是为了避免冲突改名为 lang 3。在本项目中笔者使用 Apache 的 lang 3 包和 Google 的 Guava 作为工具类包，以尽可能地减少各种依赖项目。

项目开发完成后，将其打成一个 jar 包，只需要安装 Java 的环境和 MySQL 数据库就可以直接运行起来。

7．构建工具的选择

本项目使用 Maven 作为依赖的管理和构建工具，之所以没有使用 Gradle，是因为相较于 Maven，笔者认为 Gradle 的优势并不明显，为了项目的易用性和稳固性，笔者选择使用更加熟悉的 Maven。

8．代码规范

本项目中使用阿里巴巴的代码规范指导开发，尽量遵守相关的规范，在命名方式上选择使用驼峰的方式，数据库的设计规范如下：

（1）数据库的表名采用 26 个英文字母（区分大小写）和 0~9 的自然数加上下划线"_"组成；命名简洁、明确（长度尽量不能超过 30 个字符）；例如，可以使用 user、sys 或 log

给数据库中的表名加个前缀，方便对同一类型的表进行统一管理；表命名全部使用下划线来分隔并且全部使用小写字母。

（2）可以使用表前缀 user_ 有效让相同关系的表一起显示。

（3）每个表中必须有自增主键和 create_time（默认系统时间），表与表之间的相关联字段名称要求尽可能相同。

（4）用尽量少的存储空间来存储一个字段的数据。例如，能使用 int 就不要使用 varchar 或 char，能用 varchar(16)就不要使用 varchar(256)。IP 地址最好使用 int 类型，固定长度的类型最好使用 char（如邮政编码），能使用 tinyint 就不要使用 smallint 或 int；最好给每个字段设置一个默认值，并且不要设置为 null。

（5）为每个表创建一个主键索引。

（6）少用 text 类型（尽量使用 varchar 代替 text 字段）。

（7）拒绝大 SQL 语句、大事务和大批量操作。

（8）不在数据库中做运算，CPU 计算务必移至业务层。

（9）控制列数量（字段要少而精，字段数建议在 20 个以内）；平衡范式与冗余（有时在追求查询效率的提升时往往需要在表中设计冗余字段，因而不符合数据可设计范式。强调数据库设计范式能提升数据库的扩展性，但同时会降低数据库的查询效率）。

9. 版本管理

本项目的代码使用 Git 进行管理，使用 Git 提交的 Message 格式为 type (scope): subject，其中，type 为提交的类型，有以下 5 种：

- feat：新功能开发；
- fix：修补 Bug；
- docs：新增/修改文档；
- refactor：重构代码；
- test：测试用例。

scope 为当前提交的影响范围，即哪个项目下哪一个模块的变动，subject 提交的就是具体的变动信息，应尽可能详细。

使用 Git 进行功能开发时的分支管理有以下几个：

- master：Git 的默认主分支。
- stable：稳定分支，替代 master，主要用于版本发布。
- develop：日常开发分支，该分支保存开发的最新代码。
- feature：具体的功能开发分支，只与 develop 分支交互。
- release：该分支可以认为是 stable 分支的未测试版。例如，某一期的功能全部开发完成，那么就将 develop 分支与 release 分支合并，测试没有问题，到了发布日期就将其与 stable 分支合并，然后进行发布。

- feature-name：个人功能开发分支，个人在功能开发完成后把个人分支与 feature 分支合并。

9.2　数据库设计

基于以上的系统设计和需求分析进行数据库设计。数据库设计是将应用涉及的数据实体与这些数据实体之间的关系进行规划和结构化的过程。数据库设计分以下几个步骤：

（1）收集信息。创建数据库之前，必须充分理解项目的需求，了解数据库需要存储哪些数据、实现哪些功能。

（2）设计数据库的表实体。收集信息后，标识数据库要管理的关键对象或数据库表实体。

（3）设计每个表需要存储的详细信息。数据库中的主要表实体标示为表以后，就要设计每个表存储的详细信息，也称为表的属性，这些属性将组成表中的字段。

（4）标识实体之间的关系。关系型数据库的一个强大功能是可以关联数据库中各个项目的相关信息。在设计过程中，要标识实体之间的关系，首先需要分析数据库的表，确定这些表在逻辑上是如何关联的，然后添加关系列，建立起表之间的连接。

数据库的设计至关重要，数据库中表的设计直接决定了业务代码的编写以及数据的存储。

9.2.1　数据库概念模型设计

根据以上项目的需求分析，设计概念模型的主要特点：
- 能真实、充分地反映现实世界，包括事物之间的联系，能满足用户对数据的处理要求，是现实世界的一个真实模型。
- 易于理解，可以用它和不熟悉计算机的用户进行意见交换。用户的积极参与是数据库成功设计的关键。
- 易于更改，当应用环境和应用要求改变时容易对概念模型进行修改和扩充。
- 易于向关系、网状和层次等各种数据模型转换。

概念模型是各种数据模型的共同基础，它比数据模型更独立于机器，也更抽象，从而更加稳定。描述概念模型的有力工具是 E-R 模型（即 E-R 图，Entity-Relationship，也称为实体-关系图，用于和项目团队中的其他成员及客户沟通，讨论数据库设计能否满足客户的业务需求和数据处理需求，主要由一些含有特殊含义的图形符号构成）。

E-R 模型有以下 4 个概念：
- 实体：指现实世界中具有区分其他事物的特征或属性并与其他事物有联系的事物。实体一般是名词，对应表中的一行数据，用矩形表示。

- 属性：实体特征，对应表中的列，用椭圆形表示，一般也是名词。
- 联系：指两个或多个实体之间的关系，用菱形表示，一般是动词。
- 映射基数：表示通过联系与该实体关联的其他实体的个数。

在 E-R 模型中，实体集 X 与 Y 之间的关系有 4 种，分别是一对一、一对多、多对一、多对多，具体介绍如下：

- 一对一：X 中的一个实体最多与 Y 中的一个实体关联，并且 Y 中的一个实体最多与 X 中的一个实体关联。
- 一对多：X 中的一个实体可以与 Y 中的任意数量的实体关联，Y 中的一个实体最多与 X 中的一个实体关联。
- 多对一：X 中的一个实体最多与 Y 中的一个实体关联，Y 中的一个实体可以与 X 中任意数量的实体关联。
- 多对多：X 中的一个实体可以与 Y 中的任意数量的实体关联，Y 中的一个实体可以与 X 中任意数量的实体关联。

本项目数据库需要用户表、客户表、客户跟进表、产品表、订单表、订单详情表、订单目标表和待办事项表。各个表之间有以下的关系：

一个用户可以创建多个客户；用户在一个客户的基础上可以创建多个客户的跟进记录；一个用户可以创建多个产品；一个用户可以再选择一个客户创建多个订单；一个订单有一个或者多个订单详情；一个用户至少有一个订单目标；一个用户没有或者有多个待办事项。

综上所述，本系统有 8 张表，参见表 9.1。

表 9.1　设计数据库中的表

序　号	表　名	注释/说明
1	customer	客户表
2	customer_follow	客户跟进表
3	order	订单表
4	order_detail	订单详情表
5	order_target	订单目标表
6	product	产品表
7	to_do_list	待办事项表
8	user	用户表

各数据库的字段如下：

- 客户表中的字段为主键、名称和公司地址；
- 客户跟进表中的字段为主键、客户 id、用户 id 和跟进时间；
- 订单表中的字段为主键、订单时间和订单总额；
- 订单详情表中的字段为主键、订单 id、产品 id 和产品价格；

- 订单目标表中的字段为主键、用户 id 和目标值；
- 待办事项表中的字段为主键、用户 id、待办事项和办事时间；
- 产品表中的字段为主键、产品名和创建者；
- 用户表中的字段为主键、用户名和密码。

根据数据关系建立数据库表的 E-R 图，如图 9.4 所示。

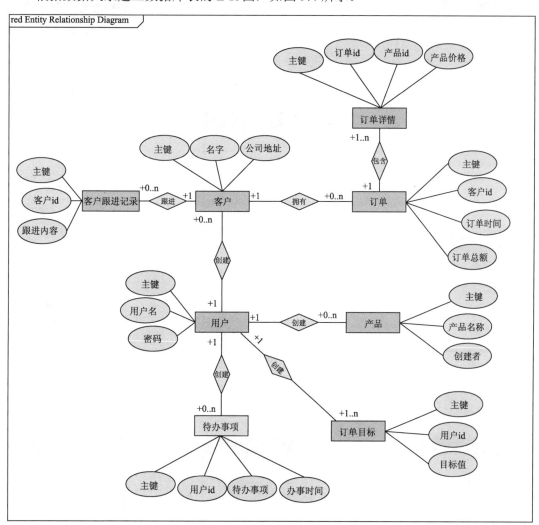

图 9.4　E-R 图

根据以上 E-R 图可知，一个客户对应 0 个或者 n 个订单，一个客户对应 0 个或者 n 个客户，一个订单对应 n 个订单详情，一个用户对应 0 个或者 n 个客户，一个客户对应 0 个或者 n 个客户跟进记录，一个用户对应 0 个或者 n 个产品，一个用户对应 0 个或者 n 个待办事项，一个客户对应一个订单目标。

9.2.2 数据库逻辑结构设计

根据 E-R 图中的关系创建数据库表之间的结构设计，如图 9.5 所示。

order
- id: bigint(20)
- user_id: bigint UNSIGNED
- customer_id: bigint UNSIGNED
- create_date: datetime(0)
- total_money: decimal(10, 2)
- already_pay: decimal(10, 2)
- next_pay_time: date
- discount: decimal(10, 2)
- product_state: tinyint UNSIGNED
- pay_state: tinyint UNSIGNED
- send_time: date
- send_address: varchar(200)
- send_price: decimal(10, 2)
- send_way: varchar(255)

customer_follow
- id: bigint(20)
- customer_id: bigint(20)
- user_id: bigint(20)
- create_time: datetime(0)
- subject: varchar(255)
- content: varchar(255)
- next_time: date
- next_content: varchar(255)

customer
- id: bigint UNSIGNED
- name: varchar(20)
- company_address: varcha...
- person: varchar(20)
- phone: varchar(11)
- profession: varchar(20)
- province: varchar(10)
- city: varchar(10)
- user_id: bigint(20)
- customer_state: int(11)
- competitor: varchar(255)
- note: varchar(1000)
- bank_name: varchar(255)
- bank_no: varchar(255)
- bill_address: varchar(400)
- bill_person: varchar(20)
- bill_phone: varchar(20)
- bill_note: varchar(500)

order_detail
- id: bigint(20)
- order_id: bigint(20)
- product_id: bigint(20)
- product_code: varchar(20)
- product_name: varchar(255)
- amount: int UNSIGNED
- univalent: decimal(10, 2)
- total_price: decimal(10, 2)

product
- id: bigint UNSIGNED
- name: varchar(20)
- code: varchar(20)
- create_time: date
- supplier: varchar(100)
- note: varchar(200)
- product_unit: varchar(20)

to_do_list
- id: bigint UNSIGNED
- user_id: bigint UNSIGNED
- content: varchar(300)
- create_time: varchar(30)
- do_time: varchar(30)
- work_state: tinyint(1)

user
- id: bigint UNSIGNED
- password: varchar(50)
- name: varchar(50)
- age: int UNSIGNED
- phone: char(11)
- role: tinyint UNSIGNED
- user_state: int(11)

order_target
- id: bigint UNSIGNED
- start_time: date
- end_time: date
- target: varchar(100)
- has_done: varchar(100)
- target_state: tinyint(1)
- user_id: bigint UNSIGNED

图 9.5 数据库表的结构设计

下面介绍各个表的详细设计。

（1）用户表 user 的字段如表 9.2 所示。

表 9.2　user表的字段

序号	列名	数据类型	长度	主键	自增	允许空	列说明
1	id	bigint		√	√		
2	password	varchar	50			√	密码
3	name	varchar	50			√	名字
4	age	int				√	年龄
5	phone	char	11			√	手机号
6	role	tinyint				√	身份: 1表示普通用户 0表示管理员
7	user_state	int				√	当前用户状态: 0表示正常;1表示限制登录;2表示已经被删除的用户

（2）客户表 customer 的字段如表 9.3 所示。

表 9.3　customer表的字段

序号	列名	数据类型	长度	主键	自增	允许空	列说明
1	id	bigint		√	√		主键
2	name	varchar	20			√	名字
3	company_address	varchar	255			√	公司地址
4	person	varchar	20			√	联系人
5	phone	varchar	11			√	手机
6	profession	varchar	20			√	行业
7	province	varchar	10			√	省份
8	city	varchar	10			√	城市
9	user_id	bigint				√	负责人id
10	customer_state	int				√	客户状态:0表示新建完成;1表示跟进中;2表示即将成交;3表示成交完成的
11	competitor	varchar	255			√	竞争对手
12	note	varchar	1000			√	客户备注
13	bank_name	varchar	255			√	开户行
14	bank_no	varchar	255			√	开户账号
15	bill_address	varchar	400			√	发票地址
16	bill_person	varchar	20			√	发票人
17	bill_phone	varchar	20			√	发票手机号
18	bill_note	varchar	500			√	开票的备注

（3）跟进记录表 customer_follow 的字段如表 9.4 所示。

表 9.4　customer_follow表的字段

序号	列名	数据类型	长度	主键	自增	允许空	列说明
1	id	bigint		√	√		
2	customer_id	bigint				√	跟进客户id
3	user_id	bigint				√	创建用户id
4	create_time	datetime				√	跟进时间
5	subject	varchar	255			√	主题
6	content	varchar	255			√	跟进内容
7	next_time	date				√	下次跟进时间
8	next_content	varchar	255			√	下次跟进内容

（4）产品表 product 的字段如表 9.5 所示。

表 9.5　product表的字段

序号	列名	数据类型	长度	主键	自增	允许空	列说明
1	id	bigint		√	√		
2	name	varchar	20			√	名字
3	code	varchar	20			√	产品编码
4	create_time	date				√	创建时间
5	supplier	varchar	100			√	供应商
6	note	varchar	200			√	备注
7	product_unit	varchar	20			√	产品单位

（5）订单表 order 的字段如表 9.6 所示。

表 9.6　order表的字段

序号	列名	数据类型	长度	主键	自增	允许空	列说明
1	id	bigint		√	√		
2	user_id	bigint				√	创建用户id
3	customer_id	bigint				√	客户id
4	create_date	datetime				√	创建日期
5	total_money	decimal	10			√	总金额
6	already_pay	decimal	10			√	已经支付的金额
7	next_pay_time	date				√	下次支付时间
8	discount	decimal	10			√	回扣
9	product_state	tinyint				√	目标状态：0表示未发货；1表示部分产品发货了；2表示全部发货完成

（续）

序号	列名	数据类型	长度	主键	自增	允许空	列说明
10	pay_state	tinyint				√	订单支付状态：0表示未支付；1表示支付部分；2表示支付完成
11	send_time	date				√	发货时间
12	send_address	varchar	200			√	地址
13	send_price	decimal	10			√	运费
14	send_way	varchar	255			√	发货方式

（6）订单详情表 order_detail 的字段如表 9.7 所示。

表 9.7　order_detail表的字段

序号	列名	数据类型	长度	主键	自增	允许空	列说明
1	id	bigint		√	√		id
2	order_id	bigint				√	订单id
3	product_id	bigint				√	产品id
4	product_code	varchar	20			√	产品编码
5	product_name	varchar	255			√	产品名称
6	amount	int				√	数量
7	univalent	decimal	10			√	单价
8	total_price	decimal	10			√	总价

（7）订单目标表 order_target 的字段如表 9.8 所示。

表 9.8　order_target表的字段

序号	列名	数据类型	长度	主键	自增	允许空	列说明
1	id	bigint		√	√		
2	start_time	date				√	目标开始时间
3	end_time	date				√	目标结束时间
4	target	varchar	100			√	目标
5	has_done	varchar	100			√	已经完成
6	target_state	tinyint				√	目标状态：0表示未完成；1表示已经完成
7	user_id	bigint					关联的相关用户

（8）待办事项表 to_do_list 表的字段参见表 9.9。

表 9.9 to_do_list表的字段

序号	列名	数据类型	长度	主键	自增	允许空	列说明
1	id	bigint		√	√		
2	user_id	bigint					创建者的用户id
3	content	varchar	300			√	待办事项内容
4	create_time	varchar	30			√	创建日期
5	do_time	varchar	30			√	计划完成时间
6	work_state	tinyint				√	任务状态：0表示未完成；1表示已完成

以上完成了所有的数据库设计，数据库设计要适度，既要考虑当前的功能需要，也要考虑未来可能出现的扩展，还要考虑可能会出现的海量数据问题，不应该过度设计，适合当前的项目最重要。下面根据数据库的设计创建具体的数据库的表。

9.2.3 创建数据表

根据以上的数据库设计，在 MySQL 中编写数据库表的客户表，SQL 语句如下：

```
CREATE TABLE `customer` (
  `id` bigint(20) unsigned NOT NULL AUTO_INCREMENT COMMENT '主键',
  `name` varchar(20) DEFAULT NULL COMMENT '名字',
  `company_address` varchar(255) DEFAULT NULL COMMENT '公司地址',
  `person` varchar(20) DEFAULT NULL COMMENT '联系人',
  `phone` varchar(11) DEFAULT NULL COMMENT '手机',
  `profession` varchar(20) DEFAULT NULL COMMENT '行业',
  `province` varchar(10) DEFAULT NULL COMMENT '省份',
  `city` varchar(10) DEFAULT NULL COMMENT '城市',
  `user_id` bigint(20) DEFAULT NULL COMMENT '负责人id',
  `customer_state` int(11) DEFAULT NULL COMMENT '客户状态：0表示新建完成
1表示跟进中  2表示即将成交  3表示成交过的',
  `competitor` varchar(255) DEFAULT NULL COMMENT '竞争对手',
  `note` varchar(1000) DEFAULT NULL COMMENT '客户备注',
  `bank_name` varchar(255) DEFAULT NULL COMMENT '开户行',
  `bank_no` varchar(255) DEFAULT NULL COMMENT '开户账号',
  `bill_address` varchar(400) DEFAULT NULL COMMENT '发票地址',
  `bill_person` varchar(20) DEFAULT NULL COMMENT '发票人',
  `bill_phone` varchar(20) DEFAULT NULL COMMENT '发票手机号',
  `bill_note` varchar(500) DEFAULT NULL COMMENT '开票备注',
  PRIMARY KEY (`id`) USING BTREE
) ENGINE=InnoDB DEFAULT CHARSET=utf8 ROW_FORMAT=COMPACT COMMENT='客户表';
```

客户跟进表的代码如下：

```
CREATE TABLE `customer_follow` (
  `id` bigint(20) NOT NULL AUTO_INCREMENT,
  `customer_id` bigint(20) DEFAULT NULL COMMENT '跟进客户id',
  `user_id` bigint(20) DEFAULT NULL COMMENT '创建用户id',
  `create_time` datetime DEFAULT NULL COMMENT '跟进时间',
  `subject` varchar(255) DEFAULT NULL COMMENT '主题',
  `content` varchar(255) DEFAULT NULL COMMENT '跟进内容',
  `next_time` date DEFAULT NULL COMMENT '下次跟进时间',
  `next_content` varchar(255) DEFAULT NULL COMMENT '下次跟进内容',
  PRIMARY KEY (`id`) USING BTREE
) ENGINE=InnoDB DEFAULT CHARSET=utf8 ROW_FORMAT=COMPACT COMMENT='客户跟进表';
```

订单表的代码如下：

```
CREATE TABLE `order` (
  `id` bigint(20) NOT NULL AUTO_INCREMENT,
  `user_id` bigint(20) unsigned DEFAULT NULL COMMENT '创建用户id',
  `customer_id` bigint(20) unsigned DEFAULT NULL COMMENT '客户id',
  `create_date` datetime DEFAULT NULL COMMENT '创建日期',
  `total_money` decimal(10,2) DEFAULT NULL COMMENT '总金额',
  `already_pay` decimal(10,2) DEFAULT NULL COMMENT '已经支付的钱数',
  `next_pay_time` date DEFAULT NULL COMMENT '下次支付时间',
  `discount` decimal(10,2) DEFAULT NULL COMMENT '回扣',
  `product_state` tinyint(2) unsigned DEFAULT NULL COMMENT '0 表示未发货
1 表示发货了部分产品   2 表示全部发货完成',
  `pay_state` tinyint(2) unsigned DEFAULT NULL COMMENT '订单支付状态：0 表
示未支付   1 表示支付部分   2 表示支付完成',
  `send_time` date DEFAULT NULL COMMENT '发货时间',
  `send_address` varchar(200) DEFAULT NULL COMMENT '地址',
  `send_price` decimal(10,2) DEFAULT NULL COMMENT '运费',
  `send_way` varchar(255) DEFAULT NULL COMMENT '发货方式',
  PRIMARY KEY (`id`) USING BTREE
) ENGINE=InnoDB DEFAULT CHARSET=utf8 ROW_FORMAT=COMPACT COMMENT='订单表';
```

订单详情表的代码如下：

```
CREATE TABLE `order_detail` (
  `id` bigint(20) NOT NULL AUTO_INCREMENT COMMENT 'id',
  `order_id` bigint(20) DEFAULT NULL COMMENT '订单id',
  `product_id` bigint(20) DEFAULT NULL COMMENT '产品id',
  `product_code` varchar(20) DEFAULT NULL COMMENT '产品编码',
  `product_name` varchar(255) DEFAULT NULL COMMENT '产品名称',
  `amount` int(11) unsigned DEFAULT NULL COMMENT '数量',
  `univalent` decimal(10,2) DEFAULT NULL COMMENT '单价',
  `total_price` decimal(10,2) DEFAULT NULL COMMENT '总价',
  PRIMARY KEY (`id`) USING BTREE,
  KEY `index_order_product_id` (`order_id`,`product_id`) USING BTREE
) ENGINE=InnoDB DEFAULT CHARSET=utf8 ROW_FORMAT=COMPACT COMMENT='订单明细
order_detail';
```

订单目标表的代码如下：

```
CREATE TABLE `order_target` (
  `id` bigint(20) unsigned NOT NULL AUTO_INCREMENT,
  `start_time` date DEFAULT NULL COMMENT '目标开始时间',
  `end_time` date DEFAULT NULL COMMENT '目标结束时间',
  `target` varchar(100) DEFAULT NULL COMMENT '目标',
  `has_done` varchar(100) DEFAULT NULL COMMENT '已经完成',
  `target_state` tinyint(1) DEFAULT NULL COMMENT '目标状态：0 表示未完成
1 表示已经完成',
  `user_id` bigint(20) unsigned NOT NULL COMMENT '关联到的用户
  PRIMARY KEY (`id`) USING BTREE
) ENGINE=InnoDB DEFAULT CHARSET=utf8 ROW_FORMAT=COMPACT COMMENT='目标记录';
```

产品表的代码如下：

```
CREATE TABLE `product` (
  `id` bigint(20) unsigned NOT NULL AUTO_INCREMENT,
  `name` varchar(20) DEFAULT NULL COMMENT '名字',
  `code` varchar(20) DEFAULT NULL COMMENT '产品编码',
  `create_time` date DEFAULT NULL COMMENT '创建时间',
  `supplier` varchar(100) DEFAULT NULL COMMENT '供应商',
  `note` varchar(200) CHARACTER SET utf8 COLLATE utf8_bin DEFAULT NULL
COMMENT '备注',
  `product_unit` varchar(20) DEFAULT NULL COMMENT '产品单位',
  PRIMARY KEY (`id`) USING BTREE
) ENGINE=InnoDB DEFAULT CHARSET=utf8 ROW_FORMAT=COMPACT COMMENT='产品表';
```

待办事项表的代码如下：

```
CREATE TABLE `to_do_list` (
  `id` bigint(20) unsigned NOT NULL AUTO_INCREMENT,
  `user_id` bigint(20) unsigned NOT NULL COMMENT '创建者的用户 id',
  `content` varchar(300) DEFAULT NULL COMMENT '待办事项内容',
  `create_time` varchar(30) DEFAULT NULL COMMENT '创建日期',
  `do_time` varchar(30) DEFAULT NULL COMMENT '计划完成时间',
  `work_state` tinyint(1) DEFAULT NULL COMMENT '任务状态：0 表示未完成，1 表示已
完成',
  PRIMARY KEY (`id`) USING BTREE
) ENGINE=InnoDB DEFAULT CHARSET=utf8 ROW_FORMAT=COMPACT COMMENT='待办事项表';
```

用户表的代码如下：

```
CREATE TABLE `user` (
  `id` bigint(20) unsigned NOT NULL AUTO_INCREMENT,
  `password` varchar(50) DEFAULT NULL COMMENT '密码',
  `name` varchar(50) DEFAULT NULL COMMENT '名字',
  `age` int(11) unsigned DEFAULT NULL COMMENT '年龄',
  `phone` char(11) DEFAULT NULL COMMENT '手机号',
  `role` tinyint(1) unsigned DEFAULT NULL COMMENT '身份:1 表示普通用户  0 表示
管理员',
  `user_state` int(11) DEFAULT NULL COMMENT '当前用户状态：0 表示正常 1 表示限
制登录  2 表示已经被删除的用户',
  PRIMARY KEY (`id`) USING BTREE
) ENGINE=InnoDB DEFAULT CHARSET=utf8 ROW_FORMAT=COMPACT COMMENT='用户表';
```

在数据库的客户端执行上述 SQL 语句完成表的创建。建议读者在完成了数据库的表设计和创建后,使用 IDEA 直接生成数据库对应的实体类,而不需要自己按照数据库的表字段一个一个地建立实体类。步骤如下:

(1)连接本地 MySQL 数据库,如图 9.6 所示。

(2)填写连接信息,连接成功后打开数据库,选中一张表后右击,在弹出的快捷菜单中可选择 generate java class 命令,即可生成该表对应的实体类,如图 9.7 所示。

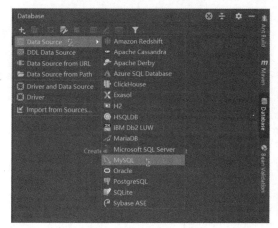

图 9.6　IDEA 连接 MySQL 数据库　　　　　　　图 9.7　生成 Java 类

9.3　项目框架搭建

在完成项目的分析和数据库设计后,一般由架构师完成项目框架的搭建,包括项目依赖的添加、项目的配置和项目日志的配置,完成后再开始业务代码的编写。

9.3.1　技术栈的搭建

新建一个 Spring Boot 项目,选择的 Spring Boot 版本为 2.3.10.RELEASE,使用 Maven 构建依赖,项目名称为 sell-manager,设置当前项目的 Maven 坐标,其中 groupId 为 com.onyx,artifactId 为 sell-manager。

(1)pom.xml 的主要内容如下:

```
<parent>
    <groupId>org.springframework.boot</groupId>
    <artifactId>spring-boot-starter-parent</artifactId>
    <version>2.3.10.RELEASE</version>
    <relativePath/>
</parent>
```

```
    <name>sell-manager</name>
    <packaging>jar</packaging>
    <properties>
        <project.build.sourceEncoding>UTF-8</project.build.sourceEncoding>
        <project.reporting.outputEncoding>UTF-8</project.reporting.output
Encoding>
        <java.version>11</java.version>
    </properties>
```

（2）在项目中添加依赖，代码如下：

```xml
<dependencies>
    <!-- Spring Boot Web -->
    <dependency>
        <groupId>org.springframework.boot</groupId>
        <artifactId>spring-boot-starter-web</artifactId>
    </dependency>
    <!-- Spring Boot 测试-->
    <dependency>
        <groupId>org.springframework.boot</groupId>
        <artifactId>spring-boot-starter-test</artifactId>
        <scope>test</scope>
    </dependency>
    <!-- Spring Boot AOP -->
    <dependency>
        <groupId>org.springframework.boot</groupId>
        <artifactId>spring-boot-starter-aop</artifactId>
    </dependency>
    <!-- Spring Boot JDBC -->
    <dependency>
        <groupId>org.springframework.boot</groupId>
        <artifactId>spring-boot-starter-jdbc</artifactId>
    </dependency>
    <!-- Spring Boot 日志-->
    <dependency>
        <groupId>org.springframework.boot</groupId>
        <artifactId>spring-boot-starter-log4j2</artifactId>
    </dependency>
    <!--html 解析引擎 -->
    <dependency>
        <groupId>org.springframework.boot</groupId>
        <artifactId>spring-boot-starter-freemarker</artifactId>
    </dependency>
     <!-MyBatis -->
    <dependency>
        <groupId>org.mybatis.spring.boot</groupId>
        <artifactId>mybatis-spring-boot-starter</artifactId>
        <version>1.3.2</version>
    </dependency>
     <!--MySQL 驱动 -->
    <dependency>
        <groupId>mysql</groupId>
        <artifactId>mysql-connector-java</artifactId>
    </dependency>
     <!--数据库连接池 -->
```

```xml
<dependency>
    <groupId>com.alibaba</groupId>
    <artifactId>druid</artifactId>
    <version>1.1.12</version>
</dependency>
<!-- MyBatis -->
<dependency>
    <groupId>org.mybatis</groupId>
    <artifactId>mybatis</artifactId>
    <version>3.4.6</version>
</dependency>
<dependency>
    <groupId>org.mybatis</groupId>
    <artifactId>mybatis-spring</artifactId>
    <version>1.3.2</version>
</dependency>
<!--fastjson -->
<dependency>
    <groupId>com.alibaba</groupId>
    <artifactId>fastjson</artifactId>
    <version>1.2.55</version>
</dependency>
<!--Log4j-->
<dependency>
    <groupId>log4j</groupId>
    <artifactId>log4j</artifactId>
    <version>1.2.16</version>
    <scope>compile</scope>
</dependency>
<!--guava-->
  <dependency>
      <groupId>com.google.guava</groupId>
      <artifactId>guava</artifactId>
      <version>27.0.1-jre</version>
  </dependency>
<dependency>
    <groupId>com.belerweb</groupId>
    <artifactId>pinyin4j</artifactId>
    <version>2.5.1</version>
</dependency>
<!-- common-lang3 -->
<dependency>
    <groupId>org.apache.commons</groupId>
    <artifactId>commons-lang3</artifactId>
    <version>3.8.1</version>
</dependency>
<dependency>
    <groupId>joda-time</groupId>
    <artifactId>joda-time</artifactId>
    <version>2.10</version>
</dependency>
<!--commons-fileupload-->
<dependency>
    <groupId>commons-fileupload</groupId>
    <artifactId>commons-fileupload</artifactId>
```

```
        <version>1.3.3</version>
    </dependency>
    <!-- 随机生成数据 -->
    <dependency>
        <groupId>com.github.jsonzou</groupId>
        <artifactId>jmockdata</artifactId>
        <version>4.1.1</version>
    </dependency>
    <dependency>
        <groupId>commons-codec</groupId>
        <artifactId>commons-codec</artifactId>
    </dependency>
</dependencies>
```

（3）添加完依赖后，在 application.properties 中添加项目的相关配置信息，代码如下：

```
#端口号
server.port=8085
#加载日志配置文件
logging.config=classpath:log4j2.xml
```

（4）配置数据库的连接信息，代码如下：

```
#druid
# 数据库访问配置
# 默认的主数据源
spring.datasource.type=com.alibaba.druid.pool.DruidDataSource
spring.datasource.driver-class-name=com.mysql.jdbc.Driver
spring.datasource.url=jdbc:mysql://127.0.0.1:3306/sell-manager?useUnicode=
true&characterEncoding=utf-8&zeroDateTimeBehavior=convertToNull

#数据库的账号和密码
spring.datasource.username=root
spring.datasource.password=123456
#数据库连接池的配置
spring.datasource.removeAbandoned=true
spring.datasource.removeAbandonedTimeout=180
spring.datasource.logAbandoned=true
# 连接池的补充设置，将其应用到上面的所有数据源中
spring.datasource.initialSize=5        #数据库连接池初始化数量
spring.datasource.minIdle=5            #数据库连接池最小数量
spring.datasource.maxActive=20         #数据库连接池最大数量
# 配置获取连接等待超时时间
spring.datasource.maxWait=60000
# 配置间隔多久才进行一次检测，检测需要关闭的空闲连接，单位是 ms（毫秒）
spring.datasource.timeBetweenEvictionRunsMillis=60000

# 配置一个连接在池中最短生存的时间，单位是 ms（毫秒）
spring.datasource.minEvictableIdleTimeMillis=300000
spring.datasource.validationQuery=SELECT 1
spring.datasource.testWhileIdle=true
spring.datasource.testOnBorrow=false
spring.datasource.testOnReturn=false
# 打开 PSCache，并且指定每个连接中 PSCache 的大小
```

```
spring.datasource.poolPreparedStatements=true
spring.datasource.maxPoolPreparedStatementPerConnectionSize=20
# 配置监控统计拦截的 filters, 将其去掉后监控界面的 SQL 无法统计, wall 用于防火墙
spring.datasource.filters=stat,wall,log4j
# 通过 connectProperties 属性开启 mergeSql 功能, 并记录慢 SQL
spring.datasource.connectionProperties=druid.stat.mergeSql=true;druid.
stat.slowSqlMillis=5000
# 合并多个 DruidDataSource 监控数据
#spring.datasource.useGlobalDataSourceStat=true
```

（5）配置 MyBatis，代码如下：

```
#当查询数据为空时字段返回 null, 不加查询数据为空时, 字段将被隐藏
mybatis.configuration.call-setters-on-nulls=true
#开启驼峰命名并设置实体类的包位置
mybatis.configuration.map-underscore-to-camel-case=true
mybatis.type-aliases-package=com.xisuo.sellmanager.entity
mybatis.mapper-locations=classpath:mapper/*.xml
```

（6）配置 Freemaker 模板引擎，代码如下：

```
#freemaker start
spring.freemarker.cache=false
spring.freemarker.charset=UTF-8
spring.freemarker.content-type=text/html
#文件的后缀为 .ftl
spring.freemarker.suffix=.ftl
spring.freemarker.expose-request-attributes=true
spring.freemarker.expose-session-attributes=true
spring.freemarker.expose-spring-macro-helpers=true
#模板的位置
spring.freemarker.template-loader-path=classpath:/templates/
#编码方式全部是 UTF-8
spring.freemarker.settings.default_encoding=UTF-8
spring.freemarker.settings.output_encoding=UTF-8
spring.freemarker.settings.url_escaping_charset=UTF-8
#maxFileSize 单个数据大小
#maxRequestSize 总数据大小
spring.servlet.multipart.maxFileSize = 5MB
spring.servlet.multipart.maxRequestSize=10MB
#freemaker end
```

（7）至此完成了项目最基本的技术栈的搭建工作。

注意：要设置整个项目的编码方式为 UTF-8。

（8）完成项目各个分包的建立，为项目准备必要的开发文件，最终完成的目录结构如图 9.8 所示。

需要说明一下，在图 9.8 中，src 的 com.xisuo.sellmanager 包下的目录含义如下：

• aop：使用切面完成业务功能的实现。

• config：项目的配置信息。

- constant：项目中用到的常量。
- controller：项目的所有控制器。
- dao：项目的 dao 接口。
- entity：数据库的实体类。
- exception：异常处理。
- interceptor：拦截器。
- service：业务处理实现类。
- utils：工具类。

在 resources 目录下的下一级目录的含义如下：

- mapper：存放 dao 对应的 xml 目录。
- pdf：存放 pdf 文件。
- static：存放所有的静态文件，包括各种图片、js 脚本文件和 css 文件。
- templates：存放 Freemaker 模板。
- application.properties：存放项目配置文件。
- log4j2.xml：存放日志的配置文件。

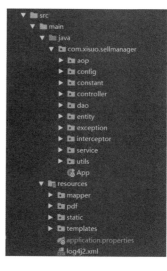

图 9.8　目录结构图

（9）添加项目的所有静态文件到 resources 的 static 目录中，再新建日志配置文件 log4j2.xml。当前保存用户的日志最长时间为 90 天，每天创建一个日志文件。log4j2.xml 文件的内容如下：

```xml
<?xml version="1.0" encoding="UTF-8"?>
<configuration>
    <property name="log.path" value="/web/xisuo/logs" />
    <property name="log.pattern" value="%d{HH:mm:ss.SSS} [%thread] %-5level
%logger{20} - [%method,%line] - %msg%n" />
    <!-- 控制台输出 -->
    <appender name="console" class="ch.qos.logback.core.ConsoleAppender">
        <encoder>
            <pattern>${log.pattern}</pattern>
        </encoder>
    </appender>
    <!-- 系统日志输出 -->
    <appender name="file_info" class="ch.qos.logback.core.rolling.Rolling
FileAppender">
        <file>${log.path}/sys-info.log</file>
        <rollingPolicy class="ch.qos.logback.core.rolling.TimeBasedRolling
Policy">
            <!-- 按天回滚 daily -->
            <fileNamePattern>${log.path}/sys-info.%d{yyyy-MM-dd}.log
</fileNamePattern>
            <!-- 日志最长的时间为 90 天 -->
            <maxHistory>90</maxHistory>
        </rollingPolicy>
        <encoder>
            <pattern>${log.pattern}</pattern>
```

```xml
        </encoder>
        <filter class="ch.qos.logback.classic.filter.LevelFilter">
            <level>INFO</level>
            <onMatch>ACCEPT</onMatch>
            <onMismatch>DENY</onMismatch>
        </filter>
    </appender>
    <appender name="file_error" class="ch.qos.logback.core.rolling.
RollingFileAppender">
        <file>${log.path}/sys-error.log</file>
        <rollingPolicy class="ch.qos.logback.core.rolling.TimeBasedRolling
Policy">
            <fileNamePattern>${log.path}/sys-error.%d{yyyy-MM-dd}.log
</fileNamePattern>
            <!-- 日志最长的时间为 90 天 -->
            <maxHistory>90</maxHistory>
        </rollingPolicy>
        <encoder>
            <pattern>${log.pattern}</pattern>
        </encoder>
        <filter class="ch.qos.logback.classic.filter.LevelFilter">
            <level>ERROR</level>
            <onMatch>ACCEPT</onMatch>
            <onMismatch>DENY</onMismatch>
        </filter>
    </appender>
    <!-- 用户访问日志输出  -->
    <appender name="sys-user" class="ch.qos.logback.core.rolling.Rolling
FileAppender">
        <file>${log.path}/sys-user.log</file>
        <rollingPolicy class="ch.qos.logback.core.rolling.TimeBasedRolling
Policy">
            <!-- 按天回滚 daily -->
            <fileNamePattern>${log.path}/sys-user.%d{yyyy-MM-dd}.log
</fileNamePattern>
            <!-- 日志最长的时间为 90 天 -->
            <maxHistory>90</maxHistory>
        </rollingPolicy>
        <encoder>
            <pattern>${log.pattern}</pattern>
        </encoder>
    </appender>
    <!-- 显示形成的 SQL、使用的参数和结果集 -->
    <!--
    <logger name="java.sql" level="debug" />
    <logger name="org.springframework.jdbc" level="debug" /> -->
<logger name="com.xisuo" level="info" />
<root level="info">
    <appender-ref ref="console" />
</root>
<!--系统操作日志-->
<root level="info">
    <appender-ref ref="file_info" />
    <appender-ref ref="file_error" />
```

```
    </root>
    <!--系统用户操作日志-->
    <logger name="sys-user" level="info">
        <appender-ref ref="sys-user"/>
    </logger>
</configuration>
```

（10）添加 Spring Boot 项目的启动类 App，标记@EnableScheduling 注解，从而开始定时任务，通过@MapperScan("com.xisuo.sellmanager.dao")注解扫描数据库接口的包，代码如下：

```
package com.xisuo.sellmanager;
//启动类
@EnableScheduling
@MapperScan("com.xisuo.sellmanager.dao")
@SpringBootApplication
public class App {
    public static void main(String[] args) {
        SpringApplication.run(App.class,args); //必须有这个方法
    }
}
```

9.3.2 项目的搭建

完成上面的基础框架搭建后，开始编写项目的通用代码，包括项目的配置、日志记录的处理、拦截器的编写和异常的处理等。

（1）配置日志的切面处理类 WebLogAspect，记录所有的请求入参，代码如下：

```
package com.xisuo.sellmanager.aop;
//切面日志的处理
@Aspect
@Component
@Order(1)
public class WebLogAspect {
    private static Logger logger = LoggerFactory.getLogger(WebLogAspect.
class);
    //定义切入点，切入点为 com.example.aop 下的所有函数
    @Pointcut("execution(public * com.xisuo.sellmanager.controller..*.*(..))")
    public void webLog() {
    }
    //前置通知：在连接点之前执行的通知
    @Before("webLog()")
    public void doBefore(JoinPoint joinPoint) throws Exception {
        // 接收请求，记录请求内容
        ServletRequestAttributes attributes = (ServletRequestAttributes)
RequestContextHolder.getRequestAttributes();
        HttpServletRequest request = attributes.getRequest();
        //打印请求内容
        logger.info("请求内容开始 请求地址:{} 请求方式:{}", request.getRequest
URL().toString(), request.getMethod());
        logger.info("请求类方法: {} 请求类方法参数: {} ", joinPoint.getSignature(),
```

```
Arrays.toString(joinPoint.getArgs()));
    }
    @After("webLog()")
    public void doAfter(JoinPoint joinPoint) throws Exception {
    }
    @AfterReturning(returning = "obj", pointcut = "webLog()")
    public void doAfterReturning(Object obj) throws Throwable {
    }
}
```

（2）配置项目的数据库连接池类 DruidDataSourceConfiguration，将 application.properties 中数据库的连接配置成自定义的连接 Bean。配置代码如下：

```
package com.xisuo.sellmanager.config;
//数据库的配置
@Configuration
public class DruidDataSourceConfiguration {
    private Logger logger = LoggerFactory.getLogger(DruidDataSource
Configuration.class);
    @Value("${spring.datasource.url}")
    private String dbUrl;
    @Value("${spring.datasource.username}")
    private String username;
    @Value("${spring.datasource.password}")
    private String password;
    @Value("${spring.datasource.driver-class-name}")
    ......//省略部分代码
    @Bean                    //声明其为 Bean 实例
    @Primary                 //在同样的 DataSource 中，首先使用被标注的 DataSource
    public DataSource dataSource() {
        DruidDataSource datasource = new DruidDataSource();
        datasource.setUrl(dbUrl);
        datasource.setUsername(username);
        datasource.setPassword(password);
        ......//省略部分代码
        datasource.setConnectionProperties(connectionProperties);
        return datasource;
    }
    //注册一个 StatViewServlet
    @Bean
    public ServletRegistrationBean DruidStatViewServle2() {
        ServletRegistrationBean servletRegistrationBean = new Servlet
RegistrationBean(new StatViewServlet(), "/druid/*");
        //添加初始化参数 initParams
        /** 白名单，如果不配置或 value 为空，则允许所有的 IP 访问 */
        // servletRegistrationBean.addInitParameter("allow","127.0.0.1,
192.0.0.1");
        /** 黑名单，与白名单存在相同的 IP 时，优先于白名单 */
        // servletRegistrationBean.addInitParameter("deny","192.0.0.1");
        /** 用户名 */
        servletRegistrationBean.addInitParameter("loginUsername", "admin");
        /** 密码 */
        servletRegistrationBean.addInitParameter("loginPassword", "admin");
```

```
        /** 禁用页面上的 Reset All 功能 */
        servletRegistrationBean.addInitParameter("resetEnable", "false");
        return servletRegistrationBean;
    }
    //注册一个 WebStatFilter
    @Bean
    public FilterRegistrationBean druidStatFilter2() {
        FilterRegistrationBean filterRegistrationBean = new Filter
RegistrationBean(new WebStatFilter());
        /** 过滤规则 */
        filterRegistrationBean.addUrlPatterns("/*");
        /** 忽略资源 */
        filterRegistrationBean.addInitParameter("exclusions", "*.js,*.gif,
*.jpg,*.png,*.css,*.ico,/druid2/*");
        return filterRegistrationBean;
    }
}
```

（3）本项目有 HTML 渲染需要用到 js、css 和图片等静态文件。静态文件的访问不需要登录，而直接根据 URL 请求静态文件即可。配置静态文件过滤器类 ResourceConfig 的代码如下：

```
package com.xisuo.sellmanager.config;
//静态文件过滤器的配置
@Configuration
public class ResourceConfig implements WebMvcConfigurer {
    @Override
    public void addInterceptors(InterceptorRegistry registry) {
//设置静态文件的存放目录
        registry.addInterceptor(new ResourceInterceptor()).excludePath
Patterns("/static/**");
    }
    @Override
    //需要告知系统，这里处理的文件要被当成静态文件
    public void addResourceHandlers(ResourceHandlerRegistry registry) {
        //设置上传的文件不拦截 TaleUtils.getUplodFilePath()
        //registry.addResourceHandler("/upload/**").addResourceLocations
("file:"+ "/" +"upload/");
        //第一个方法设置访问路径前缀，第二个方法设置资源路径
        registry.addResourceHandler("/static/**").addResourceLocations
("classpath:/static/");
    }
}
```

（4）因为本例是 Web 项目，所以每一个对服务器的请求都需要判断是否合法，判断当前请求的用户是否已经成功登录系统，如果未登录，则不是合法的请求。对一些特殊的 URL 请求，可以设置不需要登录即可访问，例如登录请求、静态资源请求和错误页请求都不需要拦截。

```
package com.xisuo.sellmanager.config;
//拦截器的配置
@Configuration
```

```
public class WebConfig implements WebMvcConfigurer {
    @Autowired
    private LoginInterceptor loginInterceptor;
    //这里不要直接使用 new LoginInterceptor，否则拦截器中的 service 会为 null
    @Override
    public void addInterceptors(InterceptorRegistry registry) {
        registry.addInterceptor(loginInterceptor)
                .addPathPatterns("/**")
                .excludePathPatterns("/", "/login","/static/**", "/error");
        //为了开发时不用登录即可测试接口
        //registry.addInterceptor(loginInterceptor).excludePathPatterns
("/**");
    }
}
```

（5）设置项目接口统一返回结果的实体类 Result：

```
package com.xisuo.sellmanager.config.result;
/**对输出结果的封装，只要 get 方法而不要 set 方法*/
public class Result<T> {
    private int code;
    private String msg;
    private T data;
    private Result(T data){
        this.code=0;
        this.msg="success";
        this.data=data;
    }
    private Result(CodeMsg mg) {
        if (mg==null){
            return;
        }
        this.code=mg.getCode();
        this.msg=mg.getMsg();
    }
    //成功
    public static <T> Result<T> success(T data){
        return new Result<T>(data);
    }
    //失败
    public static <T> Result<T> fail(CodeMsg mg){
        return new Result<T>(mg);
    }
    //其他忽略
}
```

（6）新建项目全局异常处理类 ExceptionHandle，捕获项目中 HttpRequestMethodNot-SupportedException 不支持的方法异常及 Exception 异常，这些异常分别处理会得到不同的返回值，代码如下：

```
package com.xisuo.sellmanager.exception;
//异常的处理
@ControllerAdvice
public class ExceptionHandle {
```

```
    private static Logger logger = LoggerFactory.getLogger(Exception
Handle.class);
    //异常的处理
    @ExceptionHandler({Exception.class})
    @ResponseStatus(HttpStatus.OK)
    public ModelAndView handleException(Exception e){
        ModelAndView m = new ModelAndView();
        logger.error("服务器发生了异常,原因是:{}",e.toString());
        m.addObject("error", e.getCause());
        e.printStackTrace();
        m.setViewName("error/500");
        return m;
    }
    //不支持的方法
    @ExceptionHandler({HttpRequestMethodNotSupportedException.class})
    @ResponseStatus(HttpStatus.OK)
    public ModelAndView methodSupport(Exception e){
        ModelAndView m = new ModelAndView();
        logger.error("不正确的访问方法,原因是:{}",e.getCause());
        m.addObject("error", "不正确的访问方法");
        e.printStackTrace();
        m.setViewName("error/404");
        return m;
    }
}
```

（7）新建项目的登录拦截器 LoginInterceptor.java 文件，判断当前用户是否已经登录。如果没有登录，则跳转到登录页面，如果已经登录，则从 cache 中获取用户的信息并将其保存在 ThreadLocal 中，以方便在开发时获取用户的信息。处理完请求后执行 afterCompletion 方法，并清空 ThreadLocal 中的信息，以防止内存泄漏。

```
package com.xisuo.sellmanager.interceptor;
//登录过滤器
@Component
public class LoginInterceptor implements HandlerInterceptor {
    private static Logger logger = LoggerFactory.getLogger(LoginInterceptor.
class);
    @Autowired
    @Qualifier("userService")
    private UserService userService;

    //在业务处理器处理请求之前调用。在企业开发中还可以进行编码、安全控制和权限校验等
      预处理
    @Override
    public boolean preHandle(HttpServletRequest request, HttpServlet
Response response, Object handler) throws Exception {
        //使用Cookie作为是否登录的判断依据
        String value = CookieUtil.getCookieValue(request, Constant.
COOKIE_NAME);
        String id = DESUtil.decrypt(value);
        if (StringUtils.isBlank(value) || StringUtils.isBlank(id)) {
            response.sendRedirect("/");
            return false;
```

```
        }
        Object o = CacheUtils.get(Constant.USER_CACHE_PREFIX + id);
        User user = null;
        if (o != null) {
            user = (User) o;
        } else {
            user = (User) CacheUtils.get(Constant.USER_CACHE_PREFIX + id, () -> {
                logger.info("拦截器缓存中没有用户{}的信息,去数据库中进行查询", id);
                return userService.getUserDetail(Long.parseLong(id));
            });
        }
        if (user == null) {
            response.sendRedirect("/");
            return false;
        }
        CacheUtils.put(Constant.USER_CACHE_PREFIX + (user.getId()), user);
        UserContext.setUser(user);
        return true;
    }
    //在业务处理器处理执行请求完成后返回并生成视图之前执行
    @Override
    public void postHandle(HttpServletRequest request, HttpServletResponse
response, Object handler, ModelAndView modelAndView) throws Exception {
    }
    //在 DispatcherServlet 完全处理请求后被调用
    //返回处理(已经渲染了页面)
    @Override
    public void afterCompletion(HttpServletRequest request, HttpServlet
Response response, Object handler, Exception ex) throws Exception {
        UserContext.remove();
    }
}
```

（8）新建资源拦截器 ResourceInterceptor.java 文件，对静态资源进行过滤，代码如下：

```
package com.xisuo.sellmanager.interceptor;
//自定义的静态资源拦截器
public class ResourceInterceptor implements HandlerInterceptor {
    @Override
    public boolean preHandle(HttpServletRequest request, HttpServlet
Response response, Object handler)  throws Exception {
        return true;
    }
    @Override
    public void postHandle(HttpServletRequest httpServletRequest, Http
ServletResponse httpServletResponse, Object o, ModelAndView modelAndView)
throws Exception {
    }
    @Override
    public void afterCompletion(HttpServletRequest httpServletRequest,
HttpServletResponse httpServletResponse, Object o, Exception e) throws
Exception {
    }
}
```

（9）新建当前访问用户的存储容器 UserContext，每次登录时把用户信息放在当前的 ThreadLocal 容器中，以方便开发时获取用户信息，代码如下：

```
package com.xisuo.sellmanager.interceptor;
//持有用户的线程
public class UserContext {
    private static ThreadLocal<User> userHolder=new ThreadLocal<>();

    public static void setUser(User user){
        userHolder.set(user);
    }
    public static User getUser(){
        return userHolder.get();
    }
    public static void remove(){
        userHolder.remove();
    }
}
```

（10）新建分页实体类 Page，在请求列表时返回分页信息，代码如下：

```
package com.xisuo.sellmanager.utils;
//分页的工具类
public class Page<T> implements Serializable {
    private static final long serialVersionUID = 1L;
    private int pageNo;                          //当前页数
    private int pageSize;                        //每页显示的记录数
    private int totalCounts;                     //总记录数
    private int totalPages;                      //总页数
    private int pageNum;                         //索引页数
    private List<T> data;                        //列表数据
    /* pageNo 表示当前页, totalCounts 表示总记录数, data 表示数据*/
    public Page(int pageNo, int totalCounts, List<T> data) {
        this(pageNo, Constant.PAGE_SIZE, totalCounts, data);
    }

    /** 默认是第一页, 一页15 个, totalCounts 表示总记录数, data 表示数据*/
    public Page(int totalCounts, List<T> data) {
        this(Constant.PAGE, Constant.PAGE_SIZE, totalCounts, data);
    }
    /** pageNo 表示第几页, pageSize 表示一页多少个, totalCounts 表示总记录数    */
    public Page(int pageNo, int pageSize, int totalCounts, List<T> data) {
        this.pageNo = pageNo;
        this.pageSize = pageSize;
        this.totalCounts = totalCounts;
        this.totalPages = (totalCounts % pageSize == 0) ? totalCounts /
pageSize : totalCounts / pageSize + 1;
        this.pageNum = (pageNo - 1) * pageSize;
        this.data = data;
    }
    private Page() {
    }
//省略 Get 和 Set 方法
}
```

9.3.3　分页处理方法

因为很多列表的接口都会涉及分页参数的设置，考虑到参数设置的共性，这里抽取了一个参数处理类的服务类 ParamService 来处理所有的分页参数，其部分代码如下：

```java
package com.xisuo.sellmanager.service.impl;
//参数服务类
@Service("paramService")
public class ParamService {
    private static Logger logger = LoggerFactory.getLogger(ParamService.
class);
    //判断并处理传递的页码参数
    public Map<String, Object> handlePageData(Integer pageNo) {
        Map<String, Object> map = new HashMap<>(4);
        if (pageNo == null || pageNo < 0) {
            map.put("pageNum", (Constant.PAGE - 1) * Constant.PAGE_SIZE);
            map.put("pageNo", Constant.PAGE);
        } else {
            map.put("pageNum", (pageNo - 1) * Constant.PAGE_SIZE);
            map.put("pageNo", pageNo);
        }
        map.put("pageSize", Constant.PAGE_SIZE);
        return map;
    }
    /** 非空判断，不为空则放入数据，拼接前后的%，pair 前面是名字，后面是值  */
    public Map<String, Object> handleKeyLike(Map<String, Object> map,
Pair<String, String>... pair) {
        if (map == null) {
            return map;
        }
        for (Pair<String, String> immutablePair : pair) {
            String right = immutablePair.getRight();
            if (StringUtils.isNotBlank(right)) {
                map.put(immutablePair.getLeft(), "%" + right + "%");
            }
        }
        return map;
    }
    /** Integer 不为空的判断，为空就保存默认值，不为空就放入数据
    * @param triples 前面是名字，中间是值，第 3 个是默认值*/
    public Map<String, Object> handleInt(Map<String, Object> map, Triple
<String, Integer, Integer>... triples) {
        if (map == null) {
            return map;
        }
        for (Triple<String, Integer, Integer> triple : triples) {
            Integer middle = triple.getMiddle();
            if (middle != null) {
                map.put(triple.getLeft(), middle);
            } else {
                map.put(triple.getLeft(), triple.getRight());
```

```
            }
        }
        return map;
    }
    //省略其他方法
}
```

本例还有一些很重要的工具类：MD5 加密工具类 MD5Util、时间工具类 DateUtil 等。这些工具类的代码就不一一列出，请读者下载后自行查看。

至此就完成了整个项目的搭建工作，解决了通用部分的代码编写，后续需要完成业务代码的开发工作，实现所有的业务功能，最后进行调试。

9.4 功 能 实 现

在完成了需求分析和项目的基础搭建后，一般由高级工程师带领初级和中级工程师梳理当前要开发的功能，再进行任务的分配，共同完成项目代码的开发。开发过程中需要遵守相关的代码规范和 Git 提交的记录规范。

下面按照登录、客户管理、产品管理、订单管理、用户管理、订单目标管理和待办事项管理的顺序实现需求的功能，从而完成各个功能模块的代码编写。本书会给出重要的代码，而省略一些不重要的代码，例如一些 private 方法、get 和 set 方法、类中的 import 以及 Dao 的 XML 实现等，完整的代码请读者自行下载后查看。

9.4.1 登录功能的实现

登录是系统的重要入口，系统只有在登录后才能正常使用，登录是为了校验访问系统的用户信息，用户登录后，浏览器会存储加密的 Cookie 信息，其他用户再访问时系统会解析存储的 Cookie 信息，以校验用户是否是合法用户。

（1）首先完成登录页面的开发。登录页面 login.ftl 的主要代码如下：

```
<!-- 头信息 -->
<#include "ge/head.ftl">
<body class="gray-bg">
    <form class="m-t" role="form" method="post" action="/login" id=
"signupForm">
        <div class="form-group">
            <input type="text" name="username"  class="form-control"
placeholder="用户名">
        </div>
        <div class="form-group">
          <input type="password" name="password" class="form-control"
placeholder="密码">
        </div>
         <button  onclick="mySubimt();return false;"  class="btn btn-
```

```
primary block full-width m-b">登录</button>
        <a href="#"><small>忘记密码了，请联系管理员</small></a>
    </form>
</body>
```

（2）引入 JavaScript 进行用户名和密码的非空校验提示，代码如下：

```
<script type="application/javascript">
    function mySubimt() {
        var username = $('input[name="username"]').val().trim();
        var password = $('input[name="password"]').val().trim();
        if ("" == username) {
            alert("请输入用户名!");
            $('input[name="username"]').focus();
            return;
        }
        if ("" == password) {
            alert("请输入密码!");
            $('input[name="username"]').focus();
            return;
        }
        $("#signupForm").submit();
    }
</script>
```

（3）登录的后台入口代码文件为 LoginController.java，包括去登录页面、登录、登录成功后跳转到首页的 Web 入口方法，其部分代码如下：

```
package com.xisuo.sellmanager.controller;
//登录控制器
@Controller
public class LoginController {
    private static Logger logger = LoggerFactory.getLogger(LoginController.
class);
    @Autowired
    private UserService userService;
    @Autowired
    private ToDoListService toDoListService;
    @Autowired
    private OrderTargetService orderTargetService;
    @Autowired
    private OrderService orderService;
    //去登录
    @GetMapping("/")
    public String toLogin() {
        return "login";
    }
    //登录
    @PostMapping("login")
    public String login(@RequestParam("username") String username,
@RequestParam("password") String password, HttpServletResponse response,
ModelMap map) {
        List<String> lists = userService.getAllUsername();
        if (!lists.contains(username)) {
            map.put("msg", "没有用户名就不要登录别人的系统!");
```

```
                    return "login";
                }
            User user = userService.login(username, password);
            if (user == null) {
                map.put("msg", "用户名或者密码错误");
                return "login";
            }
            if (user.getUserState() == 1) {
                map.put("msg", "该用户名不能登录，请联系管理员进行处理");
                return "login";
            }
            response.addCookie(getCookie(user, Constant.COOKIE_TIME));
            CacheUtils.put(Constant.USER_CACHE_PREFIX + (user.getId()), user);
            UserContext.setUser(user);
            return "forward:/index";
        }
        //登录后进入首页
        @RequestMapping(method = {RequestMethod.GET, RequestMethod.POST}, path
= "index")
        public String index(ModelMap map) {
            map.put("user", UserContext.getUser());
            //当前用户待办事项
            List<ToDoList> index = toDoListService.queryUserTodo();
            map.put("toDoLists", index);
            //公司和当前用户目标
            Pair<String, String> pair = orderTargetService.queryTargets();
            map.put("companyTarget", pair.getLeft());
            map.put("userTarget", pair.getRight());
            //当月订单总金额和当前已支付
            Pair<String, String> indexMoney = orderService.getMouthMoney();
            map.put("totalMoney", indexMoney.getLeft());
            map.put("alreadyPay", indexMoney.getRight());
            //今日订单总金额
            String dayMoney = orderService.getDayMoney(null,null);
            map.put("dayMoney", dayMoney);
            //今日订单个数
            int num = orderService.queryOrderCount(null,null);
            map.put("todayCount", num);
            //今日待发货
            List<String> sipping = orderService.queryDaySipping(LocalDate.
now());
            //今日待收款
            List<Map<String, Object>> receipt = orderService.queryDayReceipt
(LocalDate.now());
            map.put("sipping", sipping);
            map.put("receipt", receipt);
            return "index";
        }
    }
```

（4）用户的实体类如下：

```
package com.xisuo.sellmanager.entity;
@Data
```

```
public class User {
    private long id;
    private String password;
    private String name;
    private int age;
    private String phone;
    private int role;        // 0 表示普通用户, 1 表示管理员
    private int userState;   // 0 表示正常, 1 表示限制登录, 2 表示已经被删除的用户
}
```

（5）用户服务的接口类是 UserService，代码如下：

```
package com.xisuo.sellmanager.service;
//用户服务类
public interface UserService {
    void deleteUser(Long id);                    //删除用户
    void saveModifyUser(User user);              //保存修改之后的 user
    User getUserDetail(Long id);                 //根据 id 获取用户详情
    void createUser(User user);                  //创建用户
    User login(String username, String password);       //根据名字获取用户
    //修改用户密码
    String modifyPassword(Long id, String oldPassword, String newPassword);
    List<String> getAllUsername();                       //获取所有的用户名
    Page<User> getAllUser(Map<String, Object> params); //获取所有的用户
    List<Map<String, Object>> getUserIdName();  //获取所有的用户名及其 id
    void restPassword(Long id);                  //重置一个用户密码
    int findName(String name);        //创建用户的时候进行用户名的唯一性校验

}
```

（6）用户服务的实现类为 UserServiceImpl，其部分代码如下：

```
package com.xisuo.sellmanager.service.impl;
//用户服务类
@Service("userService")
public class UserServiceImpl implements UserService {
    private static Logger logger = LoggerFactory.getLogger(UserServiceImpl.
class);
    @Autowired
    private CacheMap cacheMap;
    @Autowired
    private UserDao userDao;

    @Override
    public void deleteUser(Long id) {
        cacheMap.remove("user:" + id);
        cacheMap.remove("allName");
        logger.info("id 为{}的用户删除了 id 为 {} 的用户", UserContext.getUser().
getId(), id);
        userDao.deleteUser(id);
    }
    //获取所有的用户
    @Override
    public Page<User> getAllUser(Map<String, Object> params) {
```

```
        List<User> user = userDao.getAllUser(params);
        int count = userDao.getAllUserNum(params);
        Page<User> page = new Page<User>(NumUtil.num2Int(params.get("pageNo")),
count, user);
        return page;
    }
    //查询用户的 id 和名字
    @Override
    public List<Map<String, Object>> getUserIdName() {
        Object name = cacheMap.get("allUserIdName");
        if (name != null) {
            return (List<Map<String, Object>>) name;
        }
        List<Map<String, Object>> lists = userDao.queryUserIdName();
        List<Map<String, Object>> maps = new ArrayList<>(lists.size() + 1);
        HashMap<String, Object> map = new HashMap<>(lists.size() + 1);
        map.put("id", 0);
        map.put("name", "公司");
        maps.add(map);
        maps.addAll(lists);
        cacheMap.set("allUserIdName", maps);
        return maps;
    }
    //根据名字查询其用户数量
    @Override
    public int findName(String name) {
        return userDao.findName(name);
    }
}
```

（7）用户相关的 Dao 为 UserDao.java。本项目没有使用 JPA 手写 SQL，请读者注意使用 MyBatisPlus 对开发效率的影响。

```
package com.xisuo.sellmanager.dao;
//用户 Dao
@Repository
public interface UserDao {
    //根据用户名获取用户
    User getUserByName(@Param("username") String username);
    void createUser(User user);                        //创建一个新的 user 对象
    void deleteUser(@Param("id") Long id);            //删除一个用户，入参是用户 id
    User getUserById(@Param("id") Long id);           //获取用户
    //修改密码
    void modifyPassword(@Param("id") Long id, @Param("password") String
password);
    void saveModifyUser(User user);                    //保存修改后的用户资料
    List<String> getAllUsername();                     //获取所有的用户名
    List<User> getAllUser(Map<String, Object> params); //获取所有的用户信息
        int getAllUserNum(Map<String, Object> params);  //获取所有的用户数量
    //获取所有的用户名及其 id
    List<Map<String, Object>> queryUserIdName();
```

```
    //创建用户的时候进行用户名的唯一性校验
    int findName(@Param("name") String name);
}
```

至此完成了用户的登录功能,执行 App.java 文件中的 main() 方法,启动整个 Spring Boot 项目,启动项目后打开浏览器访问 localhost:8085,可以看到登录页面,如图 9.9 所示,登录成功后显示用户主页面,如图 9.10 所示。

图 9.9　登录页面

图 9.10　用户主页面

9.4.2　客户和客户跟进管理功能的实现

在本系统中,客户和客户的跟进是待解决的核心问题。把客户的信息电子版化,随时能够查看跟进信息,设置未来要跟进的信息并对已经发生的跟进信息进行记录,这样能够方便对客户的管理,最终完成签单。

客户和跟进的 Controller 包含的入口方法有创建客户、修改客户、删除客户、查询客户列表、创建一个客户跟进、修改一个客户跟进、删除一个客户跟进、查询一个客户的所有跟进记录。代码如下：

```java
package com.xisuo.sellmanager.controller;
//客户控制器
@Controller
@RequestMapping("/customer")
public class CustomerController {
    @Autowired
    private CustomerService customerService;
    @Autowired
    private ParamService paramService;
    //创建一个客户
    @GetMapping("to_create")
    public String toCreate(ModelMap map) {
        map.put("user", UserContext.getUser());
        return "customer/to_create";
    }
    //创建用户的时候进行客户名的唯一性校验
    @PostMapping("name_search")
    @ResponseBody
    public String nameSearch(@RequestParam("name") String name) {
        int num = customerService.findName(name);
        if (num == 0) {
            return "0";
        } else {
            return String.valueOf(num);
        }
    }
    //创建一个客户
    @PostMapping("create")
    public String createCustomer(Customer customer) {
        customerService.createCustomer(customer);
        return "redirect:/customer/list";
    }
    //获取客户详情
    @GetMapping("detail")
    public String getCustomerDetail(@RequestParam("id") Long id, ModelMap
map) {
        Customer customer = customerService.getCustomerById(id);
        map.put("customer", customer);
        map.put("user", UserContext.getUser());
        return "customer/detail";
    }
    //保存修改后的客户
    @PostMapping("save")
    public String saveCustomer(Customer customer) {
        customerService.saveModifyCustomer(customer);
        return "redirect:/customer/list";
    }
```

```java
    //删除客户
    @PostMapping("delete")
    public String deleteCustomer(@RequestParam("id") Long id) {
        customerService.deleteCustomer(id);
        return "redirect:/customer/list";
    }
    //根据公司名称或者联系人名字搜索公司
    @GetMapping("search")
    public String searchCustomer(@RequestParam("keyword") String name,
ModelMap map) {
        Page<Customer> customers = customerService.queryCustomer(name);
        map.put("pageInfo", customers);
        map.put("user", UserContext.getUser());
        return "customer/list";
    }
    //创建一个客户的跟进
    @GetMapping("to_create_fellow")
    public String toCreateFellow(@RequestParam("customerId") long
customerId, ModelMap map) {
        map.put("user", UserContext.getUser());
        map.put("customer", customerService.getCustomerById(customerId));
        return "customer/to_create_fellow";
    }
......//省略部分方法
}
```

客户服务接口类 CustomerService 的代码如下：

```java
package com.xisuo.sellmanager.service;
//客户服务类
public interface CustomerService {
    void createCustomer(Customer customer);               //创建客户
    Customer getCustomerById(Long id);                    //根据客户 id 查找客户
    void saveModifyCustomer(Customer customer);           //保存修改后的客户
    //获取客户跟进信息
    Page<VoCustomerFollow> getCustomerFellow(Map<String, Object> param);
    //创建一条客户跟进消息
    void createFellow(CustomerFollow customerFollow);
    //获取客户列表的分页信息
    Page<VoCustomer> getCustomerList(Map<String, Object> param);
    //根据公司名称或者联系人的名字模糊查询客户信息
    Page<Customer> queryCustomer(String name);
    //更改客户的状态
    void updateCustomerState(long customerId, int state);
    CustomerFollow queryFellowDetail(Long id);            //获取一个跟进的详情
    List<Map<String, Object>> queryAllCustomer();         //查询所有的客户
    void deleteFellow(Long id);                           //删除一个跟进
    void deleteCustomer(Long id);                         //删除一个客户
    int findName(String name);          //创建客户时搜索当前名称的产品是否存在

}
```

实现类 CustomerServiceImpl 的代码如下：

```java
package com.xisuo.sellmanager.service.impl;
@Service("customerService")
public class CustomerServiceImpl implements CustomerService {
    private static Logger logger = LoggerFactory.getLogger(Customer
ServiceImpl.class);
    @Autowired
    private CustomerDao customerDao;
    //创建客户
    @Override
    public void createCustomer(Customer customer) {
        logger.info("用户:{} 创建了客户:{}", UserContext.getUser().getId(),
customer.getName());
        customer.setCreateTime(new Date());
        customer.setUserId(UserContext.getUser().getId());
        customer.setCustomerState(CustomerState.NEW);
        customerDao.createCustomer(customer);
    }
    //使用客户 id 获取客户详情
    @Override
    public Customer getCustomerById(Long id) {
        return customerDao.getCustomerById(id);
    }
    //修改客户
    @Override
    public void saveModifyCustomer(Customer customer) {
        logger.info("用户:{} 修改了客户:{}", UserContext.getUser().getId(),
customer.getName());
        customerDao.modifyCustomer(customer);
    }
    //查询一个客户的跟进列表
    @Override
    public Page<VoCustomerFollow> getCustomerFellow(Map<String, Object>
param) {
        List<VoCustomerFollow> list = customerDao.getFellowList(param);
        int num = customerDao.getFellowListNum(param);
        Page<VoCustomerFollow> page = new Page<>(NumUtil.num2Int(param.
get("pageNo")), num, list);
        return page;
    }
    //创建一条客户的跟进
    @Override
    public void createFellow(CustomerFollow customerFollow) {
        customerFollow.setCreateTime(new Date());
        customerFollow.setUserId(UserContext.getUser().getId());
        customerDao.createFellow(customerFollow);
    }
......//省略部分方法...
}
```

CustomerDao 的代码如下：

```
package com.xisuo.sellmanager.dao;
//客户 dao
@Repository
public interface CustomerDao {
    void createCustomer(Customer customer);                    //创建客户
    Customer getCustomerById(@Param("id") Long id);            //根据 id 查询客户
    void modifyCustomer(Customer customer);                    //修改客户
    void createFellow(CustomerFollow customerFollow);          //创建一个客户的跟进
    //查询一个客户的所有跟进记录
    List<VoCustomerFollow> getFellowList(Map<String, Object> param);
    int getFellowListNum(Map<String, Object> param);
    //查询客户列表
    List<VoCustomer> queryCustomerList(Map<String, Object> param);
        //查询客户列表的数量
        int queryCustomerListNum(Map<String, Object> param);
    //根据名字模糊查询客户信息
    List<Customer> queryCustomer(@Param("name") String name);
    //更改客户的状态
    void updateState(@Param("customerId") long customerId, @Param("toState")
int toState);
    //获取一个跟进的详情
    CustomerFollow queryFellowDetail(@Param("id") Long id);
    List<Map<String, Object>> queryAllCustomer();              //查询所有客户
    void deleteFellow(Long id);                                //删除一个跟进
    void deleteCustomer(Long id);                              //删除客户
    void deleteCustomerFellow(Long id);                        //删除客户跟进
    //创建客户时，搜索当前名称的产品是否存在
    int findName(@Param("name") String name);
}
```

客户实体类的代码如下：

```
package com.xisuo.sellmanager.entity;
public class Customer {
    private long id;
    private String name;
    private String companyAddress;
    private String person;
    private String phone;
    private String profession;              //行业
    private String province;                //省份
    private String city;                    //城市
    private Date createTime;                //创建时间
    private long userId;
    /**
     * 客户状态：
     * 0:新建完成
     * 1:跟进中
     * 2:即将成交
```

```
    * 3:成交过的
    */
    private int customerState;
    private String competitor;                      //竞争对手
    private String note;
    private String bankName;
    private String bankNo;
    private String billAddress;
    private String billPerson;
    private String billPhone;
    private String billNote;
}
```

客户跟进实体类的代码如下：

```
package com.xisuo.sellmanager.entity;
import java.util.Date;
public class CustomerFollow {
    private long id;
    private long customerId;                         //跟进客户的id
    private long userId;                             //创建用户的id
    private Date createTime;                         //跟进时间
    private String subject;                          //主题
    private String content;                          //跟进内容
    private String nextTime;                         //下次跟进时间
    private String nextContent;                      //下次跟进内容
}
```

至此完成了客户的创建、修改和删除功能，并对客户创建了一条跟进记录，删除了一条跟进记录。启动 Spring Boot 项目，单击"创建客户"按钮可以看到创建客户的页面，如图 9.11 所示，客户列表页面如图 9.12 所示，创建客户跟进页面如图 9.13 所示。

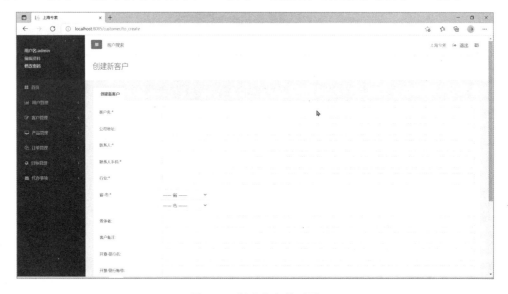

图 9.11　创建客户的页面

图 9.12　客户列表页面

图 9.13　创建客户跟进页面

9.4.3　产品功能的实现

产品的功能是系统的辅助功能，主要用在创建订单时关联公司的产品，包括简单的产品新增、修改和删除操作。

新建产品的 Controller 包含的方法入口有新增产品、查询产品列表、修改产品和删除产品，其代码如下：

```
package com.xisuo.sellmanager.controller;
```

```
//产品管理
@Controller
@RequestMapping("/product")
public class ProductController {
    @Autowired
    private ProductService productService;
    @Autowired
    private ParamService paramService;
    //创建一个产品
    @GetMapping("to_create")
    public String toCreate(ModelMap map) {
        map.put("user", UserContext.getUser());
        return "product/to_create";
    }
    //创建用户时，进行产品名称的唯一性校验
    @PostMapping("name_search")
    @ResponseBody
    public String nameSearch(@RequestParam("name") String name) {
        int num = productService.findName(name);
        if (num == 0) {
            return "0";
        } else {
            return String.valueOf(num);
        }
    }
    //创建一个产品
    @PostMapping("create")
    public String createProduct(Product product) {
        productService.createProduct(product);
        return "redirect:/product/list";
    }

    //获取产品详情
    @GetMapping("detail")
    public String getProductDetail(@RequestParam("id") Long id, ModelMap
map) {
        Product product = productService.getProductById(id);
        map.put("product", product);
        map.put("user", UserContext.getUser());
        return "product/detail";
    }
    ......//省略部分方法
    //创建订单之前，校验输入产品的名称是否正确，若不正确，则给出提示
    @GetMapping("verify_name")
    @ResponseBody
    public String verifyProductName(@RequestParam("productName") List
<String> productNames) {
        String result = productService.productService(productNames);
        return JSON.toJSONString(result);
    }
}
```

新建产品服务类接口的代码如下：

```
package com.xisuo.sellmanager.service;
```

```
//产品的服务类
public interface ProductService {
    Product getProductById(Long id);              //根据 id 查找一个产品
    void createProduct(Product product);          //创建产品
    void modifyProduct(Product product);          //保存修改后的产品
    void deleteProduct(Long id);                  //删除产品
    //查询所有产品
    Page<Product> queryAllProduct(Map<String, Object> params);
    List<Map<String, Object>> queryProducts();   //查询所有产品
    //根据产品名称查询产品 id
    List<Long> queryProductIds(List<String> productNames);
    //根据输入的关键字查询可能存在的产品名称，并进行填充
    List<String> searchName(String name);
    //校验输入的产品名称是否正确
    String productService(List<String> productNames);
    int findName(String name);        //创建产品时，搜索当前名称的产品是否存在
}
```

创建服务类的实现类的代码如下：

```
package com.xisuo.sellmanager.service.impl;

//产品的服务类
@Service("productService")
public class ProductServiceImpl implements ProductService {
    @Autowired
    private ProductDao productDao;
    private static Logger logger = LoggerFactory.getLogger(Product
ServiceImpl.class);
    //产品编号后面加上一个数字，以避免重复
    private AtomicInteger num = new AtomicInteger(0);
    //根据 id 查询产品
    @Override
    public Product getProductById(Long id) {
        return productDao.queryProductById(id);
    }
    @Override
    public void createProduct(Product product) {
        logger.info("用户:{} 创建了产品:{}", UserContext.getUser().getId(),
product.getName());
        product.setCreateTime(new Date());
        productDao.save(product);
    }
    //修改产品
    @Override
    public void modifyProduct(Product product) {
        logger.info("用户:{} 修改了产品:{}", UserContext.getUser().getId(),
product.getName());
        productDao.modifyProduct(product);
    }
    //删除产品
    @Override
```

```
    public void deleteProduct(Long id) {
        logger.info("用户:{} 删除了产品:{}", UserContext.getUser().getId(), id);
        productDao.deleteProduct(id);
    }
    ......//省略部分方法
    //查询产品的数量
    @Override
    public int findName(String name) {
        return productDao.findName(name);
    }
}
```

创建产品的 Dao 接口的代码如下：

```
package com.xisuo.sellmanager.dao;

//产品 Dao
@Repository
public interface ProductDao {
    void save(Product product);                          //保存产品
    //查询所有的产品
    List<Product> queryAllProduct(Map<String, Object> map);
    int queryAllProductNum(Map<String, Object> map);     //查询产品的数量
    Product queryProductById(@Param("id") Long id);      //根据 id 查询产品
    void modifyProduct(Product product);                 //修改一个产品
    void deleteProduct(@Param("id") Long id);            // 删除一个产品
    List<Map<String, Object>> queryProducts();  //查询所有产品，返回 id 和名称
    //根据产品名称查询产品 id
    List<Long> queryProductIds(@Param("productNames") List<String> product
Names);
    //根据输入的关键字查询可能存在的产品名称进行填充
    List<String> searchName(@Param("name") String name);
    //创建产品时，搜索当前名称的产品是否存在
    int findName(@Param("name") String name);
}
```

产品的实体类的代码如下：

```
package com.xisuo.sellmanager.entity;
import java.util.Date;
//产品的实体类
public class Product {
    private long id;
    private String name;
    private String code;
    private Date createTime;
    private String supplier;                             //供应商
    private String note;
    private String productUnit;                          //产品单位
}
```

至此完成了产品的创建、修改和删除功能。启动 Spring Boot 项目，单击"创建产品"按钮访问创建产品的功能，如图 9.14 所示，产品列表如图 9.15 所示。

图 9.14　用户创建产品页面

图 9.15　产品列表页面

9.4.4　订单功能的实现

订单功能是系统的一项重要功能，是记录用户创建订单、跟踪订单、统计业绩的重要依据。

新建订单的 Controller 包括的方法入口有创建订单、保存新订单、编辑订单、删除订单和获取订单列表，其部分代码如下：

```
package com.xisuo.sellmanager.controller;
//订单控制器入口
@Controller
@RequestMapping("/order")
public class OrderController {
    @Autowired
```

```
    private OrderService orderService;
    @Autowired
    private ParamService paramService;
    @Autowired
    private UserService userService;
    @Autowired
    private CustomerService customerService;
    @Autowired
    private ProductService productService;

    //去创建订单
    @GetMapping("to_create")
    public String toCreate(ModelMap map) {
        List<Map<String, Object>> list = customerService.queryAllCustomer();
        List<Map<String, Object>> maps = productService.queryProducts();
        map.put("products", maps);
        map.put("customers", list);
        map.put("user", UserContext.getUser());
        return "order/to_create";
    }
    // 保存新创建的一个订单
    @PostMapping("create")
    public String createOrder(Order order,
                        @RequestParam("productId") List<String> productIds,
                        @RequestParam("prices") List<String> prices,
                        @RequestParam("amount") List<Long> amounts) {
        if (productIds.size() < 1) {
            return "redirect:/order/to_create";
        }
        orderService.createOrder(order, productIds, prices, amounts);
        return "redirect:/order/list";
    }
    //订单列表
    @GetMapping("list")
    public String toList(@RequestParam(required = false, value = "pageNo")
Integer pageNo,
//用户id
@RequestParam(required = false, value = "customerName") String customer
Name,        @RequestParam(required = false, value = "userId") Long userId,
//开始时间
@RequestParam(required = false, value = "startTime") String startTime,
//结束时间
@RequestParam(required = false, value = "endTime") String endTime,
//发货时间
@RequestParam(required = false, value = "sendTime") String sendTime,
                    ModelMap map) {
        Map<String, Object> params = paramService.handlePageData(pageNo);
        paramService.handleKeyLike(params, Pair.of("customerName", customer
Name));
        paramService.handleLong(params, Pair.of("userId", userId));
        paramService.handleDate(params, Pair.of("startTime", startTime),
Pair.of("endTime", endTime), Pair.of("sendTime", sendTime));
        Page<VoOrder> page = orderService.getOrderList(params);
        //目前的用户id和名字
```

```
        List<Map<String, Object>> list = userService.getUserIdName();
        map.put("users", list);
        map.put("pageInfo", page);
        map.put("user", UserContext.getUser());
        paramService.handleObj(map, Pair.of("customerName", customerName),
            Pair.of("userId", userId), Pair.of("startTime", startTime),
Pair.of("endTime", endTime));
        return "order/list";
    }
......//省略部分方法
}
```

新建订单的服务类的代码如下：

```
package com.xisuo.sellmanager.service;
//订单服务
public interface OrderService {
    //获取首页的数据、订单总金额和已经支付的金额
    Pair<String, String> getMouthMoney();
     //获取一天总的订单金额
    String getDayMoney(LocalDateTime startTime, LocalDateTime endTime);
    //保存修改后的订单
    void modifyOrder(Order order, List<Long> ids, List<Long> amounts);
    //创建订单
    void createOrder(Order order, List<String> productIds, List<String>
prices, List<Long> amounts);
    //获取订单详情
    VoOrder getOrderById(Long orderId);
    //获取订单的分页列表
    Page<VoOrder> getOrderList(Map<String, Object> params);
    //查询订单产品详情
    List<OrderDetail> queryOrderDetail(Long orderId);
    //某天待发货的公司名称
    List<String> queryDaySipping(LocalDate time);
    //某天待收款的公司名称和金额
    List<Map<String, Object>> queryDayReceipt(LocalDate time);
    //一段时间内的订单总数量
    int queryOrderCount(LocalDateTime startTime, LocalDateTime endTime);
}
```

新建订单的服务实现类的代码如下：

```
package com.xisuo.sellmanager.service.impl;

//订单的服务类
@Service("orderService")
public class OrderServiceImpl implements OrderService {
    private static Logger logger = LoggerFactory.getLogger(OrderService
Impl.class);
    @Autowired
    private CacheMap cacheMap;
    @Autowired
    private OrderDao orderDao;
    @Autowired
```

```java
    private CustomerService customerService;
    @Autowired
    private ProductService productService;
    //获取一个月的金额
    @Override
    public Pair<String, String> getMouthMoney() {
        Date startDayOfMonth = DateAndLocalDateUtil.getStartDayOfMonth();
        Date endDayOfMonth = DateAndLocalDateUtil.getEndDayOfMonth();
        Map<String, Object> map = orderDao.getMonMoney(startDayOfMonth,
endDayOfMonth);
        if (map == null) {
            return Pair.of(Constant.DEFAULT_MONEY, Constant.DEFAULT_MONEY);
        }
        return Pair.of(map.get("total_money") + "", map.get("already_pay")
+ "");
    }

    @Override
    public String getDayMoney(LocalDateTime startTime, LocalDateTime
endTime) {
        if (startTime == null) {
            //设置零点
            startTime = DateAndLocalDateUtil.getStartOfDay();
        }
        if (endTime == null) {
            //设置当天的结束时间
            endTime = DateAndLocalDateUtil.getEndOfDay();
        }
        DateTimeFormatter pattern = DateTimeFormatter.ofPattern("yyyy-
MM-dd HH:MM:ss");
        String money = orderDao.getDayMoney(pattern.format(startTime),
pattern.format(endTime));
        if (StringUtils.isBlank(money)) {
            money = Constant.DEFAULT_MONEY;
        }
        return money;
    }
    //修改订单
    @Override
    public void modifyOrder(Order order, List<Long> ids, List<Long> amounts) {
        logger.info("用户{} 修改了一个订单", UserContext.getUser().getId());
        orderDao.modifyOrder(order);
    }
    ......//省略部分方法
    //获取订单详情
    @Override
    public VoOrder getOrderById(Long orderId) {
        return orderDao.getOrderById(orderId);
    }
    //获取订单列表
```

```
        @Override
        public Page<VoOrder> getOrderList(Map<String, Object> params) {
            List<VoOrder> list = orderDao.getOrderList(params);
            int num = orderDao.getOrderListNum(params);
            Page<VoOrder> page = new Page<>(NumUtil.num2Int(params.get("pageNo")),
num, list);
            return page;
        }
    }
```

设置订单的 Dao 和 XML 的配置代码如下：

```
package com.xisuo.sellmanager.dao;
//订单的 Dao
@Repository
public interface OrderDao {
    //获取首页面的订单金额数据
    Map<String, Object> get  MonMoney(@Param("startTime") Date startDayOf
Month, @Param("endTime") Date endDayOfMonth);
    //获取一天总的订单金额
    String getDayMoney(@Param("startTime")String startTime, @Param("endTime")
String endTime);
    //根据订单 id 查询订单
    VoOrder getOrderById(@Param("orderId") Long orderId);
    //查询订单产品详情
    List<OrderDetail> queryOrderDetail(@Param("orderId") Long orderId);
    void modifyOrder(Order order);                          //修改订单
    void modifyOrderDetail(OrderDetail orderDetail);     //修改一个订单明细
    int createOrder(Order order);                          //创建订单
    //创建订单明细
    void createOrderDetail(@Param("lists") List<OrderDetail> lists);
    //获取订单的分页数据
    List<VoOrder> getOrderList(Map<String, Object> params);
    int getOrderListNum(Map<String, Object> params);
    //某天待发货的公司名称
    List<String> queryDaySipping(@Param("days") LocalDate time);
    //某天待收款的公司名称和金额
    List<Map<String, Object>> queryDayReceipt(@Param("days") LocalDate
time);
    // 一段时间内的订单总数量
    int queryOrderCount(@Param("startTime")String startTime, @Param
("endTime")String endTime);
}
```

订单实体类的代码如下：

```
package com.xisuo.sellmanager.entity;
import java.util.Date;
public class Order {
    private long id;
    private long userId;
    private long customerId;                          //客户 id
```

```
    private Date createDate;                    //创建日期
    private double totalMoney;                  //总金额
    private double alreadyPay;                  //已经支付的金额
    private String nextPayTime;                 //下次支付时间
    private double discount;                    //回扣
    //0 表示未发货，1 表示发货了部分产品，2 表示全部完成发货
    private int productState;
    //订单支付状态：0 表示未支付，1 表示支付部分，2 表示支付完成
    private int payState;
    private String sendTime;                    //发货时间
    private String sendAddress;                 //地址
    private double sendPrice;                   //运费
    private String sendWay;                     //发货方式
}
```

订单详情实体类的代码如下：

```
package com.xisuo.sellmanager.entity;
public class OrderDetail {
    private long id;
    private long orderId;
    private long productId;
    private String productCode;
    private String productName;
    private int amount;
    private double univalent;              //单价
    private double totalPrice;             //总价
}
```

至此完成订单功能的开发。启动 Spring Boot 项目，单击"创建订单"按钮，显示创建订单的页面，如图 9.16 所示，订单列表如图 9.17 所示。

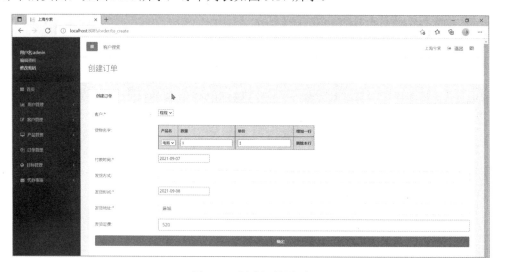

图 9.16　创建订单页面

图 9.17　订单列表页面

9.4.5　用户管理功能的实现

用户管理功能是对管理员开放使用的功能，主要用来对系统中的普通用户进行管理。

新建用户功能的 Controller，其功能包括修改密码、创建新用户、修改用户资料、删除用户、查询用户列表、创建用户时用户名的唯一性校验、查看用户详情，其代码如下：

```
package com.xisuo.sellmanager.controller;
//用户管理
@Controller
@RequestMapping("/user")
public class UserController {
    //HTML 文件所在文件夹的前缀
    private final String PREFIX = "user/";
    @Autowired
    private ParamService paramService;
    @Autowired
    private UserService userService;
    //修改密码
    @PostMapping("modify_password")
    @ResponseBody
    public String modifyPassword(@RequestParam("id") Long id, ModelMap map,
                        @RequestParam("oldPassword") String oldPassword,
                        @RequestParam("newPassword") String newPassword) {
        String password = userService.modifyPassword(id, oldPassword,
newPassword);
        map.put("user", UserContext.getUser());
        return password;
```

```
    }
    //创建用户
    @PostMapping("create")
    public String createUser(User user) {
        userService.createUser(user);
        return "redirect:/user/list";
    }
    //创建用户时用户名的唯一性校验
    @PostMapping("name_search")
    @ResponseBody
    public String nameSearch(@RequestParam("name") String name) {
        int num = userService.findName(name);
        if (num == 0) {
            return "0";
        } else {
            return String.valueOf(num);
        }
    }

    //获取用户详情
    @GetMapping("detail")
    public String getUserDetail(@RequestParam("id") Long id, ModelMap map) {
        User user = userService.getUserDetail(id);
        map.put("user", user);
        return PREFIX + "detail";
    }
    ......//省略部分方法
    //上传个人图像
    @Deprecated
    private String toUploadPhoto(ModelMap map) {
        map.put("user", UserContext.getUser());
        return "user/photo";
    }
    //创建用户
    @GetMapping("{path}")
    public String toCreateUser(@PathVariable("path") String path, ModelMap
map) {
        map.put("user", UserContext.getUser());
        return PREFIX + path;
    }
}
```

新建用户的服务类是 UserService，它和 9.4.1 小节中登录所使用的服务类一样，这里不再赘述。启动 Spring Boot 项目，单击"创建用户"按钮，显示创建用户页面，如图 9.18 所示，用户列表如图 9.19 所示。

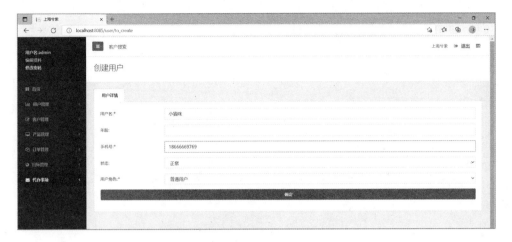

图 9.18　创建用户页面

图 9.19　用户列表页面

9.4.6　订单目标功能的实现

订单目标功能能够帮助用户确定自己的销售目标，还可以设定一个时间段内的销售业绩目标，以及每日登录系统后提示用户自己的目标是多少。

新建订单目标的入口 Controller 包含的方法有创建一个业绩目标、保存新的业绩目标、编辑新的业绩目标、删除业绩目标和获取 5 个月的业绩目标。入口 Controller 的部分代码如下：

```
package com.xisuo.sellmanager.controller;
//订单目标和业绩统计
@Controller
```

```
@RequestMapping("/targets")
public class TargetController {
    @Autowired
    private OrderTargetService orderTargetService;
    @Autowired
    private ParamService paramService;
    @Autowired
    private UserService userService;
    //去创建一个业绩目标
    @GetMapping("to_create")
    public String toCreateTarget(ModelMap map) {
        List<Map<String, Object>> lists = userService.getUserIdName();
        map.put("users", lists);
        map.put("user", UserContext.getUser());
        return "targets/to_create";
    }
    //保存新建的业绩目标
    @PostMapping("create")
    public String saveTarget(OrderTarget orderTarget) {
        orderTargetService.addTarget(orderTarget);
        return "redirect:/targets/list";
    }
    //获取详情
    @GetMapping("detail")
    public String getDetail(@RequestParam(value = "id") Long id, ModelMap
map) {
        OrderTarget orderTarget = orderTargetService.getOneTarget(id);
        map.put("user", UserContext.getUser());
        map.put("target", orderTarget);
        map.put("users", userService.getUserIdName());
        return "targets/detail";
    }
    //保存修改后的业绩目标
    @PostMapping("save")
    public String modifyTarget(OrderTarget orderTarget) {
        orderTargetService.modifyTarget(orderTarget);
        return "redirect:/targets/list";
    }
    ......//省略部分方法
    //删除一个目标
    @PostMapping("delete")
    public String delete(@RequestParam(value = "id") Long id) {
        orderTargetService.deleteTarget(id);
        return "redirect:/targets/list";
    }
}
```

新建业绩目标的接口类 OrderTargetService 的代码如下：

```
package com.xisuo.sellmanager.service;

//订单目标
public interface OrderTargetService {
    //获取首页展示的个人业绩目标
    Pair<String, String> queryTargets();
    void addTarget(OrderTarget orderTarget);          //添加一个目标

    //获取当前时间后 5 个月的目标
    Page<VoOrderTarget> getTargets(Map<String, Object> data);
    void doneTarget(Map<String, Object> map);         //完成某个目标
    void modifyTarget(OrderTarget orderTarget);       //修改某个目标
    void deleteTarget(Long id);                       //删除一个目标
    OrderTarget getOneTarget(Long id);                //查询一个目标
}
```

实现接口中编辑业绩目标及删除业绩目标的方法，代码如下：

```
package com.xisuo.sellmanager.service.impl;
@Service("orderTargetService")
public class OrderTargetServiceImpl implements OrderTargetService {
    private static Logger logger = LoggerFactory.getLogger(OrderTarget
ServiceImpl.class);
    @Autowired
    private OrderTargetDao orderTargetDao;
    ......//省略部分方法
    //添加目标
    @Override
    public void addTarget(OrderTarget orderTarget) {
        orderTarget.setUserId(UserContext.getUser().getId());
        orderTarget.setTargetState(0);
        orderTargetDao.addTarget(orderTarget);
    }
    //获取所有的目标
    @Override
    public Page<VoOrderTarget> getTargets(Map<String, Object> data) {
        List<VoOrderTarget> list = orderTargetDao.queryTargets(data);
        int targetsNum = orderTargetDao.queryTargetsNum(data);
        Page<VoOrderTarget> page = new Page<>(NumUtil.num2Int(data.get
("pageNo")), targetsNum, list);
        return page;
    }
    //完成目标
    @Override
    public void doneTarget(Map<String, Object> map) {
        orderTargetDao.doneTarget(map);
    }
    //修改目标
    @Override
```

```java
    public void modifyTarget(OrderTarget orderTarget) {
        orderTarget.setUserId(UserContext.getUser().getId());
        orderTargetDao.modifyTarget(orderTarget);
    }
    //删除目标
    @Override
    public void deleteTarget(Long id) {
        orderTargetDao.deleteTarget(id);
    }
    //获取一个目标详情
    @Override
    public OrderTarget getOneTarget(Long id) {
        return orderTargetDao.getOneTarget(id);
    }
}
```

新建订单目标的 Dao 接口的代码如下：

```java
package com.xisuo.sellmanager.dao;
@Repository
public interface OrderTargetDao {
    void addTarget(OrderTarget orderTarget);                //添加一个目标
    //获取当前时间后5个月的目标
    List<VoOrderTarget> queryTargets(Map<String, Object> map);
    int queryTargetsNum(Map<String, Object> map);
    void doneTarget(Map<String, Object> map);               //完成某个目标
    void modifyTarget(OrderTarget orderTarget);             //修改某个目标
    void deleteTarget(@Param("id") Long id);                //删除一个目标
    OrderTarget getOneTarget(@Param("id") Long id);         //查询一个目标
    //一段时期的目标
    String getNowOrder(@Param("id") long id, @Param("time") String now);
}
```

业绩目标实体类的代码如下：

```java
package com.xisuo.sellmanager.entity;
//业绩目标
public class OrderTarget {
    private long id;
    private String startTime;
    private String endTime;
    private String target;
    private String hasDone;
    //0 表示未完成，1 表示已经完成
    private int targetState;
    //用户 id，公司的为 0
    private long userId;
}
```

至此已经完成了用户的业绩目标功能。启动 Spring Boot 项目，单击"创建订单目标"

按钮，会显示创建订单目标页面，如图 9.20 所示，目标列表如图 9.21 所示。

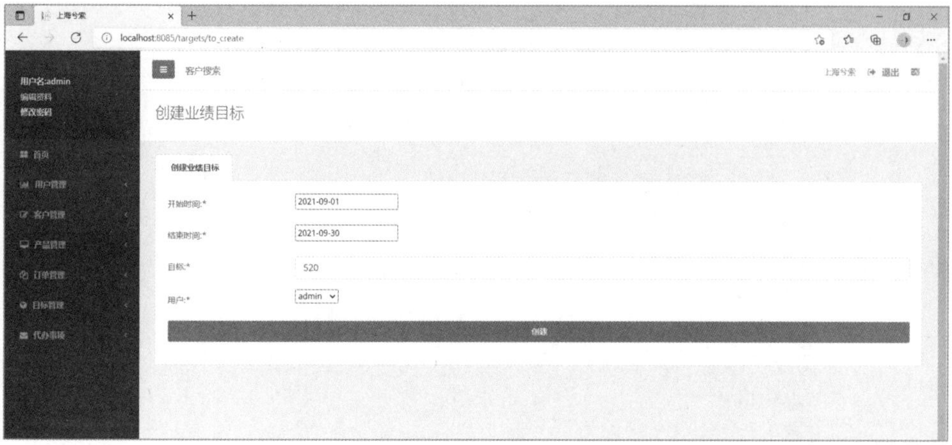

图 9.20　创建订单目标页面

图 9.21　订单目标列表页面

9.4.7　用户待办事项功能的实现

用户待办事项功能可以提示登录系统的用户做好日常安排，帮助他们把每日的工作按照轻重缓急的级别进行排序并保存，这样用户可以每天按照计划完成工作，从而确保不会遗留重要的工作。

具体步骤如下：

（1）新建待办事项的 Controller 入口。用户待办事项的入口方法包括创建一个待办事项、保存一个新的待办事项、当前用户的待办事项列表、编辑一个存在的待办事项、完成一个待办事项、删除一个待办事项。Controller 的部分代码如下：

```
package com.xisuo.sellmanager.controller;
//用户的待办事项
@Controller
@RequestMapping("todo")
public class ToDoListController {
    @Autowired
    private ToDoListService toDoListService;
    @Autowired
    private ParamService paramService;

    //创建待办事项
    @GetMapping("to_create")
    public String toCreateUser(ModelMap map) {
        map.put("user", UserContext.getUser());
        return "todo/to_create";
    }
    //保存待办事项
    @PostMapping("create")
    public String createUser(ToDoList toDoList) {
        toDoListService.createWork(toDoList);
        return "redirect:/todo/list";
    }
    //编辑待办事项
    @GetMapping("detail")
    public String modify(@RequestParam("id") Long id, ModelMap map) {
        ToDoList toDoList = toDoListService.queryOneToDo(id);
        map.put("user", UserContext.getUser());
        map.put("toDoList", toDoList);
        return "todo/detail";
    }
    //保存用户修改后的待办事项
    @PostMapping("save")
    public String saveUserDetail(ToDoList toDoList) {
        toDoListService.saveModifyWork(toDoList);
        return "redirect:/todo/list";
    }
    //完成一个待办事项
    @PostMapping("done")
    @ResponseBody
    public String doneWord(@RequestParam("id") String id) {
        toDoListService.doneWord(id);
        return JSON.toJSONString("success");
    }
    ......//省略部分方法
}
```

（2）新建待办事项对应的服务处理接口 ToDoListService，以完成接口方法的定义，代码如下：

```
package com.xisuo.sellmanager.service;
//待办事项的服务类
public interface ToDoListService {
    List<ToDoList> queryUserTodo();             //首页上个人的待办事项
    void createWork(ToDoList toDoList);          //创建待办事项
```

```
    void saveModifyWork(ToDoList toDoList);        //保存修改后的待办事项
    //获取分页的待办事项
    Page<ToDoList> getAllWork(Map<String, Object> params);
    void deleteWork(Long id);                      //删除一个待办事项
    void doneWord(String id);                      //完成一个待办事项
    ToDoList queryOneToDo(Long id);                //获取一个待办事项

}
```

（3）完成接口的代码如下：

```
package com.xisuo.sellmanager.service.impl;
@Service("toDoListService")
public class ToDoListServiceImpl implements ToDoListService {
    private static Logger logger = LoggerFactory.getLogger(ToDoList
ServiceImpl.class);
    @Autowired
    private ToDoListDao toDoListDao;
    //查询用户待办事项
    @Override
    public List<ToDoList> queryUserTodo() {
        long id = UserContext.getUser().getId();
        List<ToDoList> lists = toDoListDao.queryUserTodos(id);
        return lists;
    }
    ......//省略部分方法
    //获取待办事项列表
    @Override
    public Page<ToDoList> getAllWork(Map<String, Object> params) {
        params.put("userId", UserContext.getUser().getId());
        List<ToDoList> list = toDoListDao.getAllWork(params);
        int num = toDoListDao.getAllWorkNum(params);
        Page<ToDoList> page = new Page<ToDoList>(NumUtil.num2Int(params.
get("pageNo")), num, list);
        return page;
    }
    //删除待办事项
    @Override
    public void deleteWork(Long id) {
        logger.info("用户:{},删除了一个待办事项:{}",UserContext.getUser().
getId(), id);
        toDoListDao.deleteWork(id, UserContext.getUser().getId());
    }
    //完成待办事项
    @Override
    public void doneWord(String id) {
        toDoListDao.doneWord(id);
    }
    //查询一个待办事项详情
    @Override
    public ToDoList queryOneToDo(Long id) {
        return toDoListDao.queryOneToDo(id);
    }
}
```

（4）待办事项的 Dao 接口的代码如下：

```
package com.xisuo.sellmanager.dao;
@Repository
public interface ToDoListDao {
    void createWork(ToDoList toDoList);              //创建待办事项
    void modifyWork(ToDoList toDoList);              //保存修改后的待办事项
    //获取分页的待办事项
    List<ToDoList> getAllWork(Map<String, Object> params);
    int getAllWorkNum(Map<String, Object> params);
    //删除待办事项
    void deleteWork(@Param("id") Long id, @Param("userId") Long userId);
    void doneWord(@Param("id") String id);           //完成一个待办事项
    List<ToDoList> queryUserTodos(long id);          //查询一个用户的待办事项
    //根据主键查询一个待办事项
    ToDoList queryOneToDo(@Param("id") Long id);
}
```

（5）待办事项实体类的代码如下：

```
package com.xisuo.sellmanager.entity;
//待办事项
public class ToDoList {
    private long id;
    private long userId;
    private String content;          //待办事项的内容
    private Date createTime;         //创建时间
    private String doTime;           //设定的应该完成的时间
    private int workState;           //任务状态：0 表示未完成，1 表示已完成
}
```

至此完成了用户待办事项的所有功能。启动 Spring Boot 项目，单击"创建待办事项"按钮，将显示待办事项的页面，如图 9.22 所示，用户待办事项列表如图 9.23 所示。

图 9.22 创建一个待办事项

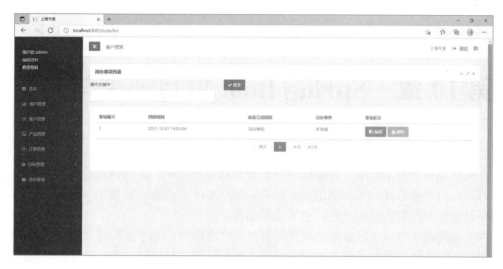

图 9.23　待办事项列表

再次启动项目，查看 IDEA 的控制台。可以看到，IDEA 中已经成功地打印了日志，如图 9.24 所示。

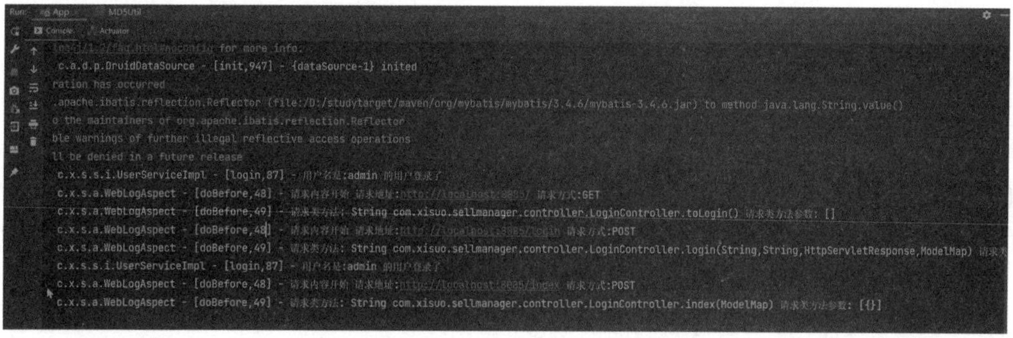

图 9.24　请求打印日志

9.5　小　　结

本章从项目背景开始讲解，涵盖项目需求分析、系统用例分析、系统技术框架选型、系统框架搭建、项目初始化、业务代码开发，展示了一个项目的完整开发流程，从而帮助读者能将之前介绍的知识应用于开发实践之中。

第 10 章　Spring Boot 项目部署与监控

在完成项目开发工作后，需要把项目部署到测试环境中，由测试人员进行功能测试，同时开发人员需要监控当前服务的运行情况，包括 CPU、内存、磁盘和网络的占用情况，查看项目运行时产生的日志文件，便于定位错误。

在完成测试工作后，还需要把项目部署到生产环境中，同时也需要对服务器的运行情况和产生的日志文件进行监控和查看，以便定位服务器突发问题，确定服务器的运行是否平稳。

10.1　Spring Boot 打包部署

Spring Boot 项目开发完成后，必须将项目打包部署到测试开发环境。Java 项目常见的打包方式是 jar 和 war。

10.1.1　jar 与 war

jar 即 Java Archive，是 Java 归档文件，该文件格式与平台无关，它允许将许多文件组合成一个压缩文件。Java 程序都可以打成 jar 包，目前 Docker 广泛使用，Java 项目都会打成可执行的 jar 包，最终构建为镜像文件来运行。

jar 文件格式基于流行的 ZIP 文件格式。与 ZIP 文件不同的是，jar 文件不仅用于压缩和发布，而且还用于部署和封装库、组件和插件程序，并可被编译器和 JVM 直接使用。在 jar 中包含特殊的文件（如 manifests 和部署描述符），用来指示工具如何处理特定的 jar。

war（Web Application Archive）与 jar 的基本原理相似，它通常表示这是一个 Java 的 Web 应用程序包，是一个可以直接运行的 Web 压缩包，通常用于网站开发，制成 war 包后部署到容器中（Tomcat 或者 Jetty）。以 Tomcat 为例，将 war 包放置在 Tomcat 的 webapps 目录下，再启动 Tomcat，war 包会自动解压，然后通过浏览器访问，Tomcat 会识别 war 包并自动部署。

🔲 注意：war 包必须放在 webapps 下的 ROOT 目录下，否则访问时需要加上该目录的名称。

　　在早期的 Servlet 和 JSP 项目中，最终生成的 war 压缩包文件按照目录结构来组织，其根目录下包含 js 和 jsp 文件，或者包含这两种文件的目录，另外还有 WEB-INF 目录。在 WEB-INF 目录下通常包含一个 web.xml 文件和一个 classes 目录，web.xml 是这个应用的配置文件，而 classes 目录下则包含编译好的 Servlet 类和 jsp，或包含 Servlet 所依赖的其他类，如 JavaBean。

10.1.2　实战：将项目打包成 jar

　　下面演示将程序打包成 jar 后运行。

　　（1）创建一个空项目 springboot-demo-deploy，并添加项目依赖。添加依赖后的 pom.xml 如下：

```
<parent>
    <groupId>org.springframework.boot</groupId>
    <artifactId>spring-boot-starter-parent</artifactId>
    <version>2.3.10.RELEASE</version>
    <relativePath/> <!-- lookup parent from repository -->
</parent>
<groupId>com.example</groupId>
<artifactId>springboot-demo-deploy</artifactId>
<version>0.0.1-SNAPSHOT</version>
<name>springboot-demo-deploy</name>
<description>Demo project for Spring Boot</description>
<!-- 设置打包方式为 jar -->
<packaging>jar</packaging>

<properties>
    <java.version>11</java.version>
</properties>
<dependencies>
    <dependency>
        <groupId>org.springframework.boot</groupId>
        <artifactId>spring-boot-starter-thymeleaf</artifactId>
    </dependency>
    <dependency>
        <groupId>org.springframework.boot</groupId>
        <artifactId>spring-boot-starter-web</artifactId>
    </dependency>
    <dependency>
        <groupId>org.projectlombok</groupId>
        <artifactId>lombok</artifactId>
        <optional>true</optional>
    </dependency>
    <dependency>
```

```
        <groupId>org.springframework.boot</groupId>
        <artifactId>spring-boot-starter-test</artifactId>
        <scope>test</scope>
    </dependency>
</dependencies>
```

（2）修改 application.properties，添加配置文件，代码如下：

```
#排除静态文件夹
spring.devtools.restart.exclude=static/**,public/**
#关闭 Thymeleaf 的缓存，开发过程中无须重启
spring.thymeleaf.cache = false
#设置 thymeleaf 页面的编码
spring.thymeleaf.encoding=UTF-8
spring.thymeleaf.mode=HTML5
#设置 thymeleaf 页面的后缀
spring.thymeleaf.suffix=.html
#设置 thymeleaf 页面的存储路径
spring.thymeleaf.prefix=classpath:/templates/
```

（3）完成一个非常简单的 HelloController()方法，代码如下：

```
package com.example.springbootdemodeploy.controller;

import org.springframework.web.bind.annotation.GetMapping;
import org.springframework.web.bind.annotation.RequestParam;
import org.springframework.web.bind.annotation.RestController;

/**
 * @author ke.zhang
 * @version 1.0
 * @description: hello world
 * @date 2021/7/14 13:46
 */
@RestController
public class HelloController {
    @GetMapping("/queryUser")
    public String queryUser(@RequestParam("name")String name){
        return "/hi "+name;
    }
}
```

（4）新建访问入口 UserController，代码如下：

```
package com.example.springbootdemodeploy.controller;

import org.springframework.stereotype.Controller;
import org.springframework.ui.Model;
import org.springframework.web.bind.annotation.GetMapping;
import org.springframework.web.bind.annotation.RequestParam;
```

```
@Controller
public class UserController {
    @GetMapping("/hi")
    public String queryUser(@RequestParam("name") String name, Model model) {
        model.addAttribute("name", "hi " + name);
        return "hi";
    }
}
```

（5）设置项目的启动类，代码如下：

```
package com.example.springbootdemodeploy;

import org.springframework.boot.SpringApplication;
import org.springframework.boot.autoconfigure.SpringBootApplication;

@SpringBootApplication
public class SpringbootDemoDeployApplication {

    public static void main(String[] args) {
        SpringApplication.run(SpringbootDemoDeployApplication.class, args);
    }
}
```

　　启动项目，分别访问两个链接，即 http://localhost:8080/hi?name=cc 和 http://localhost:8080/queryUser?name=cc，得到正确的返回结果。

　　现在将整个项目生成一个 jar 包，并运行该 jar 包，再次访问上述两个链接。

　　在项目的根目录下运行 Maven 命令 mvn package -DMaven.test.skip=true，该命令会打包项目且跳过测试，运行后显示的结果如图 10.1 所示，表示 jar 已经构建成功。构建成功的 jar 在 target 目录下，名称为 springboot-demo-deploy-0.0.1-SNAPSHOT.jar。在当前目录下运行 java -jar springboot-demo-deploy-0.0.1-SNAPSHOT.jar 命令，启动这个 jar 包，启动后显示的结果如图 10.2 所示，表示当前 jar 包已经成功启动。打开浏览器，访问 http://localhost:8080/hi?name=cc 和 http://localhost:8080/queryUser?name=cc，能看到正确的返回结果。

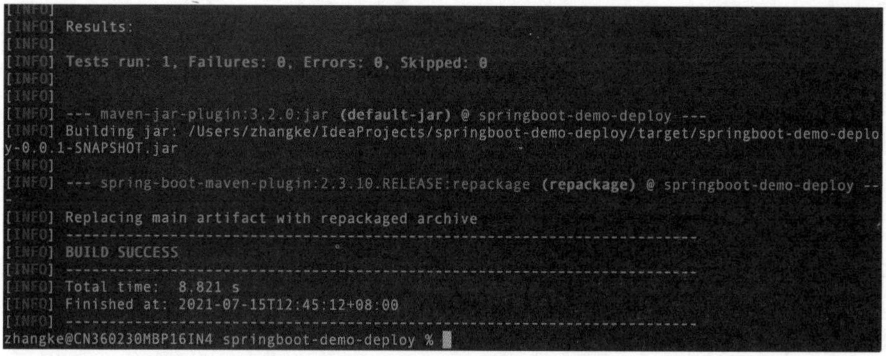

图 10.1　jar 构建成功

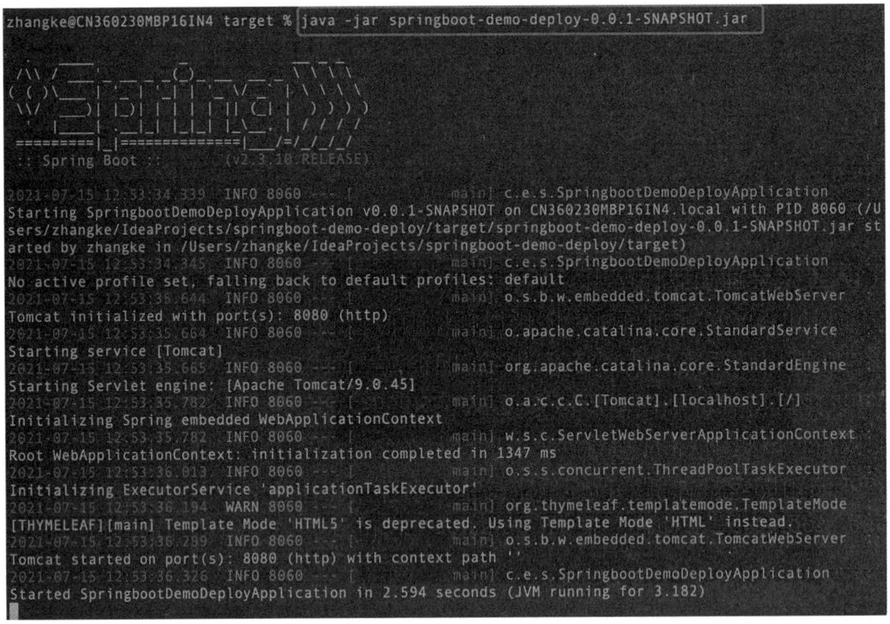

图 10.2　jar 启动成功

10.1.3　实战：将项目打包成 war

下面演示如何将 10.1.2 小节中的程序打包成 war 后运行。

（1）修改 pom.xml 中的\<packaging\>jar\</packaging\>为\<packaging\>war\</packaging\>，表示项目的打包方式变成 war。

（2）在 pom.xml 中添加 Tomcat 的依赖，代码如下：

```
<!--当将 war 包配置到 Tomcat 时，自动排除内置的 Tomcat，避免二者产生冲突-->
    <dependency>
        <groupId>org.springframework.boot</groupId>
        <artifactId>spring-boot-starter-tomcat</artifactId>
        <!--Tomcat 依赖只参与编译、测试和运行等周期。-->
        <scope>provided</scope>
    </dependency>
```

（3）修改 build 标签，在\<build\>\</build\>标签内指定 war 文件的名称。这里设置 war 包的名称为 springboot-demo-deploy，代码如下：

```
<build>
    <finalName>springboot-demo-deploy</finalName>
    <plugins>
        <plugin>
            <groupId>org.springframework.boot</groupId>
```

```
            <artifactId>spring-boot-maven-plugin</artifactId>
            <configuration>
                <excludes>
                    <exclude>
                        <groupId>org.projectlombok</groupId>
                        <artifactId>lombok</artifactId>
                    </exclude>
                </excludes>
            </configuration>
        </plugin>
    </plugins>
</build>
```

（4）修改启动类，并继承 SpringBootServletInitializer 类，然后重写 config 方法，代码如下：

```
package com.example.springbootdemodeploy;

import org.springframework.boot.SpringApplication;
import org.springframework.boot.autoconfigure.SpringBootApplication;
import org.springframework.boot.builder.SpringApplicationBuilder;
import org.springframework.boot.web.servlet.support.SpringBootServlet
Initializer;

@SpringBootApplication
public class SpringbootDemoDeployApplication extends SpringBootServlet
Initializer {

    public static void main(String[] args) {
        SpringApplication.run(SpringbootDemoDeployApplication.class, args);
    }
    @Override
    protected SpringApplicationBuilder configure(SpringApplicationBuilder
builder) {
        return builder.sources(SpringbootDemoDeployApplication.class);
    }
}
```

（5）在项目的根目录下再次执行 mvn clean package -DMaven.test.skip=true 命令，项目会自动打包为 war，打包成功后的文件保存在 target 目录下，如图 10.3 所示。

请读者自行下载 Tomcat 9.0.45 到本地（请注意使用这个版本的 Tomcat），解压下载文件后清空 webapps 下的 ROOT 目录，把 springboot-demo-deploy.war 复制到 ROOT 目录下，再执行 bin 目录下的 startup.bat 就能启动该项目。打开浏览器，访问 http://localhost:8080/hi?name=cc 和 http://localhost:8080/queryUser?name=cc 可以看到，接口返回了正确的结果。

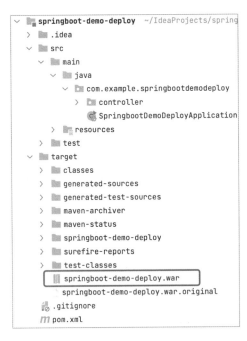

图 10.3　war 包结构图

10.1.4　实战：使用 Docker 部署 jar 工程

Docker 是一个开源的应用容器引擎，它基于 Go 语言开发。Docker 可以让开发者打包应用并将依赖包存放到一个轻量级且可移植的容器中，然后将其发布到任意平台上运行。容器完全使用沙箱机制，相互之间不会有任何接口（类似于 iPhone 的 App），且容器性能开销极低。

基于 Docker 的很多优点，很多公司的应用已经从 war 部署方式变成了 Docker 部署。下面介绍如何使用 Docker 部署 jar 包。

（1）在本地安装 Docker，直接选择安装最新版本即可，安装完成后启动 Docker，使用命令行输入 Docker -v，会显示 Docker 的版本，即表示安装成功，如图 10.4 所示。

图 10.4　Docker 的版本

（2）按照 10.1.2 小节的步骤把项目打成 jar 包，在项目的根目录下新建 Dockerfile 文件，代码如下：

```
#FROM: 表示基础镜像，即运行环境，使用 open jdk8
FROM openjdk:8-jdk-alpine
# 镜像作者信息
MAINTAINER ke.zhang
#VOLUME 在宿主机的/var/lib/docker 目录下创建一个临时文件并把它链接到容器中的/tmp 目录
VOLUME /tmp
# ADD: 添加文件并且重命名
ADD  target/springboot-demo-deploy-0.0.1-SNAPSHOT.jar  /app.jar
#EXPOSE: 建立 image 暴露的端口
EXPOSE 8080
#ENTRYPOINT: 容器启动时运行的命令，相当于在命令行中输入 java -jar xxxx.jar
ENTRYPOINT ["java","-jar","/app.jar"]
```

（3）打开命令行工具，构建自己的镜像文件，代码如下：

```
docker build -t springboot-demo:v1 .
```

构建镜像时打印的日志如图 10.5 所示，表示当前构建了一个版本号是 v1、名称是 springboot-demo 的镜像。使用 docker images 命令查看构建好的镜像，可以看到已经成功地构建了镜像，如图 10.6 所示。

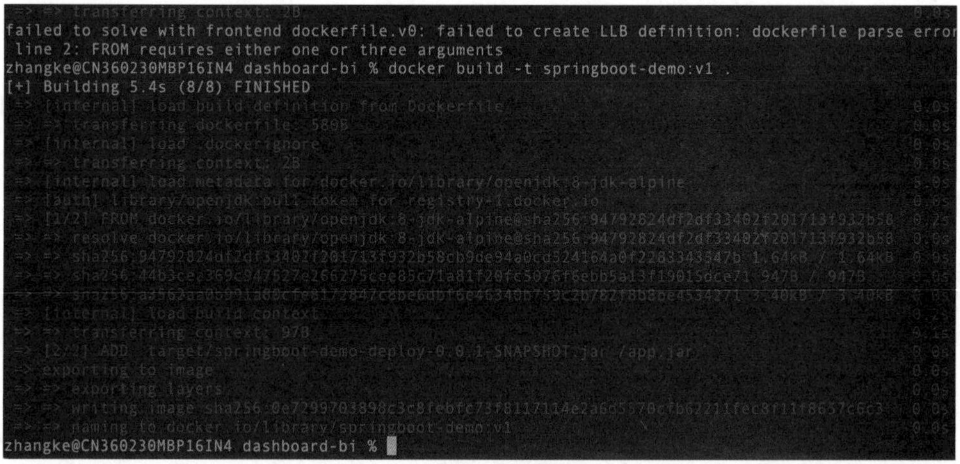

图 10.5　构建镜像时的日志

图 10.6　查看本地的所有镜像

（4）运行镜像的命令：

```
docker run -d -p 8080:8080 --name my-springboot springboot-demo:v1
```

上述命令是通过映射本机端口 8080 来镜像端口 8080，容器的名称是 my-springboot，基于 springboot-demo 的 v1 镜像创建容器并且运行。

（5）使用 docker ps -a 命令查看正在运行的容器，如图 10.7 所示。项目启动后可以查看运行的日志，使用的命令是"docker logs -f --tail=100 容器的 id"，本容器的 id 是 4270d0f1547e。

图 10.7　运行中的容器

至此完成了用 Docker 构建镜像并且在镜像中运行项目的步骤。

提示：如果项目很复杂，可以使用 docker-compose 来构建自己的服务，当然大公司可以直接考虑使用 Kubernetes 构建。

10.1.5　实战：使用 spring-boot-devtools 进行热部署

在开发过程中经常会出现这样的场景，有时想修改代码后马上自动加载修改后的代码，以便看到修改后的效果，这时候就需要集成使用 spring-boot-devtools 进行辅助开发。

spring-boot-devtools 通过提供自动重启和 LiveReload 功能，使开发者能够更快、更轻松地完成 Spring Boot 应用程序的开发工作。但是项目部署在生产环境中运行时，建议不要再使用 spring-boot-devtools，一般只在开发环境中使用 spring-boot-devtools。使用 IDEA 进行开发时，需要配置 IDEA 自动编译来启用该功能。

spring-boot-devtools 提供自动重启的功能。每当类路径中的文件发生更改时，spring-boot-devtools 会自动重新启动正在运行的应用程序，并进行更新。当开发人员在本地开发时，不再需要手动重启程序。如果要禁用服务器重启，则可以配置如下属性：

```
spring.devtools.restart.enabled = false
```

如果在项目启动时需要排除一些文件，则需设置禁用自动重启，可以使用 spring.devtools.restart.exclude，例如：

```
spring.devtools.restart.exclude=static/**,public/**
```

还原当前项目打包方式为 jar 的启动方式，在 pom.xml 中引入 spring-boot-devtools 依赖：

```xml
<dependencies>
    <dependency>
        <groupId>org.springframework.boot</groupId>
        <artifactId>spring-boot-devtools</artifactId>
        <optional>true</optional>
    </dependency>
</dependencies>
```

启动当前项目，访问 http://localhost:8080/queryUser?name=cc，显示结果如图 10.8 所示。

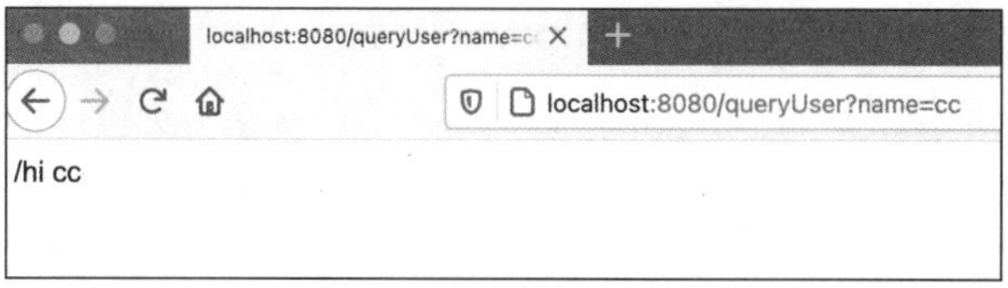

图 10.8　第一次访问的结果

修改 HelloController 类中的方法：

```
@RestController
public class HelloController {
    @GetMapping("/queryUser")
    public String queryUser(@RequestParam("name")String name){
        return "/new hi "+name;
    }
}
```

此时可以看到 IDEA 正在自动更新代码。重新部署项目，再次访问 http://localhost:8080/queryUser?name=cc 即可看到返回的结果，如图 10.9 所示。可以看到，已经完成了热部署。

图 10.9　修改代码后第二次访问的结果

根据笔者的开发经验，笔者认为热部署功能的实用性不是很大，实际的开发工作中使用 spring-boot-devtools 可能会面临内存占用过大的问题，开启自动编译重启后 IDEA 会变得卡顿，而且为了提高开发效率，重启本地开发一般是验证之前修改的几处修改点，而不是修改一点就重启和查看效果。

10.2　监控管理之 Actuator 使用

Spring Boot 有一个插件，名为 Actuator。它可以非常方便地帮助开发者监控和管理 Spring Boot 应用的运行情况，包括健康管理、审计、统计和 HTTP 追踪等功能，还能查看服务器的磁盘、内存和 CPU 信息，系统的线程、GC 和运行状态都能通过 HTTP 请求来获取。Actuator 还可以与外部应用监控系统 Prometheus、Graphite、DataDog、Influx、Wavefront 和 New Relic 整合，提供对开发者更加友好的形式，如仪表盘、图标，还能给出分析和告警结果，使得开发人员能通过统一的接口轻松地监控和管理应用。Actuator 通常通过使用 HTTP 和 JMX 来管理和监控应用，大多数情况下使用 HTTP 的方式。

10.2.1 查看端点信息

Actuator 的监控分为两类：系统自带的端点和用户自定义的端点。用户自定义的端点主要是指扩展性端点，用户可以根据自己的实际情况定义一些重点关注的项目运行指标，在运行期间进行监控。

系统自带的端点是指在应用程序中提供众多的 Web 接口，通过它们可以了解应用程序运行时其内部状况。系统自带的端点可以分成以下 3 类：

- 应用配置类：可以查看应用在运行期的静态信息,例如自动配置信息、加载的 Spring Bean 信息、项目的配置信息、环境信息和请求映射信息等；
- 度量指标类：主要指运行期的动态信息，例如堆栈、请求连接、一些健康指标和 metrics 信息等；
- 操作控制类：主要指关闭功能，用户可以发送一个请求将应用的监控功能关闭。

Actuator 默认提供的可以访问的接口参见表 10.1。

表 10.1 Actuator提供的端点

auditevents	显示当前应用程序的审计事件信息	Yes
beans	显示一个应用中所有的Spring Beans完整列表	Yes
conditions	显示配置类和自动配置类（configuration and auto-configuration）	类的状态
configprops	显示一个应用中所有的@ConfigurationProperties集合列表	Yes
env	显示来自Spring的 ConfigurableEnvironment属性	Yes
flyway	如果有flyway集成，显示数据库迁移路径	Yes
health	显示应用的健康信息（当使用一个未认证连接访问时显示健康信息	使用认证连接访问
info	显示任意的应用信息	Yes
liquibase	如果有liquibase集成，展示任意的Liquibase数据库迁移路径	Yes
metrics	展示当前应用的metrics信息	Yes
mappings	显示一个应用中所有@RequestMapping路径的集合列表	Yes
scheduledtasks	显示应用程序中的计划任务	Yes

下面演示在 Spring Boot 中使用 Actuator 进行项目的监控。

新建一个项目，在 pom.xml 中添加项目的依赖，代码如下：

```
<!-- actuator -->
<dependency>
    <groupId>org.springframework.boot</groupId>
    <artifactId>spring-boot-starter-actuator</artifactId>
</dependency>
```

在 application.properties 中添加 Actuator 的配置，代码如下：

```
#启用 Actuator 功能
```

```
management.endpoints.enabled-by-default=true
#actuator 端口
management.server.port=9001
#自定义管理端点路径，springboot1 的默认路径是"/"springboot 2.0 的默认路径是
"/actuator"。可以通过以下代码来修改"/actuator"路径
management.endpoints.web.base-path=/actuator
#启动所有的端点　默认只开启了 health 和 info 两个节点
management.endpoints.web.exposure.include=*
#排除的一些端点
#management.endpoints.web.exposure.exclude=env,beans
#显示具体的健康信息。默认不显示详细信息
management.endpoint.health.show-details=always
```

启动当前的应用，在浏览器中访问 http://localhost:9001/actuator/env 可以看到页面返回项目的部分环境信息，如图 10.10 所示。从返回的 JSON 信息可以看出项目的运行环境信息。

图 10.10　项目的部分环境信息

10.2.2　关闭端点

在 Postman 中设置访问的 URL 为 http://localhost:9001/actuator/shutdown，请注意使用 POST 方法发送请求，就能关闭整个应用，返回的信息如图 10.11 所示。再查看 IDEA 的控制台，可以看到 IDEA 启动的项目已经关闭。

图 10.11　关闭端点请求

10.2.3　配置端点

在 application.properties 中，Actuator 有以下配置：

- 设置访问路径的前缀为"/"：

```
management.endpoints.web.base-path=/
```

- 在默认情况下，shutdown 端点是关闭的。启用 shutdown 端点：

```
management.endpoint.shutdown.enabled=true
```

- 对于不带任何参数的读取操作，端点自动缓存对该操作的响应。要配置端点缓存响应的时间，可以使用 cache.time-live 属性。将 Beans 端点缓存的生存时间设置为 10 秒：

```
management.endpoint.beans.cache.time-to-live=10s
```

10.2.4　自定义端点

如果使用的是 Jersey、Spring MVC 或 Spring WebFlux 等框架开发的 Web 项目，除了可以使用系统自带的端点外，还可以自定义端点以完成对业务需求的监控。使用注解 @Endpoint、@WebEndpoint 和@WebEndpointExtension 完成自定义的端点，并且通过 HTTP 公开访问。

自定义的端点有 3 个要点：

（1）Web 端点请求地址

Web 暴露端点的每个操作会自动生成一个请求地址。

（2）路径

请求地址由端点的 ID 和 Web 暴露端点的基本路径决定，默认的基本路径是/actuator。

例如，具有 ID 为 myEnd 的端点将使用/actuator/myEnd 作为请求的路径。

（3）HTTP 方法

路径的请求方法由操作类型决定，它们之间具有以下的映射关系：

- @ReadOperation 请求的方法是 GET；
- @WriteOperation 请求的方法是 POS，请求的参数必须是 application/json 形式；
- @DeleteOperation 请求的方法是 DELETE，请求的参数必须是 application/json 形式。

在自定义端点中，可以自定义以下 5 种类型的端点：

- .@Endpoint：声明可通过 JMX 和 Web 应用程序访问的端点；
- .@JmxEndpoint：声明一个只能通过 JMX 访问的端点；
- .@WebEndpoint：声明一个只能通过 Web 访问的端点；
- .@ServletEndpoint：声明一个使用 Servlet 的端点；
- @RestControllerEndpoint：声明 Rest 的端点，只能在 Spring MVC 和 Spring WebFlux 中使用。

下面在项目中实现一个自定义的端点，返回简单的自定义信息，代码如下：

```
package com.example.springbootdemodeploy.end;

import org.springframework.boot.actuate.endpoint.annotation.ReadOperation;
import org.springframework.boot.actuate.endpoint.web.annotation.WebEndpoint;
import org.springframework.context.annotation.Configuration;
import java.util.HashMap;
import java.util.Map;

@Configuration
@WebEndpoint(id = "myEnd")
public class WebEndpointTest {

    /**
     * 一个 read 操作，是 GET 请求
     * @return 返回 Map 数据
     */
    @ReadOperation
    public Map<String, String> myEnd() {
        Map<String, String> result = new HashMap<String, String>();
        result.put("name", "cc");
        result.put("age", "18");
        return result;
    }
}
```

启动当前项目，并访问 http://localhost:9001/actuator/myEnd，可以看到返回的结果如图 10.12 所示。

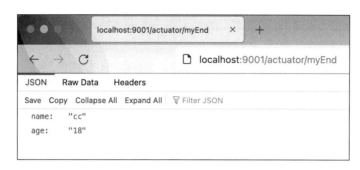

图 10.12　自定义端点

💬说明：如果业务对端点的安全性有要求，则 Web 端点可以接收环境中的 java.security. Principal 或 org.springframework.boot.actuate.endpoint.SecurityContext，将其作为方法入参，从而进行权限的校验。java.security.Principal 和@Nullable 结合使用，可以为经过身份验证的用户和未经过身份验证的用户提供不同的行为。Security-Context 通常用在使用 Spring Security 的 isUserInRole（String）方法中，以执行授权检查。

10.2.5　项目的健康指标

启动当前项目，访问 http://localhost:9001/actuator/health，可以看到项目运行的健康指标结果，如图 10.13 所示。可以看到，项目目前处于运行状态。

图 10.13　项目健康指标

其中：status 为 UP，表示项目处于运行状态；components.details.total 表示当前运行的计算机的总内存；components.details.free 表示剩余内存，可以看到，指标是正确的，本机的内存确实是 32GB。其他更多的健康指标可以参考官方文档。

　　在项目的运行过程中，可以使用 Actuator 健康信息来检查运行的状态。当生产系统停止时，它可以用来提醒开发者。health 端点公开的信息取决于项目配置信息的 management.endpoint.health.show-details 属性。该属性有以下 3 个可选值：

- never：永远不会显示细节；
- when-authorized：详细信息仅向授权用户显示，授权角色可以使用 management.endpoint.health.roles 进行配置；
- always：将详细信息显示给所有用户。

　　在 Actuator 中还有自动配置的健康信息，下面介绍几个常用的 HealthIndicators。DiskSpaceHealthIndicator 检查磁盘空间是否不足，JmsHealthIndicator 检查 JMS 代理是否启动，RedisHealthIndicator 检查 Redis 服务器是否启动，DataSourceHealthIndicator 检查是否可以获得与 DataSource 的连接，可以通过设置 management.health.defaults.enabled 属性来禁用这些健康指示器。

10.3　小　　结

　　本章介绍了 Java 项目打成 jar 包和 war 包的区别，还介绍了使用 Docker 将 jar 构建成自己的镜像后运行项目的过程。在 Spring Boot 中，可以使用 Actuator 通过不同的端点查看不同项目的运行情况，常用的端点包括查看项目环境和配置信息的 env、查看项目健康信息的 health、查看项目信息的 info 和所有请求入口的 mappings。

　　好了，本书的内容到此就全部结束了。编写这本书比想象的要难很多，因为方方面面都要覆盖到。本书介绍了目前企业级开发中常见的各种组件的简单使用，建议读者反复学习这些技术。尤其对于一些中间件的使用（如 Redis 和 Docker），还应该到其官网上阅读相关文档，因为它们在开发中使用得非常频繁，精通这些中间件对以后的开发和自己的发展有很大的用处。对于 Web Service 和 Web Socket 两个技术难点，读者应该静心学习其原理后再实践编码，这样才能理解其精髓，尤其是其原理。最后感谢各位读者！

推荐阅读

推荐阅读

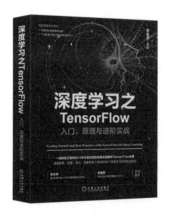

推荐阅读